Vahlens Übungsbücher

Finanzierung in Übungen

von

Univ.-Prof. Dr. Hartmut Bieg

Univ.-Prof. Dr. Heinz Kußmaul

Univ.-Prof. Dr. Gerd Waschbusch

5., durchgesehene und überarbeitete Auflage

Verlag Franz Vahlen München

Die Autoren sind o. Professoren für Betriebswirtschaftslehre an der Universität des Saarlandes.

Univ.-Prof. Dr. Hartmut Bieg ist tätig in der Fachrichtung Wirtschaftswissenschaft.

Univ.-Prof. Dr. Heinz Kußmaul ist Direktor des Betriebswirtschaftlichen Instituts für Steuerlehre und Entrepreneurship am Lehrstuhl für Allgemeine Betriebswirtschaftslehre, insb. Betriebswirtschaftliche Steuerlehre.

Univ.-Prof. Dr. Gerd Waschbusch ist Inhaber des Lehrstuhls für Allgemeine Betriebswirtschaftslehre, insb. Bankbetriebslehre.

vahlen.de

ISBN Print: 978 3 8006 7342 1
ISBN E-Book (ePDF): 978 3 8006 7343 8

Druck und Bindung: Beltz Grafische Betriebe GmbH
Am Fliegerhorst 8, 99947 Bad Langensalza

Satz: PDF-Datei der Autoren
Produktion: Sieveking Agentur, München
Umschlag: Druckerei C.H.Beck, Nördlingen

myclimate shape our future

chbeck.de/nachhaltig

Gedruckt auf säurefreiem, alterungsbeständigem Papier
(hergestellt aus chlorfrei gebleichtem Zellstoff)

Vorwort zur fünften Auflage

Das hier vorgelegte Übungsbuch zur Finanzierung wurde für die fünfte Auflage vollständig durchgesehen und – soweit erforderlich – überarbeitet. Hierbei erfolgte auch eine Anpassung an die aktuelle Rechtslage (insb. an das Personengesellschaftsrechtsmodernisierungsgesetz). Die von den Lesern in den Vorauflagen positiv aufgenommene Konzeption des Übungsbuches wurde beibehalten.

Inhaltlich orientiert sich dieses Übungsbuch an der vierten Auflage des ebenfalls im Verlag Franz Vahlen erschienenen Lehrbuchs „Finanzierung" von *Hartmut Bieg*, *Heinz Kußmaul* und *Gerd Waschbusch*. Es ermöglicht den Lesern, das dort ausführlich behandelte Fachgebiet der Finanzierung von Unternehmen in Form von überwiegend rechnerisch zu lösenden Übungsaufgaben umfassend und praxisnah zu vertiefen.

Adressaten dieses Übungsbuches sind Lehrende und Studierende an Universitäten, Fachhochschulen, Berufsakademien, Verwaltungs- und Wirtschaftsakademien und ähnlichen Einrichtungen. Darüber hinaus ist es aber auch für den Rat suchenden Praktiker gedacht. In insgesamt 13 Hauptkapiteln werden die folgenden Themengebiete behandelt:

- die Finanzierungstheorie,
- die Systematisierung der Finanzierungsarten,
- die Systematisierung der Konditionenvereinbarungen in der Außenfinanzierung,
- die Außenfinanzierung von Unternehmen durch Eigenkapital,
- die Außenfinanzierung von Unternehmen durch Fremdkapital,
- die Außenfinanzierung von Unternehmen durch mezzanines Kapital,
- das Crowdfunding als Finanzierungsform,
- das Leasing als eine Sonderform der Außenfinanzierung,
- derivative Finanzinstrumente (u. a. Optionen, Swaps und Futures),
- das Börsenwesen in Deutschland,
- die Innenfinanzierung von Unternehmen,
- Fragen der Liquidität und Finanzplanung von Unternehmen sowie
- Theorien bezüglich der Gestaltung der Kapitalstruktur von Unternehmen

Für die von Zielstrebigkeit und fachlicher Kompetenz getragene inhaltliche Unterstützung bei der Überarbeitung dieses Übungsbuches bedanken wir uns sehr herzlich bei *Herrn Ben*

Schlenker, M. Sc. Ihm gebührt auch unser besonderer Dank für den außerordentlichen Einsatz bei der Erstellung einer druckfertigen Vorlage für den Verlag Franz Vahlen. Unser Dank gilt auch unserer studentischen Mitarbeiterin *Frau cand. rer. oec. Viviane Sins*, die den Erstellungsprozess der fünften Auflage begleitet hat. Für die umsichtige Unterstützung im gesamten Umfeld der Publikation danken wir *Frau Heike Mang* und *Frau Catherine Schroeder*. Den Lektoren des Verlages Franz Vahlen, *Herrn Dipl.-Kfm. Thomas Ammon* und *Frau Dr. Barbara Schlösser*, danken wir für die stets angenehme und vertrauensvolle Zusammenarbeit.

Selbstverständlich gehen alle in diesem Übungsbuch enthaltenen Fehler ausschließlich zu Lasten der Autoren. Den Lesern sind wir für Anregungen sowie für jeden Verbesserungshinweis dankbar.

Saarbrücken, im November 2023

Hartmut Bieg

Heinz Kußmaul

Gerd Waschbusch

Inhaltsübersicht

Inhaltsverzeichnis

Verzeichnis der Abbildungen

Verzeichnis der Abkürzungen

AB	Ausgabebetrag der Inhaberschuldverschreibung
ABS	Asset Backed Securities
Abs.	Absatz
AfA	Absetzungen für Abnutzung
AG	Aktiengesellschaft
AK	Anschaffungskosten
AktG	Aktiengesetz
ANK	Anschaffungsnebenkosten
Aufl.	Auflage
AV	Anlagevermögen
begr.	begrenzt
BewG	Bewertungsgesetz
BF	Bindungsfrist
BG	Bruttogewinn
BGB	Bürgerliches Gesetzbuch
BörsG	Börsengesetz
BörsZulV	Börsenzulassungsverordnung
bspw.	beispielsweise
bzw.	beziehungsweise
cbm	Kubikmeter
DAX	Deutscher Aktienindex
db	Deckungsbeitrag
d. h.	das heißt
DZ	Debitorenziel
EDV	Elektronische Datenverarbeitung
EEX	European Energy Exchange
eig. Ant.	eigene Anteile
einschl.	einschließlich
EK	Eigenkapital
EStG	Einkommensteuergesetz
EUR	Euro
Eurex	European Exchange
EURIBOR	Euro Interbank Offered Rate
evtl.	eventuell
EZB	Europäische Zentralbank
EZÜ	Einzahlungsüberschüsse
FGK	Fertigungsgemeinkosten

FK .... Fremdkapital
FKZ .... Fremdkapitalzinsen
FL .... Fertigungslöhne
FRA .... Forward Rate Agreement
FuE .... Forschung und Entwicklung
FWB .... Frankfurter Wertpapierbörse

G .... Gewinn
GewESt .... Gewerbeertragsteuer
GewStG .... Gewerbesteuergesetz
GEX .... German Entrepreneurial Index
ggf. .... gegebenenfalls
GmbH .... Gesellschaft mit beschränkter Haftung

HGB .... Handelsgesetzbuch
hrsg. .... herausgegeben

i. d. R. .... in der Regel
IFRS .... International Financial Reporting Standards
i. H. v. .... in Höhe von
inkl. .... inklusive
insb. .... insbesondere
i. V. m. .... in Verbindung mit

JPY .... Japanischer Yen
JÜ .... Jahresüberschuss

kfr. .... kurzfristig
KG .... Kommanditgesellschaft
KMU .... kleine und mittlere Unternehmen
KSt .... Körperschaftsteuer, Körperschaftsteuersatz
KWF .... Kapitalwiedergewinnungsfaktor
KWG .... Kreditwesengesetz

lfr. .... langfristig
LFM .... Lagerdauer Fertigungsmaterial
LFP .... Lagerdauer Fertigprodukte
LG .... Leasinggeber
LN .... Leasingnehmer
LZ .... Lieferantenziel

mbH .... mit beschränkter Haftung
MDAX .... Mid-Cap-Dax
ME .... Mengeneinheit(en)
MGK .... Materialgemeinkosten
Min. .... Minuten
Mio. .... Million(en)

MK .... Materialkosten
MoPeG .... Personengesellschaftsrechtsmodernisierungsgesetz
MW .... Marktwert

NB .... Nennbetrag der Inhaberschuldverschreibung
Nr. .... Nummer
NW .... Nennwert

o. Ä. .... oder Ähnliches
o. g. .... oben genannte
OHG .... Offene Handelsgesellschaft
OP .... Optionspreis

p. a. .... per annum (pro Jahr)
Pkw .... Personenkraftwagen
P_t .... Produktionszeit

R .... Restwert
RBF .... Rentenbarwertfaktor
RBW .... Restbuchwert
REF .... Rentenendwertfaktor
ROI .... Return on Investment

S. .... Seite(n)
S. A. .... Société Anonyme
SDAX .... Small-Cap-DAX
s. o. .... siehe oben
sog. .... sogenannte
SolZ .... Solidaritätszuschlag, Solidaritätszuschlagssatz
SolzG .... Solidaritätszuschlagsgesetz
Sp .... Spesen
stpfl. .... steuerpflichtig

TEUR .... Tausend Euro
TK .... Transaktionskosten
TW .... Teilwert

u. a. .... unter anderem
unbegr. .... unbegrenzt
US .... United States
USD .... US-Dollar
u. U. .... unter Umständen
UV .... Umlaufvermögen

V .... Verlust oder Verschuldungsgrad
VGK .... Verwaltungsgemeinkosten
vgl. .... vergleiche

vs. .... versus
VtGK .... Vertriebsgemeinkosten

WpHG.................................. Wertpapierhandelsgesetz
WpPG .... Wertpapierprospektgesetz

z. B. .... zum Beispiel
z. T. .... zum Teil
zzgl. .... zuzüglich

1 Überblick über die Finanzierungstheorie

Aufgabe 1.1: Fragestellungen einzelner Ansätze der Finanzierungstheorie

Die Finanzierungstheorie leistet einen Beitrag zur Lösung der bei der Finanzierung aufgeworfenen Probleme. Sie bietet den Kapitalgebern Hilfestellungen bei der Auswahl von am Geld- und Kapitalmarkt möglichen Anlageformen. Den Kapitalnehmern liefert sie Entscheidungshilfen hinsichtlich der Realisierung der für sie optimalen Finanzierungsalternative.

a) Erläutern Sie den Unterschied zwischen der Sichtweise der klassischen sowie der neueren Finanzierungstheorie!

b) Mit welcher Fragestellung setzt sich die Neo-institutionalistische Finanzierungstheorie auseinander?

c) Welches ist das zentrale Anliegen der Finanzchemie?

Lösung:

Teilaufgabe a)

Während die **klassische Finanzierungstheorie** die Vorgänge im finanz- und leistungswirtschaftlichen Bereich unabhängig voneinander betrachtet, führt der der **neueren Finanzierungstheorie** zugrunde liegende zahlungsstromorientierte Finanzierungsbegriff zur Interpretation der Finanzierungs- und Investitionsvorgänge als spiegelbildliche Aktivitäten. Konsequenterweise müssen Finanzierungs- und Investitionsentscheidungen auf dem unvollkommenen Kapitalmarkt simultan getroffen werden.

Teilaufgabe b)

Die **Neo-institutionalistische Finanzierungstheorie** konzentriert sich auf die beim Transfer der Zahlungen zwischen Kapitalgeber und Kapitalnehmer auftretenden Behinderungen in Form von Transaktions-, Informations- und Opportunitätskosten. Die zwischen beiden Parteien regelmäßig vorliegende Informationsasymmetrie erfordert die Einschaltung von Finanzintermediären zur Überbrückung dieser Hindernisse.

Teilaufgabe c)

Die **Finanzchemie** analysiert und synthetisiert die Basiselemente von Finanztiteln. Ziel ist die Konzipierung von an den Bedürfnissen der Kapitalnehmer und -geber ausgerichteten maßgeschneiderten Finanzinstrumenten.

Aufgabe 1.2: Untersuchungsgegenstand der verschiedenen Ansätze der Finanzierungstheorie

Bei der Lösung der im Rahmen der Finanzierungstheorie aufgeworfenen Fragen sind die folgenden Komponenten von Bedeutung:

a) die Ziele der Kapitalgeber und Kapitalnehmer,

b) der Übertragungsvorgang sowie

c) der Marktzusammenhang.

Überprüfen Sie, inwieweit diese Komponenten Untersuchungsgegenstand der verschiedenen Ansätze der Finanzierungstheorie sind!

Lösung:

	Klassische Finanzierungstheorie	Neuere Finanzierungstheorie	Neo-institutionalistische Finanzierungstheorie	Finanzchemie
Ziele der Kapitalgeber und Kapitalnehmer	↑	↑	→	↑
Übertragungsvorgang	→	→	↑	↓
Marktzusammenhang	↓	↑	↓	↑
Legende: berücksichtigt (↑) tendenziell berücksichtigt (→) nicht berücksichtigt (↓)				

Abbildung 1: Untersuchungsgegenstand der verschiedenen Ansätze der Finanzierungstheorie

2 Finanzierungsarten – Systematisierungsansätze

Aufgabe 2.1: Systematisierung der Finanzierungsarten

Nennen Sie vier verschiedene Kriterien, nach denen sich die einzelnen Finanzierungsarten systematisieren lassen!

Lösung:

Die einzelnen **Finanzierungsarten** lassen sich nach den folgenden vier **Kriterien** systematisieren:

(1) nach der **Herkunft des Kapitals (Mittelherkunft)** in Maßnahmen der Außen- und Innenfinanzierung,

(2) nach der **Rechtsstellung der Kapitalgeber** in Maßnahmen der Eigen- und Fremdfinanzierung,

(3) nach dem **Einfluss auf den Vermögensbereich und den Kapitalbereich** in Kapitalbeschaffungs-, Kapitalabfluss-, Kapitalfreisetzungs- sowie Kapitalumschichtungsvorgänge,

(4) nach der **Dauer der Kapitalbereitstellung** in Maßnahmen der unbefristeten sowie der befristeten Finanzierung. Befristete Finanzierungsmaßnahmen lassen sich weiter in kurz-, mittel- und langfristige Finanzierungsmaßnahmen untergliedern.

Aufgabe 2.2: Systematisierung der Finanzierungsvorgänge nach der Rechtsstellung der Kapitalgeber sowie nach der Herkunft des Kapitals

Zeigen Sie anhand einer Abbildung die bei den beiden folgenden Gliederungskriterien untereinander bestehenden Beziehungen auf:

- Gliederung der Finanzierungsvorgänge nach der Rechtsstellung der Kapitalgeber,
- Gliederung der Finanzierungsvorgänge nach der Herkunft des Kapitals!

Lösung:

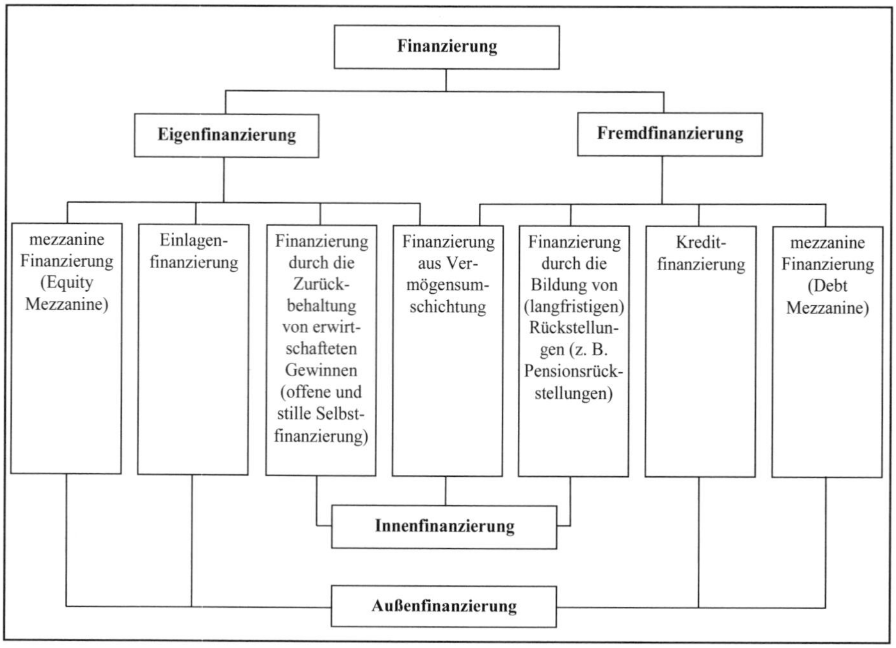

Abbildung 2: Gliederung der Finanzierungsvorgänge nach der Rechtsstellung der Kapitalgeber und nach der Herkunft des Kapitals [1]

---

[1] Modifiziert entnommen aus *Wöhe, Günter u. a.:* Grundzüge der Unternehmensfinanzierung, 11. Aufl., München 2013, S. 22. Vgl. auch *Bieg, Hartmut; Kußmaul, Heinz; Waschbusch, Gerd:* Finanzierung, 4. Aufl., München 2023, S. 34.

3 Systematisierung der Konditionenvereinbarungen in der Außenfinanzierung

3.1 Kapitalgeber und Kapitalnehmer

Aufgabe 3.1: Zusammenspiel von Kapitalgebern und Kapitalnehmern

Erläutern Sie das Zusammenspiel von Kapitalgebern und Kapitalnehmern!

Lösung:

Bei jedem Finanzinstrument gibt es einen Kapitalgeber und einen Kapitalnehmer. Sie vereinbaren die dem Finanzkontrakt zugrunde liegenden Konditionen. Der (potenzielle) Kapitalgeber sucht eine Anlagemöglichkeit; umgekehrt bietet der (potenzielle) Kapitalnehmer eine Anlagemöglichkeit. (Potenzieller) Kapitalgeber und (potenzieller) Kapitalnehmer werden den Finanzkontrakt allerdings nur dann abschließen und somit den Kapitalaustausch vornehmen, wenn sie sich über die Konditionen der Kapitalhingabe einig geworden sind. Insofern stellt jedes Finanzinstrument sowohl eine Kapitalbeschaffungsmöglichkeit für die Kapitalnehmer als auch eine Kapitalanlagemöglichkeit für die Kapitalgeber dar.

Aufgabe 3.2: Systematisierung der Kapitalgeber und Kapitalnehmer

Nach welchen Gesichtspunkten lassen sich Kapitalgeber und Kapitalnehmer systematisieren? Geben Sie einen Überblick!

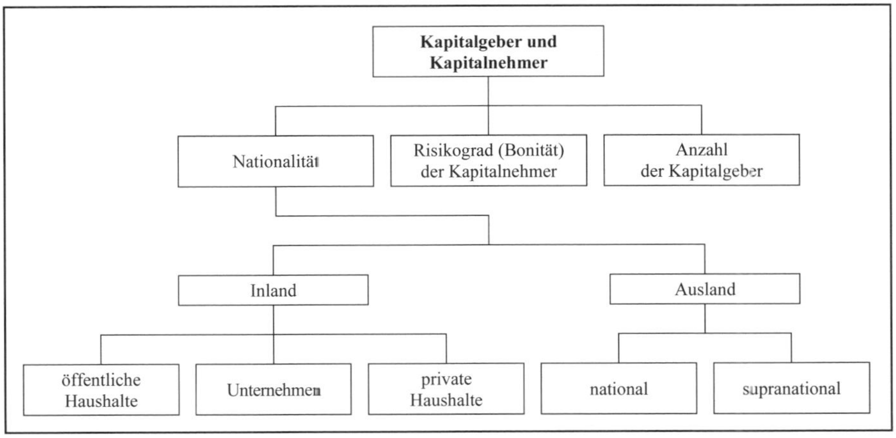

Abbildung 3: Systematisierung der Kapitalgeber und Kapitalnehmer[2]

[2] Entnommen aus *Bieg, Hartmut; Kußmaul, Heinz; Waschbusch, Gerd:* Finanzierung, 4. Aufl., München 2023, S. 40.

3.2 Mögliche Bereiche von Konditionenvereinbarungen

Aufgabe 3.3: Systematisierung der Konditionenvereinbarungen

Finanzinstrumente sind das Ergebnis von Konditionenvereinbarungen zwischen Kapitalgebern und Kapitalnehmern. Unabhängig davon, ob Eigenkapitaltitel, Fremdkapitaltitel, Mischformen oder deren Derivate vorliegen, kann eine Zerlegung in einzelne Konditionenelemente erfolgen.

a) Systematisieren Sie die zwischen Kapitalgebern und Kapitalnehmern möglichen Konditionenvereinbarungen nach dem Zeitpunkt der Konditionenfestlegung, dem Bindungsgrad der Konditionenvereinbarung sowie der Art der Konditionen!

   Hinweis: Es wird hier nur eine grobe Strukturierung der zwischen Kapitalgebern und Kapitalnehmern möglichen Konditionenvereinbarungen verlangt; eine weitergehende Systematisierung der einzelnen Teilbereiche ist nicht notwendig.

b) Entwerfen Sie eine detaillierte Systematik für die Bemessung der Kapitalhingabe, -rückgabe und -entgeltung!

Lösung:

Teilaufgabe a)

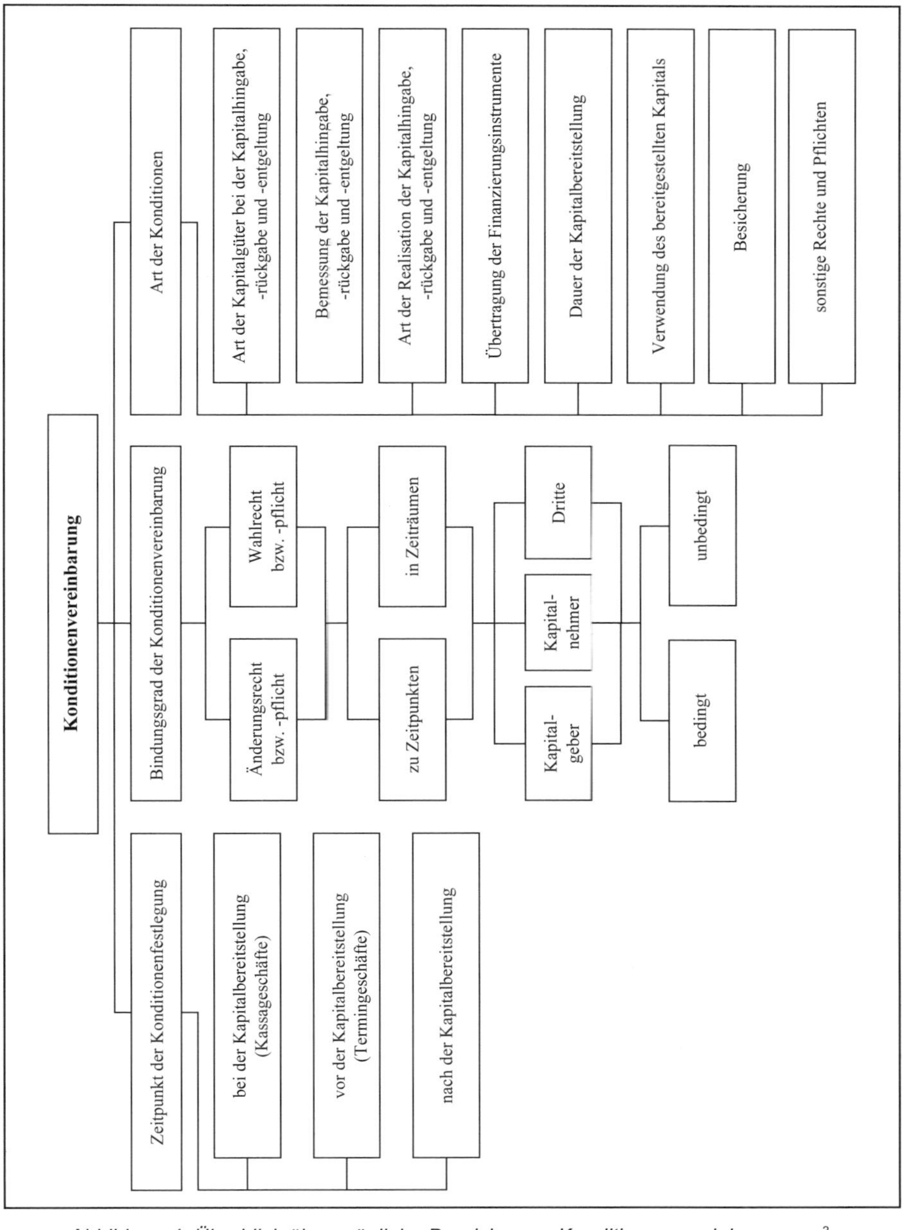

Abbildung 4: Überblick über mögliche Bereiche von Konditionenvereinbarungen [3]

---

[3] Entnommen aus *Bieg, Hartmut; Kußmaul, Heinz; Waschbusch, Gerd:* Finanzierung, 4. Aufl., München 2023, S. 43.

Teilaufgabe b)

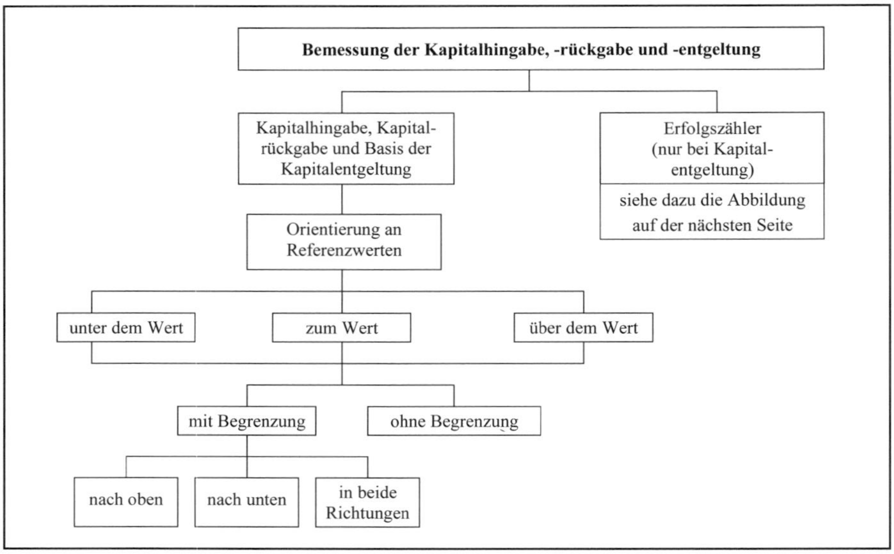

Abbildung 5: Systematisierung der Bemessung der Kapitalhingabe, -rückgabe und -entgeltung [4]

---

4 Geringfügig modifiziert entnommen aus *Bieg, Hartmut; Kußmaul, Heinz; Waschbusch, Gerd:* Finanzierung, 4. Aufl., München 2023, S. 48.

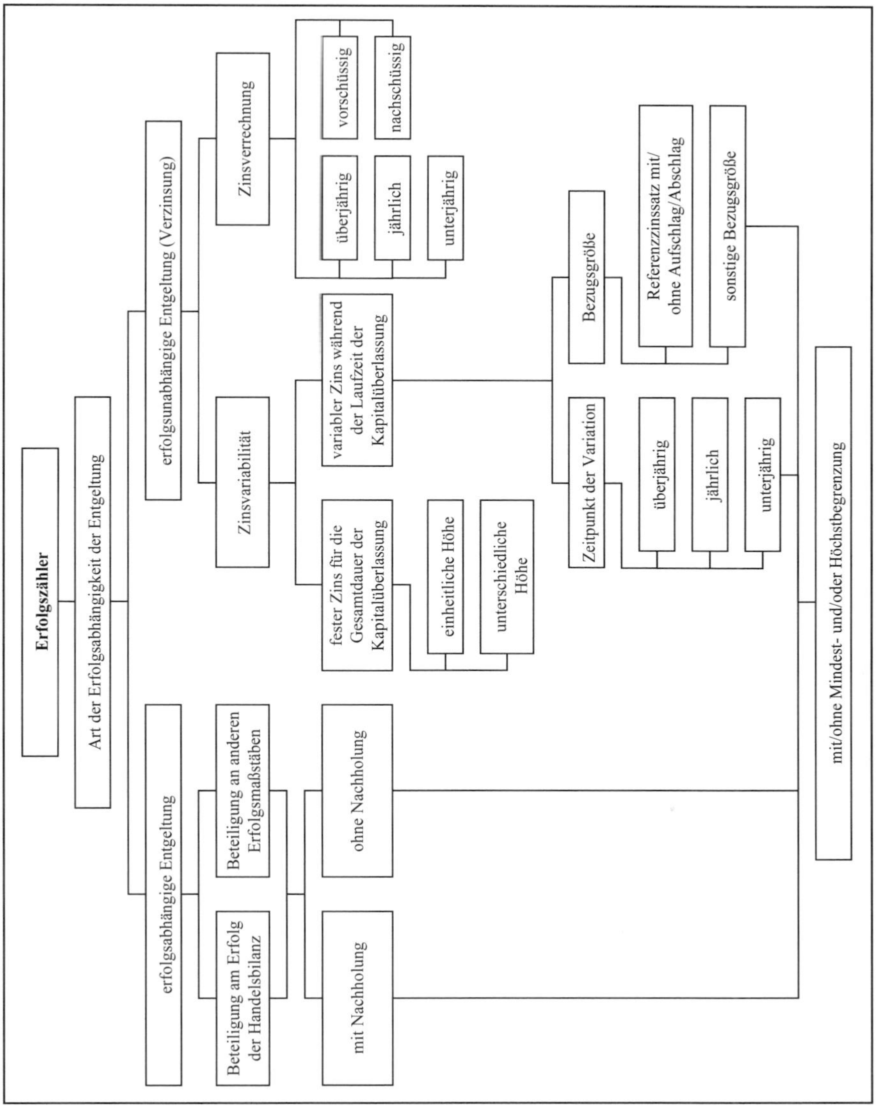

Abbildung 6: Systematisierung der Erfolgszähler im Rahmen der Bemessung der Kapitalhingabe, -rückgabe und -entgeltung[5]

---

[5] Entnommen aus *Bieg, Hartmut; Kußmaul, Heinz; Waschbusch, Gerd:* Finanzierung, 4. Aufl., München 2023, S. 50.

Aufgabe 3.4: Begriff „Finanzmarkt“

Kennzeichnen Sie den Begriff „Finanzmarkt“!

Lösung:

Der **Finanzmarkt** ist der **Ort, an dem sich Angebot und Nachfrage nach Finanzinstrumenten treffen**. Hier begegnen sich Wirtschaftssubjekte, die entweder freie Gelder anlegen (Kapitalgeber) oder finanzielle Mittel aufnehmen möchten (Kapitalnehmer). Sie treten hierbei durch den Aufbau von Eigentums- und/oder Schuldverhältnissen in Kontakt zueinander. Auf dem Finanzmarkt bilden sich zudem die Preise für Finanzkontrakte.

Aufgabe 3.5: Unterschied zwischen einem Primär- und einem Sekundärmarkt

Erläutern Sie den Unterschied zwischen einem Primärmarkt und einem Sekundärmarkt!

Lösung:

Der **Primärmarkt** ist der Markt, auf dem sich der **Erstabsatz eines neu emittierten Finanzinstruments** vollzieht. Auf dem Primärmarkt kommt das Angebot daher ausschließlich von denjenigen Unternehmen, die die Finanzinstrumente begeben.

Der **Sekundärmarkt** ist der Markt, auf dem die **Weiterveräußerung eines bereits emittierten Finanzinstruments** stattfindet. Auf dem Sekundärmarkt kann der erste Kapitalgeber – ebenso wie auch ein möglicher späterer Kapitalgeber – seine gehaltenen Finanzinstrumente an andere Personen oder Institutionen weiterverkaufen.

Aufgabe 3.6: Begriff „Perpetuals“

Was versteht man unter dem Begriff „Perpetuals“?

Lösung:

Perpetuals sind Anleihen, bei denen der Kapitalgeber von dem Schuldnerunternehmen unbefristet, also „ewig“, regelmäßige Zinszahlungen erhält, ohne dass eine Tilgung der Anleihe vorgesehen ist. Der Gläubiger der Anleihe hat u. U. aber auch das Recht, die Anleihe zu bestimmten Terminen zu kündigen.

4 Außenfinanzierung durch Eigenkapital (Einlagenfinanzierung)

4.1 Funktionen des Eigenkapitals von Unternehmen

Aufgabe 4.1: Verlustausgleichs- sowie Haftungsfunktion des Eigenkapitals

Erläutern Sie die Bedeutung der Verlustausgleichsfunktion sowie der Haftungsfunktion des Eigenkapitals für einen Fremdkapitalgeber!

Lösung:

Die Bedeutung der Verlustausgleichsfunktion sowie der Haftungsfunktion des Eigenkapitals für einen Fremdkapitalgeber lässt sich wie folgt skizzieren:

(1) Verlustausgleichsfunktion des Eigenkapitals

Die Verlustausgleichsfunktion des Eigenkapitals richtet sich auf den **going-concern-Fall**, also auf die Fortführung des Unternehmens. Hinter dieser Funktion steckt die Überlegung, dass **Eigenkapital dazu herangezogen** werden kann, **Verluste aus dem laufenden Geschäft** (Jahresfehlbeträge bzw. Bilanzverluste) **buchmäßig auszugleichen**. Somit müssen die Gläubiger (Fremdkapitalgeber) des Unternehmens bei ausreichend hohem Eigenkapital nicht zum Zwecke des Verlustausgleichs herangezogen werden.

(2) Haftungsfunktion (Garantiefunktion) des Eigenkapitals

Während die Verlustausgleichsfunktion des Eigenkapitals auf den going-concern-Fall des Unternehmens abstellt, bezieht sich die Haftungsfunktion des Eigenkapitals auf den **Insolvenzfall (Zerschlagungsfall)** des Unternehmens. Ist ein Unternehmen in Insolvenz geraten, so ist die Wahrscheinlichkeit, dass ein Gläubiger (Fremdkapitalgeber) bei einer Zerschlagung dieses Unternehmens auch ohne Sicherheiten eine befriedigende Quote im Insolvenzverfahren erhält, umso größer, je höher der Anteil des Eigenkapitals am Gesamtkapital ist. Anders ausgedrückt bedeutet dies, dass ein Gläubiger mit einer umso höheren Insolvenzquote rechnen kann, je höher der nicht durch Gläubigeransprüche belastete Anteil des Vermögens am Gesamtvermögen des in Insolvenz gegangenen Unternehmens ist, je größer folglich die Relationen Eigenkapital/Gesamtkapital bzw. Eigenkapital/Fremdkapital des Unternehmens sind.

Damit jeder Gläubiger seine Forderung in voller Höhe zurückerhalten kann, dürfen die Erlöse aus dem vorhandenen und veräußerbaren Vermögen im Zeitpunkt der Liquidation des Unternehmens nicht geringer als die zu diesem Zeitpunkt bestehenden Schulden sein. Solange also das vorhandene **Eigenkapital** (hier verstanden als Überschuss des Vermögens über die Schulden) **eines Unternehmens die aus den übernommenen Risiken im Insolvenzfall entstehenden Verluste übersteigt**, können alle Gläubiger davon ausgehen, dass das Restvermögen, das dem Unternehmen nach Eintritt des Verlustes verbleibt, im Falle einer anschließenden Liquidation des Unternehmens zur vollständigen Rückzahlung sämtlicher Schulden ausreicht.

4.2 Rechtsformimmanente Eigenkapitalbeschaffung nicht emissionsfähiger Unternehmen

Aufgabe 4.2: Begriff des nicht emissionsfähigen Unternehmens

Was versteht man im Zusammenhang mit der Eigenkapitalbeschaffung unter einem nicht emissionsfähigen Unternehmen? Welche Folgen hat das Fehlen eines funktionsfähigen Marktes für Beteiligungskapital für solche Unternehmen?

Lösung:

Unternehmen, die nicht die Möglichkeit haben, Eigenkapital durch den Verkauf von Anteilsrechten über den organisierten Kapitalmarkt (Börse) zu beschaffen, nennt man **nicht emissionsfähige Unternehmen**. Dies sind neben Einzelunternehmen und Personengesellschaften insbesondere auch kleinere und mittlere Kapitalgesellschaften.

Das **Fehlen eines funktionsfähigen Marktes für Beteiligungskapital** hat für diese Unternehmen zur **Folge**, dass

- Kapitalgeber, die aufgrund eigener finanzieller Ziele an fungiblen Anlagen interessiert sind, nicht gewonnen werden können,
- die Bestimmung des „Eintrittspreises" bei der Neuaufnahme von Gesellschaftern bzw. des „Austrittspreises" bei ihrem Ausscheiden oft sehr schwierig ist,
- ein erhöhtes Risiko einer nicht wertgemäßen Preissetzung der „Eintritts- und Austrittspreise" für Anteile besteht, da diese nur auf der Einschätzung einzelner Nachfrager bzw. Anbieter beruhen,
- die Aufteilung des „Eintrittspreises" auf den Kapitalanteil des neuen Gesellschafters, nach dem sich sein Gewinnbeteiligungsanspruch richtet, und auf den nicht gewinnberechtigten Restbetrag (Aufgeld, Agio) problematisch ist.

Aufgabe 4.3: Gesetzliche Gewinnverteilung bei der OHG

Der Gewinn einer offenen Handelsgesellschaft (OHG) beträgt für das Jahr 2024 80.000 EUR. Ermitteln Sie den bei gesetzlicher Gewinnverteilung auf jeden Gesellschafter der OHG entfallenden Gewinnanteil, wenn die Kapitalkonten der Gesellschafter A, B, C und D bei der Aufstellung des Jahresabschlusses den folgenden Stand aufweisen:

Gesellschafter	Kapitalanteil der Gesellschafter [für Fall a)]		Summe auf dem Kapitalkonto
	„fester" Kapitalanteil in Höhe der vereinbarten Beiträge zur Gesellschaft	„variabler" Kapitalanteil	
A	90.000 EUR	30.000 EUR	120.000 EUR
B	70.000 EUR	20.000 EUR	90.000 EUR
C	220.000 EUR	40.000 EUR	260.000 EUR
D	20.000 EUR	10.000 EUR	30.000 EUR
Summe	**400.000 EUR**	**100.000 EUR**	**500.000 EUR**

Welchen Stand weisen die einzelnen Kapitalkonten nach der Gewinnverteilung auf, falls die Gesellschafter mittels einer Thesaurierungsklausel im Gesellschaftsvertrag auf ihren Vollausschüttungsanspruch des Gewinns gemäß § 122 Satz 1 HGB, d. h. auf eine Auszahlung ihres Gewinnanteils, verzichten? Unterscheiden Sie hierbei zwischen den beiden folgenden Fällen:

Fall a): Es liegt keine Vereinbarung über die Beteiligungsverhältnisse am Gewinn und Verlust, aber eine Vereinbarung über die Werte der Beiträge der Gesellschafter zu ihrer Gesellschaft (in Form einer Kapitaleinlage) vor.

Fall b): Es liegt weder eine Vereinbarung über die Beteiligungsverhältnisse am Gewinn und Verlust noch eine Vereinbarung über die Werte der Beiträge der Gesellschafter zu ihrer Gesellschaft vor.

Der Lösung dieser Aufgabe ist das neue Personengesellschaftsrecht zugrunde zu legen. Dieses wurde durch das Personengesellschaftsrechtsmodernisierungsgesetz (MoPeG) mit Wirkung zum 1. Januar 2024 umfassend reformiert.

Lösung:

Vorbemerkung

Die Verteilung des Gewinns oder Verlusts bei der OHG erfolgt vorrangig entsprechend der im Gesellschaftsvertrag vereinbarten Beteiligungsverhältnisse (vgl. § 105 Abs. 3 HGB i. V. m. § 709 Abs. 3 Satz 1 BGB). Sollten allerdings – wie hier in Fall a) – keine Beteiligungsverhältnisse am Gewinn oder Verlust vereinbart worden sein, so richtet sich die Verteilung des Gewinns oder Verlusts nach dem Verhältnis der vereinbarten Werte der Beiträge der Gesellschafter zu ihrer Gesellschaft (vgl. § 105 Abs. 3 HGB i. V. m. § 709 Abs. 3 Satz 2 BGB). Gibt es jedoch – wie hier in Fall b) – auch keine Vereinbarung über die Werte der Beiträge der Gesellschafter zu ihrer Gesellschaft, so entfällt auf jeden Gesellschafter – ohne Rücksicht auf den Wert seines Beitrags – der gleiche Anteil am Gewinn und Verlust (vgl. § 105 Abs. 3 HGB i. V. m. § 709 Abs. 3 Satz 3 BGB).

Fall a)

Gewinnverteilung gemäß § 105 Abs. 3 HGB i. V. m. § 709 Abs. 3 Satz 2 BGB:

Gesell-schafter	„fester" Kapitalanteil	vereinbartes Beitragsverhältnis	Gewinnverteilung nach dem vereinbarten Beitragsverhältnis
A	90.000 EUR	$\frac{90.000\text{ EUR}}{400.000\text{ EUR}} = 0{,}225$	18.000 EUR
B	70.000 EUR	$\frac{70.000\text{ EUR}}{400.000\text{ EUR}} = 0{,}175$	14.000 EUR
C	220.000 EUR	$\frac{220.000\text{ EUR}}{400.000\text{ EUR}} = 0{,}550$	44.000 EUR
D	20.000 EUR	$\frac{20.000\text{ EUR}}{400.000\text{ EUR}} = 0{,}050$	4.000 EUR
Summe	**400.000 EUR**	**1,000**	**80.000 EUR**

Gesell-schafter	Kapitalkonto vor der Gewinnverteilung	Gewinnverteilung nach dem vereinbarten Beitragsverhältnis	Kapitalkonto nach der Gewinnverteilung
A	120.000 EUR	18.000 EUR	138.000 EUR
B	90.000 EUR	14.000 EUR	104.000 EUR
C	260.000 EUR	44.000 EUR	304.000 EUR
D	30.000 EUR	4.000 EUR	34.000 EUR
Summe	**500.000 EUR**	**80.000 EUR**	**580.000 EUR**

Fall b)

Gewinnverteilung gemäß § 105 Abs. 3 HGB i. V. m. § 709 Abs. 3 Satz 3 BGB:

Gesell-schafter	Kapitalkonto vor der Gewinnverteilung	Gewinnverteilung nach Köpfen	Kapitalkonto nach der Gewinnverteilung
A	120.000 EUR	20.000 EUR	140.000 EUR
B	90.000 EUR	20.000 EUR	110.000 EUR
C	260.000 EUR	20.000 EUR	280.000 EUR
D	30.000 EUR	20.000 EUR	50.000 EUR
Summe	**500.000 EUR**	**80.000 EUR**	**580.000 EUR**

Aufgabe 4.4: Venture Capital-Finanzierung

Die Finanzierung über Venture Capital-Gesellschaften ist gerade im Bereich junger innovativer Unternehmen mit geringer Eigenkapitalausstattung und hohen Wachstumspotenzialen eine der möglichen Finanzierungsformen.

a) Nennen Sie die wichtigsten Merkmale einer Venture Capital-Finanzierung!

b) Nennen Sie Gründe, weshalb diese Finanzierungsform gerade für den angesprochenen Kreis von Unternehmen so interessant ist!

Lösung:

Teilaufgabe a)

Merkmale einer Venture Capital-Finanzierung:

- Versorgung des Unternehmens mit risikotragendem, in einer Unternehmenskrise haftendem Eigenkapital bzw. eigenkapitalähnlichem Kapital (i. d. R. eine Minderheitsbeteiligung),
- spezielle Form der langfristigen, letztlich aber zeitlich begrenzten Unternehmens- und Innovationsfinanzierung,
- aktive unternehmerische Beratung und Betreuung des zu finanzierenden Unternehmens ohne Beeinflussung des laufenden Tagesgeschäfts.

Teilaufgabe b)

Gründe für die Inanspruchnahme einer Venture Capital-Finanzierung:

- zu geringes privates Eigenkapital, um notwendige Investitionsvorhaben zu finanzieren,
- Nichtvorhandensein banküblicher Sicherheiten im Falle einer angestrebten Kreditfinanzierung,
- zu geringe Innenfinanzierungskraft während der Entwicklungs-, Gründungs- und Wachstumsphase, um die im Falle einer Fremdfinanzierung anfallenden laufenden Zins- und Tilgungszahlungen zu decken,
- fehlendes betriebswirtschaftliches und branchenbezogenes Know-how.

4.3 Rechtsformimmanente Eigenkapitalbeschaffung emissionsfähiger Unternehmen

Aufgabe 4.5: Begriff des emissionsfähigen Unternehmens

Wann spricht man im Zusammenhang mit der Eigenkapitalbeschaffung von einem emissionsfähigen Unternehmen?

Lösung:

Von einem **emissionsfähigen Unternehmen** wird gesprochen, wenn Eigenkapital durch den Verkauf von Anteilsrechten über die Börse beschafft werden kann. Grundsätzlich kommen hierfür nur die Rechtsformen der Aktiengesellschaft, der Societas Europaea sowie der Kommanditgesellschaft auf Aktien in Frage.

Aufgabe 4.6: Bedeutung der Rechtsform der Aktiengesellschaft für die Beschaffung von Eigenkapital

Im Allgemeinen wird die Rechtsform der Aktiengesellschaft am geeignetsten für die Aufbringung großer Eigenkapitalbeträge angesehen. Nennen und erläutern Sie drei Gründe, die für diese Einschätzung sprechen!

Lösung:

Die Rechtsform der Aktiengesellschaft wird im Allgemeinen aus folgenden Gründen am geeignetsten für die Aufbringung großer Eigenkapitalbeträge angesehen:

- Aufgrund der **Zerlegung des Grundkapitals in kleinste Teilbeträge**, die in Aktien verbrieft sind, ist den Kapitalgebern bereits mit einem geringen Kapitaleinsatz eine Beteiligung möglich. Durch den geringen „Mindesteinsatz" hat der einzelne Aktionär zudem die Möglichkeit, sich an vielen Aktiengesellschaften gleichzeitig zu beteiligen. Dabei ist die Haftung des Aktionärs auf seine jeweilige Einlage beschränkt. **Haftungsbeschränkung und Diversifikation** senken sein Risiko erheblich.
- Die Organisationsform der Aktiengesellschaft berücksichtigt, dass sich eine **große Zahl von Personen**, bei denen **grundsätzlich nur kapitalmäßige Interessen** vorausgesetzt werden, von denen eine direkte unternehmerische Betätigung im Sinne einer Mitwirkung an der Geschäftsführung jedoch nicht erwartet wird, **beteiligen kann**.
- Das **Eigenkapital** wird der Aktiengesellschaft in der Regel **unbefristet zur Verfügung gestellt**. Der einzelne Aktionär kann seine Aktien lediglich einem anderen Anleger verkaufen; eine Kündigung seines Beteiligungsverhältnisses und damit ein Zurückverlangen seiner Einlage von der Aktiengesellschaft sind ausgeschlossen. Auf die finanzwirtschaftliche Situation der Aktiengesellschaft hat der sich außerhalb der Aktiengesellschaft abspielende Wechsel der Anteilseigner somit grundsätzlich keine Auswirkungen.

Aufgabe 4.7: Vergleichende Betrachtung der Beschaffung von Beteiligungskapital durch eine AG bzw. eine OHG

Vergleichen Sie die Möglichkeiten einer Aktiengesellschaft zur Beschaffung von Beteiligungskapital mit denen einer offenen Handelsgesellschaft anhand der folgenden Kriterien:

- Mitgliedschaftsrechte,
- Stückelung,
- Mobilisierbarkeit,
- Haftung,

- Herrschaftsverhältnisse bei Kapitalerhöhungen,
- (Ertrags-)Besteuerung!

Lösung:

Kriterien	AG	OHG
Mitgliedschaftsrechte	verbrieft	nicht verbrieft
Stückelung	relativ kleine Stückelung	relativ große Stückelung
Mobilisierbarkeit	bessere Kapitalaufnahme, aber i. d. R. große Tranchen	nicht oder nur sehr schwer mobilisierbar
Haftung	Haftung auf die Einlage beschränkt, vergleichsweise geringes Risiko	Haftung auch mit dem Privatvermögen
Herrschaftsverhältnisse bei Kapitalerhöhungen	keine oder nur geringe Änderungen aufgrund des eingeräumten Bezugsrechts	massive Änderungen durch den Eintritt neuer Gesellschafter möglich
(Ertrags-)Besteuerung	Körperschaftsteuer, Gewerbesteuer sowie Einkommensteuer bei Ausschüttung	Besteuerung nur der Mitunternehmer mit Einkommensteuer, außerdem Gewerbesteuer

Abbildung 7: Beschaffung von Beteiligungskapital – Vergleich Aktiengesellschaft mit offener Handelsgesellschaft

Aufgabe 4.8: Mitgliedschaftsrechte einer Stammaktie

Nennen Sie die Mitgliedschaftsrechte, die mit einer Stammaktie verbunden sind!

Lösung:

Folgende **Mitgliedschaftsrechte** sind mit **einer Stammaktie** verbunden:

- **Vermögensrechte:**
  - das Dividendenrecht (Recht auf einen Anteil am Bilanzgewinn),
  - das Recht auf einen Anteil am Liquidationserlös,
  - das Bezugsrecht;
- **Verwaltungsrechte:**
  - das Stimmrecht,
  - das Auskunfts- bzw. Informationsrecht,
  - das Kontrollrecht.

Aufgabe 4.9: Gründe für die Ausgabe von Dividenden-Vorzugsaktien

In welchen Fällen gibt man Vorzugsaktien aus, die Vorzüge hinsichtlich der Dividendenzahlungen einräumen?

Lösung:

Vorzugsaktien, die **Vorzüge hinsichtlich der Dividendenzahlungen** einräumen, werden insbesondere **in folgenden Fällen** ausgegeben:

(1) Durchführung einer **Kapitalerhöhung gegen Einlagen** bei einem unter dem Nennwert (Nennwertaktien) bzw. unter dem auf die einzelne Aktie entfallenden anteiligen Betrag des Grundkapitals (Stückaktien) liegenden Börsenkurs der Stammaktien.

Die Einräumung von Dividendenvorzügen gegenüber den bereits im Umlauf befindlichen Stammaktien ist in diesem Fall notwendig, weil

– einerseits eine Ausgabe von Stammaktien zu einem unter dem Nennwert (Nennwertaktien) bzw. zu einem unter dem auf die einzelne Aktie entfallenden anteiligen Betrag des Grundkapitals (Stückaktien) liegenden Ausgabekurs (sogenannte Unterpari-Emission) nicht möglich ist und

– andererseits neue Aktien, die den bereits im Umlauf befindlichen Stammaktien hinsichtlich der eingeräumten Rechte entsprechen, im hier unterstellten Fall zum in § 9 Abs. 1 AktG geforderten Mindestbetrag (zu pari) oder zu einem nach § 9 Abs. 2 AktG zulässigen höheren Wert (über pari) nicht abgesetzt werden können.

(2) Sollen im **Sanierungsfall** nach der Verrechnung des Verlustvortrags mit dem Grundkapital („Gezeichnetes Kapital“) flüssige Mittel durch Alt- oder Neuaktionäre zugeführt werden, so muss angesichts der schlechten wirtschaftlichen Situation der Aktiengesellschaft ein Anreiz zur (zusätzlichen) Beteiligung geboten werden.

(3) Können die bisherigen Aktionäre das von der Aktiengesellschaft benötigte zusätzliche Eigenkapital nicht aufbringen, wollen sie aber ihre Anteilsquote im Sinne eines Stimmenanteils erhalten, so können **stimmrechtslose Aktien** ausgegeben werden. Der damit verbundene Nachteil für die Neuaktionäre hinsichtlich ihrer Mitwirkungsrechte wird in der Regel durch den wirtschaftlichen Vorteil eines **erhöhten Dividendenanspruchs** ausgeglichen.

Aufgabe 4.10: Aufgaben des Bezugsrechts

Welche Aufgaben hat das Bezugsrecht?

Lösung:

Die Aufgaben des Bezugsrechts sind:

- die Wahrung der bestehenden Beteiligungs- bzw. Stimmrechtsverhältnisse sowie
- der Ausgleich der Vermögensnachteile der Altaktionäre.

Aufgabe 4.11: Ordentliche Kapitalerhöhung

Bei einer Aktiengesellschaft, bei der der Nennwert jeder Aktie 5 EUR beträgt, wird eine ordentliche Kapitalerhöhung durchgeführt. Der Nennwert des bisherigen Grundkapitals beträgt

5 Mio. EUR, der des Kapitalerhöhungsbetrags 1 Mio. EUR. Der Kurs der alten Aktien beläuft sich auf 10 EUR/Stück, der der neuen Aktien auf 7 EUR/Stück.

a) Wie hoch ist der neue Kurs (rechnerischer Mischkurs) nach Durchführung der ordentlichen Kapitalerhöhung?

b) Wie hoch ist der rechnerische Preis des Bezugsrechts?

Lösung:

Teilaufgabe a)

$$a = \frac{\text{bisheriges Grundkapital}}{\text{Nennwert pro Aktie}} = \frac{5 \text{ Mio. EUR}}{5 \text{ EUR/Stück}} = 1.000.000 \text{ Stück}$$

$$n = \frac{\text{Kapitalerhöhungsbetrag}}{\text{Nennwert pro Aktie}} = \frac{1 \text{ Mio. EUR}}{5 \text{ EUR/Stück}} = 200.000 \text{ Stück}$$

$$\Rightarrow a : n = 1.000.000 \text{ Stück} : 200.000 \text{ Stück} = 5 : 1$$

$K_a = 10$ EUR/Stück; $K_n = 7$ EUR/Stück

$$M = \frac{a \cdot K_a + n \cdot K_n}{a + n}$$

$$= \frac{1.000.000 \text{ Stück} \cdot 10 \text{ EUR/Stück} + 200.000 \text{ Stück} \cdot 7 \text{ EUR/Stück}}{1.000.000 \text{ Stück} + 200.000 \text{ Stück}}$$

$$= \frac{11.400.000 \text{ EUR}}{1.200.000 \text{ Stück}}$$

$$= \mathbf{9{,}50 \text{ EUR/Stück}}$$

Dabei gilt:

a: Anzahl der alten Aktien;

n: Anzahl der jungen (neuen) Aktien;

(a : n): Bezugsverhältnis;

K_a: Kurs der alten Aktie;

K_n: Bezugskurs (Emissionskurs) der jungen (neuen) Aktie;

M: rechnerischer Mischkurs nach Durchführung der ordentlichen Kapitalerhöhung.

Teilaufgabe b)

$B = K_a - M$

$= 10{,}00$ EUR/Stück – 9,50 EUR/Stück

$=$ **0,50 EUR/Stück**

Dabei gilt:

B: rechnerischer Preis des Bezugsrechts.

Aufgabe 4.12: Ordentliche Kapitalerhöhung

In der Hauptversammlung der Maschinen AG wurde beschlossen, das Gezeichnete Kapital um 60 Mio. EUR auf 300 Mio. EUR aufzustocken. Der Kurs der alten Aktien betrug zum Zeitpunkt der Kapitalerhöhung 220 EUR je 50 EUR Nennwert. Ein Bankenkonsortium hat die neuen Aktien (Nennwert 50 EUR/Stück) übernommen und wird diese zum Kurs von 70 EUR/Stück emittieren.

a) Errechnen Sie das Bezugsverhältnis!

b) Ermitteln Sie den rechnerischen Preis des Bezugsrechts sowie den rechnerischen Mischkurs!

c) Ermitteln Sie den Kapitalzufluss und die Höhe des Agios! Wo wird das Agio in der Bilanz ausgewiesen?

Lösung:

Teilaufgabe a)

Gezeichnetes Kapital vor der Kapitalerhöhung

= Gezeichnetes Kapital nach der Kapitalerhöhung – Kapitalerhöhungsbetrag

= 300 Mio. EUR – 60 Mio. EUR

= 240 Mio. EUR

$$a = \frac{\text{Gezeichnetes Kapital vor der Kapitalerhöhung}}{\text{Nennwert pro Aktie}}$$

$$= \frac{240 \text{ Mio. EUR}}{50 \text{ EUR/Stück}}$$

$$= 4{,}8 \text{ Mio. Stück}$$

$$n = \frac{\text{Kapitalerhöhungsbetrag}}{\text{Nennwert pro Aktie}}$$

$$= \frac{60 \text{ Mio. EUR}}{50 \text{ EUR/Stück}}$$

$$= 1{,}2 \text{ Mio. Stück}$$

$\Rightarrow$ a : n = 4,8 Mio. Stück : 1,2 Mio. Stück = **4 : 1**

Dabei gilt:

a: Anzahl der alten Aktien;

n: Anzahl der jungen (neuen) Aktien;

(a : n): Bezugsverhältnis.

Teilaufgabe b)

$$B = \frac{K_a - K_n}{\frac{a}{n} + 1}$$

$$= \frac{220 \text{ EUR/Stück} - 70 \text{ EUR/Stück}}{\frac{4}{1} + 1}$$

$$= \frac{150 \text{ EUR/Stück}}{5}$$

$$= \mathbf{30\ EUR/Stück}$$

$$M = K_a - B$$

$$= 220 \text{ EUR/Stück} - 30 \text{ EUR/Stück}$$

$$= \mathbf{190\ EUR/Stück}$$

Dabei gilt:

B: rechnerischer Preis des Bezugsrechts;

K_a: Kurs der alten Aktie;

K_n: Bezugskurs (Emissionskurs) der jungen (neuen) Aktie;

M: rechnerischer Mischkurs.

Teilaufgabe c)

Kapitalzufluss

= $n \cdot K_n$ = 1,2 Mio. Stück · 70 EUR/Stück

= **84 Mio. EUR**

Höhe des Agios pro Aktie

= K_n – Nennwert der neuen Aktien

= 70 EUR/Stück – 50 EUR/Stück

= **20 EUR/Stück**

Der Kapitalzufluss wird passivisch wie folgt ausgewiesen:

Erhöhungsbetrag des Gezeichneten Kapitals
= n · Nennwert pro Aktie
= 1,2 Mio. Stück · 50 EUR/Stück
= 60 Mio. EUR

Erhöhungsbetrag der Kapitalrücklage
= Gesamtbetrag des Agios
= n · Agio/Stück
= 1,2 Mio. Stück · 20 EUR/Stück
= 24 Mio. EUR

Aufgabe 4.13: Ordentliche Kapitalerhöhung

Die Wachstum-AG benötigt zur Finanzierung weiterer Investitionen zusätzliche liquide Mittel. Da sich aufgrund der bisherigen Finanzierungspraxis die Bilanzrelationen der Wachstum-AG verschlechtert haben, sollen die Mittel im Wege einer ordentlichen Kapitalerhöhung beschafft werden. Die Eigenkapitalquote soll nach der Kapitalerhöhung 40 % betragen. Der derzeit hohe Börsenkurs von 1.200 EUR/Stück soll auf 850 EUR/Stück gesenkt werden. Sowohl die alten als auch die neu zu emittierenden Aktien haben einen Nennwert von 50 EUR/Stück. Die Bilanz vor der Kapitalerhöhung sieht wie folgt aus:

Aktiva	Bilanz der Wachstum-AG (in TEUR)		Passiva
Vermögen	5.000	Gezeichnetes Kapital	200
		Kapitalrücklage	150
		Gewinnrücklagen	430
		Gewinnvortrag	20
		Verbindlichkeiten	4.200
	5.000		5.000

a) Wie viele neue Aktien wird das Unternehmen begeben und welcher Emissionskurs ist zu wählen? Die neuen Aktien sind annahmegemäß in voller Höhe dividendenberechtigt.

b) Erstellen Sie die Bilanz nach Durchführung der ordentlichen Kapitalerhöhung!

c) Bestimmen Sie den rechnerischen Preis des Bezugsrechts, wenn die neuen Aktien – entgegen der Annahme in Teilaufgabe a) – nur zur Hälfte dividendenberechtigt sind und die Altaktionäre mit einer Dividende von 15 EUR/Stück rechnen! Gehen Sie bei Ihren Berechnungen ansonsten von den unter Teilaufgabe a) ermittelten Ergebnissen und einem Börsenkurs von 1.200 EUR/Stück für die alten Aktien aus!

d) Welcher rechnerische Börsenkurs ergibt sich für die alten und die neuen Aktien unter Zugrundelegung des Dividendennachteils aus Teilaufgabe c)?

Lösung:

Teilaufgabe a)

Ermittlung der Anzahl der neu zu emittierenden Aktien:

Ziel der Unternehmensleitung ist es, durch die Kapitalerhöhung eine Eigenkapitalquote von 40 % zu erreichen.

$$\text{Eigenkapitalquote} = \frac{EK_n}{GK_n} = 0{,}4 = 40\,\% \Leftrightarrow EK_n = 0{,}4 \cdot GK_n \quad (1)$$

Um die Anzahl der neu zu emittierenden Aktien ermitteln zu können, muss zunächst der Kapitalerhöhungsbetrag ermittelt werden. Für das Gesamtkapital und das Eigenkapital gelten diesbezüglich folgende Gleichungen:

$$GK_n = GK_a + KEB = 5.000.000 \text{ EUR} + KEB \quad (2)$$

$$EK_n = EK_a + KEB = 200.000 \text{ EUR} + 150.000 \text{ EUR} + 430.000 \text{ EUR} + 20.000 \text{ EUR} + KEB$$
$$= 800.000 \text{ EUR} + KEB \quad (3)$$

Aufgrund der Gleichungen (1) und (2) gilt:

$$EK_n = 0{,}4 \cdot GK_n = 0{,}4 \cdot (5.000.000 \text{ EUR} + KEB) \quad (4)$$

Aus den Gleichungen (3) und (4) ergibt sich also:

$$800.000 \text{ EUR} + KEB = 0{,}4 \cdot (5.000.000 \text{ EUR} + KEB)$$

$$\Leftrightarrow 0{,}6 \cdot KEB = 1.200.000 \text{ EUR}$$

$$\Leftrightarrow KEB = 2.000.000 \text{ EUR} \quad (5)$$

Der Kapitalerhöhungsbetrag beträgt also 2.000.000 EUR.

Für die Weiterberechnung bedient man sich folgender Zusammenhänge:

$$KEB = n \cdot K_n = 2.000.000 \text{ EUR} \quad (6)$$

$$a = \frac{\text{bisheriges Gezeichnetes Kapital}}{\text{Nennwert/Stück}}$$
$$= \frac{200.000 \text{ EUR}}{50 \text{ EUR/Stück}}$$
$$= 4.000 \text{ Stück} \quad (7)$$

Somit enthält die folgende Formel nur noch die gesuchte Unbekannte n:

$$M = \frac{a \cdot K_a + n \cdot K_n}{a + n} = 850 \text{ EUR/Stück}$$

$$\Leftrightarrow \frac{4.000 \text{ Stück} \cdot 1.200 \text{ EUR/Stück} + 2.000.000 \text{ EUR}}{4.000 \text{ Stück} + n} = 850 \text{ EUR/Stück}$$

$$\Leftrightarrow \frac{6.800.000 \text{ EUR}}{4.000 \text{ Stück} + n} = 850 \text{ EUR/Stück}$$

$$\Leftrightarrow 6.800.000 \text{ EUR} = 850 \text{ EUR/Stück} \cdot (4.000 \text{ Stück} + n)$$

$$\Leftrightarrow 6.800.000 \text{ EUR} - 3.400.000 \text{ EUR} = 850 \text{ EUR/Stück} \cdot n$$

$$\Leftrightarrow 3.400.000 \text{ EUR} = 850 \text{ EUR/Stück} \cdot n$$

$$\Leftrightarrow n = \mathbf{4.000 \text{ Stück}} \qquad (8)$$

Die Anzahl der neu zu emittierenden Aktien beträgt also 4.000 Stück.

Ermittlung des Emissionskurses:

Der Emissionskurs der jungen Aktien lässt sich durch Umstellung der Gleichung (6) folgendermaßen ermitteln:

$$K_n = \frac{KEB}{n}$$

$$= \frac{2.000.000 \text{ EUR}}{4.000 \text{ Stück}}$$

$$= \mathbf{500 \text{ EUR/Stück}} \qquad (9)$$

Dabei gilt:

EK_n: Eigenkapital nach der Kapitalerhöhung;

GK_n: Gesamtkapital nach der Kapitalerhöhung;

EK_a: Eigenkapital vor der Kapitalerhöhung (hier bestehend aus Gezeichnetem Kapital, Kapitalrücklage, Gewinnrücklagen und Gewinnvortrag);

GK_a: Gesamtkapital vor der Kapitalerhöhung;

KEB: Kapitalerhöhungsbetrag (entspricht dem gesamten Kapitalzufluss, d. h. dem Erhöhungsbetrag des Gezeichneten Kapitals zuzüglich des Gesamtbetrags des Agios);

a: Anzahl der alten Aktien;

n: Anzahl der jungen (neuen) Aktien;

K_a: Kurs der alten Aktie;

K_n: Bezugskurs (Emissionskurs) der jungen (neuen) Aktie;

M: rechnerischer Mischkurs.

Teilaufgabe b)

Erstellung der Bilanz nach Durchführung der ordentlichen Kapitalerhöhung:

Veränderung der Bilanzpositionen:

Aktivseite:

Zuführung zu den liquiden Mitteln:

$$\begin{aligned} KEB &= n \cdot K_n \\ &= 4.000 \text{ Stück} \cdot 500 \text{ EUR/Stück} \\ &= 2.000.000 \text{ EUR} \end{aligned}$$

Passivseite:

Erhöhung des Gezeichneten Kapitals:

$$\begin{aligned} n \cdot \text{Nennwert/Stück} &= 4.000 \text{ Stück} \cdot 50 \text{ EUR/Stück} \\ &= 200.000 \text{ EUR} \end{aligned}$$

Erhöhung der Kapitalrücklage:

$$\begin{aligned} \text{Summe der Agien} &= n \cdot \text{Agio/Stück} = n \cdot (K_n - \text{Nennwert/Stück}) \\ &= 4.000 \text{ Stück} \cdot (500 \text{ EUR/Stück} - 50 \text{ EUR/Stück}) \\ &= \mathbf{1.800.000 \text{ EUR}} \end{aligned}$$

Bilanz der Wachstum-AG nach Durchführung der Kapitalerhöhung (in TEUR)

Aktiva		Passiva	
bisheriges Vermögen	5.000	Gezeichnetes Kapital	400
neue zugeflossene liquide Mittel	2.000	Kapitalrücklage	1.950
		Gewinnrücklagen	430
		Gewinnvortrag	20
		Verbindlichkeiten	4.200
	7.000		7.000

Teilaufgabe c)

Ermittlung des Bezugsrechtspreises:

- ***ohne* Vorliegen eines Dividendennachteils:**

$$B = \frac{K_a - K_n}{\frac{a}{n} + 1}$$

$$= \frac{1.200\,\text{EUR/Stück} - 500\,\text{EUR/Stück}}{\frac{4.000\,\text{Stück}}{4.000\,\text{Stück}} + 1}$$

$$= \mathbf{350\ EUR/Stück}$$

alternativer Berechnungsweg:

$$B = K_a - M$$

$$= 1.200\ \text{EUR/Stück} - 850\ \text{EUR/Stück}$$

$$= \mathbf{350\ EUR/Stück}$$

Ohne Vorliegen eines Dividendennachteils ergibt sich ein Bezugsrechtspreis in Höhe von 350 EUR/Stück.

- ***bei* Vorliegen eines Dividendennachteils:**

Berechnung des Dividendennachteils der neuen Aktien:

$$DN = D \cdot \left[1 - \frac{DZ_n}{DZ_a}\right]$$

$$= 15\ \text{EUR/Stück} \cdot \left[1 - \frac{6}{12}\right]$$

$$= 7{,}50\ \text{EUR/Stück}$$

$$B = \frac{K_a - (K_n + DN)}{\frac{a}{n} + 1}$$

$$= \frac{1.200\,\text{EUR/Stück} - (500\,\text{EUR/Stück} + 7{,}50\,\text{EUR/Stück})}{\frac{4.000\,\text{Stück}}{4.000\,\text{Stück}} + 1}$$

$$= \mathbf{346{,}25\ EUR/Stück}$$

Bei Vorliegen des genannten Dividendennachteils ergibt sich ein Bezugsrechtspreis in Höhe von 346,25 EUR/Stück.

Dabei gilt:

B: rechnerischer Preis des Bezugsrechts;

DN: Dividendennachteil der neuen Aktien;

D: voraussichtliche Dividende;

DZ_n: Dividendenberechtigungszeitraum der neuen Aktien (z. B. in Monaten);

DZ_a: Dividendenberechtigungszeitraum der alten Aktien (z. B. in Monaten).

Teilaufgabe d)

Ermittlung der Mischkurse:

$$M_a = \frac{a \cdot K_a + n \cdot K_n + n \cdot DN}{a + n}$$

$$= \frac{4.000\,\text{Stück} \cdot 1.200\,\text{EUR/Stück} + 4.000\,\text{Stück} \cdot 500\,\text{EUR/Stück} + 4.000\,\text{Stück} \cdot 7{,}50\,\text{EUR/Stück}}{4.000\,\text{Stück} + 4.000\,\text{Stück}}$$

$$= \frac{6.830.000\ \text{EUR}}{8.000\ \text{Stück}}$$

$$= \mathbf{853{,}75\ EUR/Stück}$$

alternativer Berechnungsweg:

$$M_a = K_a - B$$

$$= 1.200\ \text{EUR/Stück} - 346{,}25\ \text{EUR/Stück}$$

$$= \mathbf{853{,}75\ EUR/Stück}$$

Für die alten Aktien ergibt sich ein rechnerischer Mischkurs von 853,75 EUR/Stück.

$$M_n = \frac{a \cdot K_a + n \cdot K_n - a \cdot DN}{a + n}$$

$$= \frac{4.000\,\text{Stück} \cdot 1.200\,\text{EUR/Stück} + 4.000\,\text{Stück} \cdot 500\,\text{EUR/Stück} - 4.000\,\text{Stück} \cdot 7{,}50\,\text{EUR/Stück}}{4.000\,\text{Stück} + 4.000\,\text{Stück}}$$

$$= \frac{6.770.000\ \text{EUR}}{8.000\ \text{Stück}}$$

$$= \mathbf{846{,}25\ EUR/Stück}$$

alternativer Berechnungsweg:

$$M_n = K_n + (B \cdot \frac{a}{n})$$

$$= 500 \text{ EUR/Stück} + (346{,}25 \text{ EUR/Stück} \cdot \frac{4.000 \text{ Stück}}{4.000 \text{ Stück}})$$

$$= \mathbf{846{,}25\ EUR/Stück}$$

Für die jungen (neuen) Aktien ergibt sich ein rechnerischer Mischkurs von 846,25 EUR/Stück.

Die Differenz zwischen den beiden rechnerischen Mischkursen entspricht dem Dividendennachteil der neuen Aktien in Höhe von 7,50 EUR/Stück.

Dabei gilt:

M_a: rechnerischer Mischkurs der alten Aktie;

M_n: rechnerischer Mischkurs der jungen (neuen) Aktie.

Aufgabe 4.14: Ordentliche Kapitalerhöhung

Die Hauptversammlung der Brunnen AG beschließt die Durchführung einer ordentlichen Kapitalerhöhung, um die Eigenkapitalquote der Gesellschaft zu verbessern. Die Bilanz besitzt vor der Kapitalerhöhung folgendes Aussehen:

Aktiva	Bilanz der Brunnen AG (in TEUR)		Passiva
Anlagevermögen	14.000	Gezeichnetes Kapital	2.000
Umlaufvermögen	6.000	Kapitalrücklage	1.000
		Gewinnrücklagen	1.000
		Verbindlichkeiten	16.000
	20.000		20.000

Das geplante Volumen der Kapitalerhöhung (gewünschter Mittelzufluss) erstreckt sich auf 10 % der Bilanzsumme vor Durchführung der Kapitalerhöhung. Dabei soll der Altbestand an Aktien (40.000 Stück) durch junge Aktien gleichen Nennwertes aufgestockt werden. Das Bezugsverhältnis beträgt 4 : 1. Die jungen Aktien sind bei einer erwarteten Dividende für das laufende Geschäftsjahr in Höhe von 10 EUR/Stück nur zur Hälfte dividendenberechtigt. Der derzeitige Kurs einer Brunnen-Aktie liegt bei 550 EUR.

a) Wie sieht die Bilanz der Brunnen AG nach Durchführung der ordentlichen Kapitalerhöhung aus?

b) Wie hat sich die Eigenkapitalquote der Brunnen AG verändert?

c) Altaktionär X besitzt 12 Brunnen-Aktien und Bargeld in Höhe von 1.000 EUR. Er steht vor der Wahl, entweder neue Aktien entsprechend seiner Beteiligungsquote zu beziehen oder seine Bezugsrechte zu veräußern. Zeigen Sie, dass das Vermögen von Altaktionär X in beiden Fällen nicht von der Durchführung der ordentlichen Kapitalerhöhung beeinflusst wird!

Lösung:

Teilaufgabe a)

Volumen der Kapitalerhöhung (Mittelzufluss) $= 10\,\% \cdot 20.000.000 \text{ EUR}$

$= \mathbf{2.000.000\ EUR}$

Nennwert der Brunnen-Aktie $= \dfrac{\text{Gezeichnetes Kapital vor der Kapitalerhöhung}}{\text{Anzahl der alten Aktien}}$

$= \dfrac{2.000.000 \text{ EUR}}{40.000 \text{ Stück}}$

$= \mathbf{50\ EUR/Stück}$

$a : n = 4 : 1$

$\Leftrightarrow \dfrac{a}{n} = \dfrac{4}{1}$

$\Leftrightarrow n = \dfrac{a}{4}$

$\Leftrightarrow n = \dfrac{40.000 \text{ Stück}}{4}$

$= \mathbf{10.000\ Stück}$

Bezugskurs (Emissionskurs) der jungen (neuen) Aktien

$= K_n$

$= \dfrac{\text{Volumen der Kapitalerhöhung (Mittelzufluss)}}{\text{Anzahl der jungen Aktien}}$

$= \dfrac{2.000.000 \text{ EUR}}{10.000 \text{ Stück}}$

$= \mathbf{200\ EUR/Stück}$

Erhöhung des Umlaufvermögens (Mittelzufluss)

$= n \cdot K_n$

$= 10.000 \text{ Stück} \cdot 200 \text{ EUR/Stück}$

$= \mathbf{2.000.000\ EUR}$

Erhöhung des Grundkapitals (des Gezeichneten Kapitals)

$= n \cdot NW$

$= 10.000 \text{ Stück} \cdot 50 \text{ EUR/Stück}$

$=$ **500.000 EUR**

Gesamtbetrag des Agios

$= n \cdot (K_n - NW)$

$= 10.000 \text{ Stück} \cdot (200 \text{ EUR/Stück} - 50 \text{ EUR/Stück})$

$=$ **1.500.000 EUR** (Zuführung zur Kapitalrücklage)

Bilanz der Brunnen AG nach Durchführung der ordentlichen Kapitalerhöhung:

Aktiva	Bilanz der Brunnen AG nach Durchführung der Kapitalerhöhung (in TEUR)		Passiva
Anlagevermögen	14.000	Gezeichnetes Kapital	2.500
Umlaufvermögen	8.000	Kapitalrücklage	2.500
		Gewinnrücklagen	1.000
		Verbindlichkeiten	16.000
	22.000		22.000

Dabei gilt:

a: Anzahl der alten Aktien;

n: Anzahl der jungen (neuen) Aktien;

K_n: Bezugskurs (Emissionskurs) der jungen (neuen) Aktie;

NW: Nennwert einer Aktie.

Teilaufgabe b)

$$\text{EK-Quote}_{vor} = \frac{\text{EK vor der Kapitalerhöhung}}{\text{GK vor der Kapitalerhöhung}}$$

$$= \frac{2 \text{ Mio. EUR} + 1 \text{ Mio. EUR} + 1 \text{ Mio. EUR}}{20 \text{ Mio. EUR}}$$

$$= \frac{4.000.000 \text{ EUR}}{20.000.000 \text{ EUR}}$$

$$= 0{,}2$$

$$= 20\,\%$$

$$\text{EK-Quote}_{\text{nach}} = \frac{\text{EK nach der Kapitalerhöhung}}{\text{GK nach der Kapitalerhöhung}}$$

$$= \frac{2{,}5 \text{ Mio. EUR} + 2{,}5 \text{ Mio. EUR} + 1 \text{ Mio. EUR}}{22 \text{ Mio. EUR}}$$

$$= \frac{6.000.000 \text{ EUR}}{22.000.000 \text{ EUR}}$$

$$= 0{,}2727$$

$$= 27{,}27\ \%$$

Δ = **+ 7,27 %-Punkte**

Die Eigenkapitalquote ist um 7,27 %-Punkte gestiegen.

Dabei gilt:

EK: Eigenkapital;

GK: Gesamtkapital.

Teilaufgabe c)

Gegeben ist:

a = 40.000 Stück,

n = 10.000 Stück,

K_a = 550 EUR/Stück,

K_n = 200 EUR/Stück.

Berechnung des Dividendennachteils der neuen Aktien:

$$DN = D \cdot \left[1 - \frac{DZ_n}{DZ_a}\right]$$

$$= 10 \text{ EUR/Stück} \cdot \left(1 - \frac{6}{12}\right)$$

$$= \mathbf{5\ EUR/Stück}$$

$$B = \frac{K_a - (K_n + DN)}{\frac{a}{n} + 1}$$

$$= \frac{550 \text{ EUR/Stück} - (200 \text{ EUR/Stück} + 5 \text{ EUR/Stück})}{\frac{4}{1} + 1}$$

$$= \frac{550 \text{ EUR/Stück} - 205 \text{ EUR/Stück}}{5}$$

$$= \frac{345 \text{ EUR/Stück}}{5}$$

$$= \mathbf{69\ EUR/Stück}$$

$$M_a = \frac{a \cdot K_a + n \cdot (K_n + DN)}{a + n}$$

$$= \frac{40.000 \text{ Stück} \cdot 550 \text{ EUR/Stück} + 10.000 \text{ Stück} \cdot (200 \text{ EUR/Stück} + 5 \text{ EUR/Stück})}{40.000 \text{ Stück} + 10.000 \text{ Stück}}$$

$$= \frac{22.000.000 \text{ EUR} + 2.000.000 \text{ EUR} + 50.000 \text{ EUR}}{50.000 \text{ Stück}}$$

$$= \frac{24.050.000 \text{ EUR}}{50.000 \text{ Stück}}$$

$$= \mathbf{481\ EUR/Stück}$$

oder:

$$M_a = K_a - B$$

$$= 550 \text{ EUR/Stück} - 69 \text{ EUR/Stück}$$

$$= \mathbf{481\ EUR/Stück}$$

$$M_n = M_a - DN$$

$$= 481 \text{ EUR/Stück} - 5 \text{ EUR/Stück}$$

$$= \mathbf{476\ EUR/Stück}$$

alternativer Berechnungsweg:

$$M_n = K_n + (B \cdot \frac{a}{n})$$

$$= 200 \text{ EUR/Stück} + (69 \text{ EUR/Stück} \cdot \frac{4}{1})$$

$$= 200 \text{ EUR/Stück} + 276 \text{ EUR/Stück}$$

$$= \mathbf{476\ EUR/Stück}$$

Vermögensbetrachtung von Altaktionär X

Ausgangssituation:

	Barvermögen	1.000 EUR	
+	Aktienvermögen	6.600 EUR	(= 12 alte Aktien · 550 EUR/Stück)
=	**Gesamtvermögen**	**7.600 EUR**	

Aktionär X nutzt seine Bezugsrechte voll aus

Im Rahmen der ordentlichen Kapitalerhöhung erhält ein Altaktionär für jede Altaktie ein Bezugsrecht, d. h., der Altaktionär X verfügt über 12 Bezugsrechte. Aufgrund des Bezugsverhältnisses sind für den Bezug einer neuen Aktie zum Emissionskurs 4 Bezugsrechte notwendig. Wenn Aktionär X seine Bezugsrechte voll ausnutzen möchte, kann er also 3 neue Aktien erwerben.

Aktionär X nach der ordentlichen Kapitalerhöhung:

Aufgrund des Bezugsverhältnisses von 4 : 1 erfolgt ein Bezug von 3 neuen Aktien à 200 EUR.

⇒ Verringerung des Barvermögens in Höhe von 600 EUR

⇒ Erhöhung des Bestandes an Aktien auf jetzt 15 (= 12 + 3) Stück
(rechnerischer Mischkurs der alten Aktien = 481 EUR/Stück; rechnerischer Mischkurs der neuen Aktien = 476 EUR/Stück)

	Barvermögen	400 EUR	(= 1.000 EUR – 600 EUR)
+	Aktienvermögen	5.772 EUR	(= 12 alte Aktien · 481 EUR/Stück)
+	Aktienvermögen	1.428 EUR	(= 3 neue Aktien · 476 EUR/Stück)
=	**Gesamtvermögen**	**7.600 EUR**	

Fazit: Das Gesamtvermögen bleibt unverändert.

Aktionär X veräußert seine Bezugsrechte

Aktionär X nach der ordentlichen Kapitalerhöhung:

Es erfolgt ein Verkauf von 12 Bezugsrechten à 69 EUR.

⇒ Erhöhung des Barvermögens in Höhe von 828 EUR

⇒ Bestand an Aktien bleibt unverändert, allerdings erfolgt ein Absinken des Kurswertes

	Barvermögen	1.828 EUR	(= 1.000 EUR + 828 EUR)
+	Aktienvermögen	5.772 EUR	(= 12 alte Aktien · 481 EUR/Stück)
=	**Gesamtvermögen**	**7.600 EUR**	

Fazit: Das Gesamtvermögen bleibt unverändert.

Dabei gilt:

K_a: Kurs der alten Aktie;

DN: Dividendennachteil der neuen Aktie;

D: voraussichtliche Dividende;

DZ_n: Dividendenberechtigungszeitraum der neuen Aktien (z. B. in Monaten);

DZ_a: Dividendenberechtigungszeitraum der alten Aktien (z. B. in Monaten);

B: rechnerischer Preis des Bezugsrechts;

M_a: rechnerischer Mischkurs der alten Aktie;

M_n: rechnerischer Mischkurs der jungen (neuen) Aktie.

Aufgabe 4.15: Ordentliche Kapitalerhöhung [6]

Die Expansions-AG plant eine ordentliche Kapitalerhöhung. Die neu auszugebenden jungen Aktien sollen die gleiche Ausstattung haben wie die alten Aktien. Sie sind allerdings für das Geschäftsjahr ihrer Ausgabe bei einer erwarteten Dividende in Höhe von 1,05 EUR pro Aktie nur zu zwei Dritteln dividendenberechtigt. Zurzeit sind 2.400.000 Aktien im Umlauf, wobei der Nennwert einer Aktie 5 EUR beträgt. Die Aktie hat bei Ankündigung der Kapitalerhöhung einen Börsenkurs von 15 EUR. Die ordentliche Kapitalerhöhung soll 6 Mio. EUR an flüssigen Mitteln einbringen.

a) Welchen Spielraum hat die Expansions-AG bei der Festlegung des Emissionskurses? Begründen Sie Ihre Antwort!

b) Angenommen, der Emissionskurs der neuen Aktien betrage 6,25 EUR pro Stück. Wie hoch ist der rechnerische Preis eines Bezugsrechts?

c) Wie hoch wird bei sonst unveränderten Gegebenheiten der rechnerische Kurs der Aktien nach vollzogener Kapitalerhöhung sein? Interpretieren Sie die Differenz der Aktienkurse vor und nach vollzogener Kapitalerhöhung unter Berücksichtigung des Ergebnisses aus Teilaufgabe b)!

d) Die Aktionäre X, Y und Z besitzen jeweils 200 Aktien und 1.000 EUR in bar. Sie verhalten sich wie folgt:

   - X nutzt seine Bezugsrechte voll aus;
   - Y verkauft alle Bezugsrechte;
   - Z verkauft im Rahmen einer Opération blanche so viele Bezugsrechte, dass er aus dem Erlös die restlichen Bezugsrechte mit einem möglichst geringen Bargeldeinsatz ausnutzen kann (Aufrundung der zu beziehenden Aktien).

   Zeigen Sie jeweils, wie sich Barvermögen, Aktienvermögen und Gesamtvermögen der drei Aktionäre gegenüber der Ausgangssituation verändern!

---

6 Modifiziert entnommen aus *Bitz, Michael; Ewert, Jürgen:* Übungen in Betriebswirtschaftslehre, 8. Aufl., München 2014, S. 98–99 und S. 368–371.

Lösung:

Teilaufgabe a)

- Niedrigst möglicher Emissionskurs = Nennwert = 5 EUR/Stück (gesetzliche Untergrenze)

  Begründung: Eine Unterpari-Emission von Aktien ist gemäß § 9 Abs. 1 AktG nicht erlaubt.

- Höchst möglicher Emissionskurs = Börsenkurs vor der ordentlichen Kapitalerhöhung = 15 EUR/Stück (wirtschaftliche Obergrenze)

  Begründung: Würde der Emissionskurs der jungen (neuen) Aktien über 15 EUR/Stück liegen, könnten Aktien der gleichen Ausstattung über die Börse günstiger beschafft werden.

⇒ Spielraum bei der Festlegung des Emissionskurses:

$5 \text{ EUR/Stück} \leq K_n \leq 15 \text{ EUR/Stück}$

Dabei gilt:

K_n: Bezugskurs (Emissionskurs) der jungen (neuen) Aktie.

Teilaufgabe b)

$$a = 2.400.000 \text{ Stück}$$

$$n = \frac{KEB}{K_n} = \frac{6.000.000 \text{ EUR}}{6{,}25 \text{ EUR/Stück}} = 960.000 \text{ Stück}$$

$$\Rightarrow a : n = 2.400.000 \text{ Stück} : 960.000 \text{ Stück} = \mathbf{5 : 2}$$

$$K_a = 15 \text{ EUR/Stück}$$

$$K_n = 6{,}25 \text{ EUR/Stück}$$

$$DN = D \cdot \left[1 - \frac{DZ_n}{DZ_a}\right] = 1{,}05 \text{ EUR/Stück} \cdot \left(1 - \frac{8}{12}\right) = 0{,}35 \text{ EUR/Stück}$$

$$B = \frac{K_a - (K_n + DN)}{\frac{a}{n} + 1}$$

$$= \frac{15\ \text{EUR/Stück} - (6{,}25\ \text{EUR/Stück} + 0{,}35\ \text{EUR/Stück})}{\frac{5}{2}+1}$$

$$= \frac{8{,}40\ \text{EUR/Stück}}{3{,}50}$$

$= \textbf{2,40 EUR/Stück}$

Dabei gilt:

a:	Anzahl der alten Aktien;
n:	Anzahl der jungen (neuen) Aktien;
KEB:	Kapitalerhöhungsbetrag;
K_n:	Bezugskurs (Emissionskurs) der jungen (neuen) Aktie;
K_a:	Kurs der alten Aktie;
DN:	Dividendennachteil der neuen Aktie;
D:	voraussichtliche Dividende;
DZ_n:	Dividendenberechtigungszeitraum der neuen Aktien (z. B. in Monaten);
DZ_a:	Dividendenberechtigungszeitraum der alten Aktien (z. B. in Monaten);
B:	rechnerischer Preis des Bezugsrechts.

Teilaufgabe c)

Rechnerischer Mischkurs der alten Aktien

$= M_a = K_a - B$

$= 15\ \text{EUR/Stück} - 2{,}40\ \text{EUR/Stück}$

$= \textbf{12,60 EUR/Stück}$

Rechnerischer Mischkurs der neuen Aktien

$= M_n = M_a - DN$

$= 12{,}60\ \text{EUR/Stück} - 0{,}35\ \text{EUR/Stück}$

$= \textbf{12,25 EUR/Stück}$

Interpretation:

- Altaktionär:

$\Delta K_a = K_a - M_a$

$= 15\ \text{EUR/Stück} - 12{,}60\ \text{EUR/Stück}$

$= \textbf{2,40 EUR/Stück}$

⇒ Der Kursverlust eines Altaktionärs beträgt 2,40 EUR/Stück. Dieser Verlust wird jedoch durch das Bezugsrecht i. H. v. 2,40 EUR/Stück ausgeglichen.

- Neuaktionär:

$\Delta K_n = M_n - K_n$

$= 12{,}25$ EUR/Stück – 6,25 EUR/Stück

$=$ **6,00 EUR/Stück**

⇒ Der Kursgewinn eines Neuaktionärs beträgt 6,00 EUR/Stück. Dieser Gewinn entspricht jedoch genau dem Gesamtpreis der Bezugsrechte, die ein Neuaktionär erwerben muss. Damit wird der Vermögenszuwachs durch die Aufwendungen für die erforderlichen Bezugsrechte ausgeglichen.

Da das Bezugsverhältnis hier 5 : 2 beträgt, was bedeutet, dass für den Bezug zweier neuer Aktien zum Emissionskurs 5 Bezugsrechte benötigt werden, sind für den Bezug einer neuen Aktie entsprechend 2,5 Bezugsrechte erforderlich. Der rechnerische Preis eines Bezugsrechts beträgt 2,40 EUR/Stück.

Für den Kauf der erforderlichen Bezugsrechte müssen demzufolge vom Neuaktionär $\frac{5}{2} \cdot 2{,}40$ EUR/Stück = 6,00 EUR aufgewendet werden.

Dabei gilt:

M_a: rechnerischer Mischkurs der alten Aktie;

M_n: rechnerischer Mischkurs der neuen Aktie.

Teilaufgabe d)

Ausgangssituation für die Aktionäre X, Y und Z:

	Barvermögen	1.000 EUR	
+	Aktienvermögen	3.000 EUR	(= 200 Aktien · 15 EUR/Stück)
=	**Gesamtvermögen**	**4.000 EUR**	

Aktionär X nach der ordentlichen Kapitalerhöhung:

Da Aktionär X 200 Altaktien in seinem Aktienbestand hält, stehen ihm 200 Bezugsrechte zu. Zum Bezug von 2 neuen Aktien zum Emissionskurs werden 5 Bezugsrechte benötigt. Aktionär X kann mit seinen Bezugsrechten folglich 80 neue Aktien (= 200 Altaktien ÷ 5 · 2) beziehen.

Bezug von 80 neuen Aktien à 6,25 EUR

⇒ Verringerung des Barvermögens in Höhe von 500 EUR

⇒ Erhöhung des Bestandes an Aktien auf jetzt 280 Stück (rechnerischer Mischkurs der alten Aktien 12,60 EUR/Stück; rechnerischer Mischkurs der neuen Aktien 12,25 EUR/Stück)

	Barvermögen	500 EUR	(= 1.000 EUR – 500 EUR)
+	Aktienvermögen	2.520 EUR	(= 200 alte Aktien · 12,60 EUR/Stück)
+	Aktienvermögen	980 EUR	(= 80 neue Aktien · 12,25 EUR/Stück)
=	**Gesamtvermögen**	**4.000 EUR**	

Fazit: Das Gesamtvermögen von Aktionär X bleibt unverändert.

Aktionär Y nach der ordentlichen Kapitalerhöhung:

Verkauf von 200 Bezugsrechten à 2,40 EUR

⇒ Erhöhung des Barvermögens in Höhe von 480 EUR

⇒ Bestand an Aktien bleibt unverändert; allerdings erfolgt ein Absinken des Kurswertes

	Barvermögen	1.480 EUR	(= 1.000 EUR + 480 EUR)
+	Aktienvermögen	2.520 EUR	(= 200 alte Aktien · 12,60 EUR/Stück)
=	**Gesamtvermögen**	**4.000 EUR**	

Fazit: Das Gesamtvermögen von Aktionär Y bleibt unverändert.

Aktionär Z nach der ordentlichen Kapitalerhöhung:

Durchführung einer Opération blanche:

Im Rahmen einer Opération blanche erfolgt ein Verkauf von so vielen Bezugsrechten, dass aus dem Erlös die restlichen Bezugsrechte ohne (bzw. mit möglichst geringem) Kapitaleinsatz zum Erwerb junger Aktien ausgenutzt werden können, d. h., der Erlös aus dem Verkauf der Bezugsrechte entspricht dem Kapitalbedarf für den Erwerb junger Aktien:

$$B \cdot \left(b - \frac{a}{n} \cdot A_j\right) = A_j \cdot K_n$$

$$\Leftrightarrow A_j = \frac{b \cdot B}{K_n + \left(B \cdot \frac{a}{n}\right)}$$

$$\Rightarrow A_j = \frac{200 \text{ Stück} \cdot 2{,}40 \text{ EUR/Stück}}{6{,}25 \text{ EUR/Stück} + \left(2{,}40 \text{ EUR/Stück} \cdot \frac{5}{2}\right)}$$

$$\Leftrightarrow A_j = \frac{480 \text{ EUR}}{6{,}25 \text{ EUR/Stück} + 6 \text{ EUR/Stück}}$$

$$= \mathbf{39{,}18 \text{ Stück}}$$

Um 40 neue Aktien zu beziehen,[7] benötigt Aktionär Z aufgrund des Bezugsverhältnisses $40 \cdot \frac{5}{2} = 100$ Bezugsrechte. Seine restlichen Bezugsrechte verkauft er:

⇒ Verkauf von 100 Bezugsrechten à 2,40 EUR: Einzahlung i. H. v. 240 EUR

⇒ Bezug von 40 neuen Aktien à 6,25 EUR: Auszahlung i. H. v. 250 EUR

⇒ zusätzlicher Bargeldeinsatz: Auszahlung i. H. v. 10 EUR

⇒ Bestand an Aktien erhöht sich auf 240 Stück

	Barvermögen	990 EUR	(= 1.000 EUR – 10 EUR)
+	Aktienvermögen	2.520 EUR	(= 200 alte Aktien · 12,60 EUR/Stück)
+	Aktienvermögen	490 EUR	(= 40 neue Aktien · 12,25 EUR/Stück)
=	**Gesamtvermögen**	**4.000 EUR**	

Fazit: Das Gesamtvermögen von Aktionär Z bleibt unverändert.

Dabei gilt:

A_j: Anzahl der zu beziehenden neuen Aktien ohne Aufwand (bzw. mit möglichst geringem Aufwand) an zusätzlichen Finanzierungsmitteln;

b: Anzahl der Bezugsrechte des Aktionärs.

Aufgabe 4.16: Durchführung einer Opération blanche

Wie viele Bezugsrechte muss ein Altaktionär verkaufen, um im Rahmen einer ordentlichen Kapitalerhöhung eine Opération blanche durchführen zu können, wenn er 90 Bezugsrechte besitzt, die Kapitalerhöhung im Verhältnis 3 : 1 durchgeführt wird, der Emissionskurs der neuen Aktien (bei gleichem Dividendenanspruch wie die alten Aktien) 30 EUR/Stück beträgt und sich der Kurs der alten Aktien auf 70 EUR/Stück beläuft? Verändert sich nach Durchführung der Opération blanche der Gesamtwert seines Portefeuilles, wenn von Börseneinflüssen abgesehen wird? Bitte fügen Sie Ihren Überlegungen eine Berechnung an!

Lösung:

$$B = \frac{K_a - K_n}{\frac{a}{n} + 1}$$

$$= \frac{70\,\text{EUR/Stück} - 30\,\text{EUR/Stück}}{\frac{3}{1} + 1}$$

$$= \mathbf{10\ EUR/Stück}$$

[7] Es kann nur ein ganzzahliger Wert an neuen Aktien bezogen werden.

$$A_j = \frac{\text{Anzahl der Bezugsrechte} \cdot B}{K_n + (B \cdot \frac{a}{n})}$$

$$\Rightarrow A_j = \frac{90 \text{ Stück} \cdot 10 \text{ EUR/Stück}}{30 \text{ EUR/Stück} + (10 \text{ EUR/Stück} \cdot \frac{3}{1})}$$

$$\Leftrightarrow A_j = \frac{900 \text{ EUR}}{60 \text{ EUR/Stück}}$$

$$= \mathbf{15\ Stück}$$

$$M = K_a - B$$

$$= 70 \text{ EUR/Stück} - 10 \text{ EUR/Stück}$$

$$= \mathbf{60\ EUR/Stück}$$

Zum Bezug von 15 neuen Aktien benötigt der Altaktionär – bei einem Bezugsverhältnis von 3 : 1 – 45 Bezugsrechte. Er muss also, wenn er ohne Aufwand an zusätzlichen Finanzierungsmitteln an der ordentlichen Kapitalerhöhung teilnehmen will, die Hälfte seiner Bezugsrechte zum Bezugsrechtspreis von 10 EUR/Stück veräußern, damit er mit dem erzielten Erlös in Höhe von 450 EUR (= 45 Bezugsrechte · 10 EUR/Stück) 15 neue Aktien zum Emissionskurs erwerben kann (15 neue Aktien · 30 EUR/Stück = 450 EUR).

Der Gesamtwert des Portefeuilles des Altaktionärs verändert sich nicht:

vor der Opération blanche: 90 Aktien à 70 EUR = **6.300 EUR**;

nach der Opération blanche: 105 Aktien à 60 EUR = **6.300 EUR**.

Dabei gilt:

B: rechnerischer Preis des Bezugsrechts;

K_a: Kurs der alten Aktie;

K_n: Bezugskurs (Emissionskurs) der jungen (neuen) Aktie;

a: Anzahl der alten Aktien;

n: Anzahl der jungen (neuen) Aktien;

A_j: Anzahl der zu beziehenden neuen Aktien ohne Aufwand (bzw. mit möglichst geringem Aufwand) an zusätzlichen Finanzierungsmitteln;

M: rechnerischer Mischkurs.

Aufgabe 4.17: Nominelle Kapitalerhöhung

Eine Aktiengesellschaft baut ihre offenen Rücklagenpositionen, die in der Vergangenheit erheblich angewachsen sind, durch Umbuchung ins Grundkapital ab, wodurch sich die letztgenannte Position genau verdoppelt. Welcher rechnerische Mischkurs ergibt sich nach Durchführung dieser nominellen Kapitalerhöhung (Kapitalerhöhung aus Gesellschaftsmitteln), wenn sich der Altkurs der Aktie auf 150 EUR/Stück beläuft? Begründen Sie Ihr Ergebnis unter Heranziehung der Formel zur Errechnung des Mischkurses!

Lösung:

Unabhängig von der absoluten Höhe der einzelnen Eigenkapitalpositionen sowie dem Nennwert der Aktie kommt es bei der Aktiengesellschaft bei einer Verdoppelung des Grundkapitals zu einer Verdoppelung der Aktienanzahl und damit rechnerisch zu einer Halbierung des Aktienkurses:

$$M = \frac{a \cdot K_a + n \cdot K_n}{a + n}$$

$$= \frac{a \cdot K_a + a \cdot 0 \text{ EUR/Stück}}{a + a}$$

$$= \frac{a \cdot K_a}{2a}$$

$$= \frac{K_a}{2}$$

$$= \frac{150 \text{ EUR/Stück}}{2}$$

$$= \mathbf{75\ EUR/Stück}$$

Anmerkungen: Bei einer Verdoppelung der Aktienanzahl ist $n = a$.
K_n beträgt bei einer nominellen Kapitalerhöhung immer null.

Hintergrund:

Im Rahmen der Durchführung einer nominellen Kapitalerhöhung (Kapitalerhöhung aus Gesellschaftsmitteln) gilt für die Berechnung des rechnerischen Mischkurses allgemein folgender Zusammenhang:

$$M = \frac{a \cdot K_a + n \cdot K_n}{a + n}$$

$$= \frac{a \cdot K_a + n \cdot 0 \text{ EUR/Stück}}{a + n}$$

$$= K_a \cdot \frac{a}{a + n}$$

Die Erhöhung des Grundkapitals einer Aktiengesellschaft aus Gesellschaftsmitteln führt demnach immer zu einer rechnerischen Reduzierung des Kurses der alten Aktien um den Faktor $\left(1 - \frac{a}{a+n}\right) = \left(\frac{n}{a+n}\right)$ auf $\frac{a}{a+n} \cdot K_a$.

Exemplarisch sei gegeben:

K_a = 120 EUR/Stück

a = 50.000 Stück

n = 10.000 Stück

$$\Rightarrow M = \frac{50.000 \text{ Stück} \cdot 120 \text{ EUR/Stück} + 10.000 \text{ Stück} \cdot 0 \text{ EUR/Stück}}{50.000 \text{ Stück} + 10.000 \text{ Stück}} = \mathbf{100\ EUR/Stück}$$

$$= K_a \cdot \frac{a}{a+n} = 120 \text{ EUR/Stück} \cdot \frac{5}{5+1} = \mathbf{100\ EUR/Stück}$$

$\Rightarrow$ K_a verringert sich um $\left(1 - \frac{a}{a+n}\right) = \left(\frac{n}{a+n}\right) = \left(\frac{10.000 \text{ Stück}}{50.000 \text{ Stück} + 10.000 \text{ Stück}}\right) = \frac{1}{6}$ auf $\left(\frac{a}{a+n}\right) = \left(\frac{50.000 \text{ Stück}}{50.000 \text{ Stück} + 10.000 \text{ Stück}}\right) = \frac{5}{6}$ K_a.

Aufgabe 4.18: Nominelle Kapitalerhöhung

Welche Auswirkungen hat die Durchführung einer nominellen Kapitalerhöhung (Kapitalerhöhung aus Gesellschaftsmitteln) bei einer Aktiengesellschaft auf:

(1) den Aktienkurs im Falle der Ausgabe von Nennwertaktien,

(2) die Höhe des bilanziell ausgewiesenen Eigenkapitals der Gesellschaft,

(3) die Höhe des Grundkapitals (Gezeichneten Kapitals) der Gesellschaft,

(4) die Höhe des Vermögens der Gesellschafter,

(5) die Höhe des bilanziellen Vermögens der Gesellschaft,

(6) den Einfluss der einzelnen Aktionäre auf das Unternehmensgeschehen,

(7) den rechnerischen Nennwert im Falle des Vorliegens von Stückaktien (die Zahl der ausgegebenen Stückaktien bleibt gleich),

(8) die Bilanzsumme der Gesellschaft,

(9) die Relation von Gezeichnetem Kapital und offenen Rücklagen?

Lösung:

Auswirkungen:

(1) Verminderung in Abhängigkeit vom Bezugsverhältnis,

(2) keine Veränderung,

(3) Erhöhung entsprechend dem absoluten Umfang der nominellen Kapitalerhöhung,

(4) keine Veränderung (eventuell mittelbare Auswirkungen aufgrund der zukünftigen Dividendenpolitik),

(5) keine Veränderung,

(6) keine Veränderung, da die ursprüngliche Beteiligungsquote erhalten bleibt,

(7) prozentuale Erhöhung des rechnerischen Nennwerts entsprechend der Relation des Kapitalerhöhungsbetrags zum bisherigen Grundkapital,

(8) keine Veränderung,

(9) Veränderung entsprechend dem Umbuchungsverhältnis.

Aufgabe 4.19: Vereinfachte Kapitalherabsetzung mit anschließender ordentlicher Kapitalerhöhung [8]

Wie aus der folgenden (verkürzten) Bilanz zu erkennen ist, befindet sich die Felsberg AG in ernsthaften wirtschaftlichen Schwierigkeiten:

Aktiva	Bilanz der Felsberg AG vor Durchführung der Sanierungsmaßnahmen (in TEUR)		Passiva
Vermögen	20.000	Gezeichnetes Kapital	10.000
		Verlustvortrag	– 4.500
		Jahresfehlbetrag	– 1.500
		Verbindlichkeiten	16.000
	20.000		20.000

Die Aktien der Felsberg AG (Nennwert 2 EUR/Stück) werden zurzeit mit 1,20 EUR/Stück an der Börse gehandelt.

In dieser Situation fassen die Aktionäre der Felsberg AG den Entschluss, eine vereinfachte Kapitalherabsetzung (in Höhe der bilanziell ausgewiesenen Verluste) mit einer sich anschließenden ordentlichen Kapitalerhöhung (auf den jetzigen Betrag des Gezeichneten Kapitals) durchzuführen. Der Emissionskurs der neuen Aktien (Nennwert 1 EUR/Stück) wird auf 1,40 EUR/Stück festgesetzt. Zeigen Sie die Bilanz der Felsberg AG nach Durchführung der Sanierungsmaßnahmen und berechnen Sie den neuen rechnerischen Börsenkurs der Felsberg AG-Aktie!

Lösung:

(1) Durchführung einer vereinfachten Kapitalherabsetzung gemäß den §§ 229–236 AktG

- Es erfolgt zunächst in einem ersten Schritt eine Herabstempelung des Nennwerts der Altaktien von 2 EUR/Stück auf 1 EUR/Stück.

---

[8] Modifiziert entnommen aus *Waschbusch, Gerd:* Kapitalherabsetzung und Kapitalerhöhung, in: FORTBILDUNG – Zeitschrift für Führungskräfte in Verwaltung und Wirtschaft 1992, S. 89–90.

- Die 5 Mio. Aktien der Felsberg AG ($a_I = \frac{\text{Gezeichnetes Kapital vor der KH}}{\text{Nennwert pro Stück}} = \frac{10 \text{ Mio. EUR}}{2 \text{ EUR/Stück}} = 5$ Mio. Stück) besitzen jetzt nur noch einen Nennwert in Höhe von 1 EUR/Stück; es werden damit 5 Mio. EUR (= 5 Mio. Stück · 1 EUR/Stück) an Grundkapital (Gezeichnetem Kapital) zum buchmäßigen Ausgleich der bilanziell ausgewiesenen Verluste freigesetzt.
- Zum Ausgleich des Restbetrags der bilanziell ausgewiesenen Verluste (hier: Verlustvortrag + Jahresfehlbetrag – 5 Mio. EUR = 4,5 Mio. EUR + 1,5 Mio. EUR – 5 Mio. EUR = 1 Mio. EUR) erfolgt in einem zweiten Schritt eine Zusammenlegung der Altaktien im Verhältnis 5 : 4, d. h., von 5 alten Aktien der Felsberg AG bleiben nur noch vier „neue" Aktien der Felsberg AG übrig (Verringerung der Aktienanzahl auf 4 Mio. Stück).

Nach Durchführung der beschriebenen Maßnahmen (buchtechnische Sanierung) ergibt sich folgendes Bilanzbild:

Bilanz der Felsberg AG nach Durchführung der vereinfachten Kapitalherabsetzung (in TEUR)

Aktiva			Passiva
Vermögen	20.000	Gezeichnetes Kapital	4.000
		Verbindlichkeiten	16.000
	20.000		20.000

Auswirkungen der beschriebenen Maßnahmen (buchtechnische Sanierung) auf den Börsenkurs der Felsberg AG-Aktie:

- Börsenkurs vor der vereinfachten Kapitalherabsetzung: $K_{a_I} = 1{,}20$ EUR/Stück
- Anzahl der Aktien der Felsberg AG vor der vereinfachten Kapitalherabsetzung: $a_I = 5.000.000$ Stück
- Gesamtkurs der Aktien der Felsberg AG vor der vereinfachten Kapitalherabsetzung: $a_I \cdot K_{a_I} = 5.000.000$ Stück $\cdot$ 1,20 EUR/Stück = 6.000.000 EUR

Da sich nach der vereinfachten Kapitalherabsetzung nur noch 4 Mio. Felsberg AG-Aktien im Umlauf befinden, der Gesamtkurs der Aktien der Felsberg AG aber (rechnerisch) unverändert bleibt, ergibt sich für diese nach Durchführung der vereinfachten Kapitalherabsetzung der folgende rechnerische Börsenkurs:

$$K_{a_2} = \frac{6.000.000 \text{ EUR}}{4.000.000 \text{ Stück}} = \mathbf{1{,}50\ EUR/1\text{-}EUR\text{-}Nennwertaktie}$$

Anmerkung:

Es ergibt sich aufgrund der beschriebenen Maßnahmen (buchtechnische Sanierung) keine Veränderung der Vermögenssituation für die Altaktionäre.

Beispiel:

Besaß ein Altaktionär vor der vereinfachten Kapitalherabsetzung 5 Aktien à 1,20 EUR/Stück = 6 EUR, so besitzt er nach der vereinfachten Kapitalherabsetzung 4 Aktien à 1,50 EUR/Stück = 6 EUR.

(2) Durchführung einer ordentlichen Kapitalerhöhung gemäß den §§ 182–191 AktG

- Erhöhungsbetrag des Grundkapitals infolge der geplanten ordentlichen Kapitalerhöhung: 10.000.000 EUR – 4.000.000 EUR = 6.000.000 EUR
- Anzahl der nach Durchführung der vereinfachten Kapitalherabsetzung verbliebenen Altaktien: a_2 = 4.000.000 Stück
- Anzahl der im Rahmen der ordentlichen Kapitalerhöhung auszugebenden Neuaktien:

$$n = \frac{6.000.000 \text{ EUR}}{1 \text{ EUR/Stück}} = 6.000.000 \text{ Stück}$$

$$\Rightarrow a_2 : n = 4 \text{ Mio. Stück} : 6 \text{ Mio. Stück} = 2 : 3$$

- Emissionskurs der neuen Aktie: K_n = 1,40 EUR/Stück

Nach Durchführung der ordentlichen Kapitalerhöhung (finanzielle Sanierung) ergibt sich folgendes Bilanzbild:

Bilanz der Felsberg AG
nach Durchführung der ordentlichen Kapitalerhöhung
(in TEUR)

Aktiva		Passiva	
Vermögen (einschließlich Emissionserlös)	28.400 [1]	Gezeichnetes Kapital	10.000 [2]
		Kapitalrücklage	2.400 [3]
		Verbindlichkeiten	16.000
	28.400		28.400

[1] 20.000.000 EUR + 6.000.000 Stück · 1,40 EUR/Stück = 28.400.000 EUR

[2] 4.000.000 EUR + 6.000.000 Stück · 1,00 EUR/Stück = 10.000.000 EUR

[3] 6.000.000 Stück · 0,40 EUR/Stück = 2.400.000 EUR

- rechnerischer Börsenkurs der Aktien der Felsberg AG nach Durchführung der ordentlichen Kapitalerhöhung:

$$M = \frac{a_2 \cdot K_{a_2} + n \cdot K_n}{a_2 + n}$$

$$= \frac{4.000.000 \text{ Stück} \cdot 1{,}50 \text{ EUR/Stück} + 6.000.000 \text{ Stück} \cdot 1{,}40 \text{ EUR/Stück}}{4.000.000 \text{ Stück} + 6.000.000 \text{ Stück}}$$

$$= \frac{14.400.000 \text{ EUR}}{10.000.000 \text{ Stück}}$$

= **1,44 EUR/1-EUR-Nennwertaktie**

Dabei gilt:

a_1: Anzahl der alten Aktien vor der vereinfachten Kapitalherabsetzung;

KH: Kapitalherabsetzung;

K_{a1}: Börsenkurs der alten Aktie vor der vereinfachten Kapitalherabsetzung;

K_{a2}: Börsenkurs der alten Aktie nach vollzogener vereinfachter Kapitalherabsetzung;

a_2: Anzahl der nach Durchführung der vereinfachten Kapitalherabsetzung verbliebenen Altaktien;

n: Anzahl der im Rahmen der ordentlichen Kapitalerhöhung auszugebenden Neuaktien;

K_n: Emissionskurs der neuen Aktie;

M: rechnerischer Börsenkurs der Aktie nach Durchführung der ordentlichen Kapitalerhöhung.

Aufgabe 4.20: Vereinfachte Kapitalherabsetzung mit anschließender ordentlicher Kapitalerhöhung

Im Wirtschaftsteil Ihrer Tageszeitung vom 27. Januar 01 findet sich folgende Nachricht:

„Die Homa AG, Saarlouis, hat die Modalitäten für die geplante vereinfachte Kapitalherabsetzung und die sich anschließende Wiederaufstockung des Grundkapitals bekannt gegeben. Laut Bundesanzeiger erfolgt eine Zusammenlegung von je zwei alten Aktien im Nennbetrag von je 1 EUR in eine neue Aktie zu 1 EUR. Ab dem 2. Februar 01 werden die Aktien aus der vereinfachten Kapitalherabsetzung gehandelt. Die Hauptversammlung der Homa AG hatte im Dezember 00 im Zuge der vereinfachten Kapitalherabsetzung eine Rückführung des Grundkapitals von 50 Mio. EUR auf 25 Mio. EUR gebilligt.

Für die sich anschließende Wiederaufstockung des Grundkapitals gegen Bareinlagen um 25 Mio. EUR gibt die Homa AG 25.000.000 auf den Inhaber lautende Stammaktien im Nennbetrag von je 1 EUR aus, die für das Geschäftsjahr 00/01 voll gewinnberechtigt sind. Ein Bankenkonsortium unter Führung der Saarland-Bank AG, Saarbrücken, hat die neuen Stammaktien übernommen und sich verpflichtet, sie den Aktionären im Verhältnis 1 : 1 bezogen auf das herabgesetzte Grundkapital von 25 Mio. EUR zum Ausgabepreis von 2,50 EUR je Anteil im Nennbetrag von 1 EUR anzubieten. Die Bezugsfrist für die neuen Aktien läuft vom 2. bis 16. Februar 01."

Berechnen Sie den neuen rechnerischen Börsenkurs der Aktien der Homa AG nach Durchführung der Sanierung! Der Kurs der Altaktie (1 EUR Nennwert) belief sich vor der Sanierung auf 1,29 EUR.

Lösung:

In einem ersten Schritt erfolgt im Rahmen der vereinfachten Kapitalherabsetzung eine Zusammenlegung der Altaktien im Verhältnis 2 : 1, d. h., die Zahl der Altaktien verringert sich von 50 Mio. Stück ($a_1 = \frac{50 \text{ Mio. EUR}}{1 \text{ EUR / Stück}} = 50$ Mio. Stück) auf 25 Mio. Stück. Es verbleibt ein Grundkapital von 25 Mio. EUR.

Der Börsenkurs der Homa AG-Aktie notierte vor der vereinfachten Kapitalherabsetzung mit 1,29 EUR. Dies entspricht einem Gesamtkurs der Homa AG-Aktien vor der vereinfachten Kapitalherabsetzung in Höhe von 64,5 Mio. EUR (= 50.000.000 Stück · 1,29 EUR/Stück). Da sich nach der vereinfachten Kapitalherabsetzung nur noch 25 Mio. Homa AG-Aktien (a_2) im Umlauf befinden, der Gesamtkurs der Homa AG-Aktien aber unverändert bleibt, ergibt sich für diese nach Durchführung der vereinfachten Kapitalherabsetzung der folgende rechnerische Börsenkurs:

$$K_{a_2} = \frac{64.500.000 \text{ EUR}}{25.000.000 \text{ Stück}} = \mathbf{2{,}58\ EUR/1\text{-}EUR\text{-}Nennwertaktie}.$$

Aufgrund der Halbierung der Aktienzahl und des gleichbleibenden Gesamtkurses hat sich der Kurs der Aktie nach der Kapitalherabsetzung rechnerisch verdoppelt.

Der Erhöhungsbetrag des Grundkapitals infolge der geplanten ordentlichen Kapitalerhöhung (zweiter Schritt) beläuft sich auf 25 Mio. EUR. Die Anzahl der im Rahmen der ordentlichen Kapitalerhöhung auszugebenden Neuaktien beläuft sich somit auf 25 Mio. Stück

$$(n = \frac{\text{Kapitalerhöhungsbetrag}}{\text{Nennwert pro Aktie}} = \frac{25 \text{ Mio. EUR}}{1 \text{ EUR/Stück}} = 25 \text{ Mio. EUR}).$$

Zur Berechnung des Mischkurses (= neuer rechnerischer Börsenkurs der Homa AG-Aktie nach Durchführung der Sanierung) kann damit auf folgende Daten zurückgegriffen werden:

K_{a_2} = 2,58 EUR/Stück

K_n = 2,50 EUR/Stück

a_2 = 25.000.000 Stück

n = 25.000.000 Stück

$$M = \frac{a_2 \cdot K_{a_2} + n \cdot K_n}{a_2 + n}$$

$$= \frac{25.000.000 \text{ Stück} \cdot 2{,}58 \text{ EUR/Stück} + 25.000.000 \text{ Stück} \cdot 2{,}50 \text{ EUR/Stück}}{25.000.000 \text{ Stück} + 25.000.000 \text{ Stück}}$$

$$= \frac{64.500.000 \text{ EUR} + 62.500.000 \text{ EUR}}{50.000.000 \text{ Stück}}$$

$$= \frac{127.000.000 \text{ EUR}}{50.000.000 \text{ Stück}}$$

$$= \mathbf{2{,}54\ EUR/1\text{-}EUR\text{-}Nennwertaktie}$$

Dabei gilt:

a_1: Anzahl alter Aktien vor der vereinfachten Kapitalherabsetzung;

a_2: Anzahl der nach Durchführung der vereinfachten Kapitalherabsetzung verbliebenen Altaktien;

K_{a2}: rechnerischer Börsenkurs der alten Aktie nach vollzogener vereinfachter Kapitalherabsetzung;

n: Anzahl der im Rahmen der ordentlichen Kapitalerhöhung auszugebenden Neuaktien;

K_n: Emissionskurs der Neuaktie;

M: rechnerischer Börsenkurs der Aktie nach Durchführung der ordentlichen Kapitalerhöhung.

Aufgabe 4.21: Kapitalherabsetzung durch Einziehung von Aktien

Nach einem außerordentlich schwachen letzten Geschäftsjahr ist in der Bilanz der XYZ-AG ein Verlustvortrag in Höhe von insgesamt 10 Mio. EUR aufgelaufen. Um das Unternehmen zu sanieren, soll dieser Verlustvortrag nun im Rahmen einer Kapitalherabsetzung durch Einziehung von Aktien beseitigt werden.

Aktiva	verkürzte Bilanz der XYZ-AG (in TEUR)			Passiva
Vermögen		200.000	Gezeichnetes Kapital	80.000
darunter:			Verlustvortrag	– 10.000
liquide Mittel	21.000		Jahresüberschuss	0
			Verbindlichkeiten	130.000
		200.000		200.000

Die Aktien im Nennbetrag von 110 EUR pro Stück sind zurzeit mit 70 EUR an der Börse notiert. Unterstellen Sie, die Aktiengesellschaft verfüge über 21 Mio. EUR an liquiden Mitteln, die sie in voller Höhe zum Erwerb eigener Aktien über die Börse verwenden kann!

a) Welchen Teilbetrag dieser 21 Mio. EUR muss die XYZ-AG mindestens aufwenden, um den Verlustvortrag buchmäßig zu beseitigen?

b) Nehmen Sie an, der Aktiengesellschaft wäre es durch einen Beschluss der Hauptversammlung erlaubt, eigene Aktien im Gesamtbetrag von 21 Mio. EUR zum Börsenkurs von 70 EUR pro Stück zu erwerben! Zeigen Sie die Bilanz der XYZ-AG nach Einziehung der zurückerworbenen Aktien! Von Transaktionskosten wird abgesehen.

Lösung:

Vorbemerkungen:

§ 237 Abs. 1 Satz 1 AktG sieht zwei Möglichkeiten der Kapitalherabsetzung durch Einziehung von Aktien vor:

- die Zwangseinziehung von Aktien und
- die Einziehung von Aktien nach Erwerb durch die Gesellschaft.

Im vorliegenden Fall der Kapitalherabsetzung durch Einziehung von Aktien kauft die Aktiengesellschaft eigene Aktien am Markt auf, wenn deren Börsenkurs unter ihrem (rechnerischen) Nennbetrag liegt; denn die Durchführung dieser Sanierungsmaßnahme mit Blick auf eine buchmäßige Beseitigung von Verlusten ist nur dann sinnvoll, wenn die Aktien unter pari angekauft werden können. Anschließend „vernichtet“ die Aktiengesellschaft die erworbenen

Aktien und senkt auf diese Weise ihr Gezeichnetes Kapital um den (rechnerischen) Nennwert der erworbenen Aktien ab. Der dabei entstehende Buchgewinn in Höhe der Differenz zwischen (rechnerischem) Nennbetrag der eigenen Aktien und niedrigerem Kaufpreis (Kurs, Anschaffungskosten) dient der buchmäßigen Abdeckung des Verlustvortrags.

Voraussetzung für die Durchführung einer solchen Maßnahme ist, dass die Aktiengesellschaft entweder über ausreichend liquide Mittel verfügt, um den Kauf durchzuführen, oder aber – was auch denkbar wäre – dass ein Großaktionär der Aktiengesellschaft einen Teil seiner Aktien „freiwillig" und unentgeltlich zur Vernichtung überlässt.

Teilaufgabe a)

Die Formulierung „mindestens aufzuwendender Teilbetrag zur buchmäßigen Beseitigung des Verlustvortrags" ist in dem vorliegenden Zusammenhang so zu verstehen, dass man von dem für die Aktiengesellschaft günstigsten, aber äußerst unrealistischen Fall ausgeht, die gesamte Rückkaufsaktion zu einem einheitlichen Börsenkurs (= Kaufpreis) von 70 EUR pro Aktie durchführen zu können. Unrealistisch ist diese Annahme deswegen, weil die Aktiengesellschaft durch die verstärkte Nachfrage nach eigenen Aktien den Kaufpreis selbst in die Höhe treibt. Da allerdings laut Aufgabenstellung lediglich der mindestens aufzuwendende Teilbetrag anzugeben ist, kann vereinfachend ein konstanter Kaufpreis für alle Aktien (70 EUR/Stück als Untergrenze) unterstellt werden. Unter dieser Voraussetzung ergibt sich die Anzahl zurückzukaufender Aktien wie folgt:

Mindestanzahl zurückzukaufender Aktien

$$= \frac{\text{auszugleichender Verlustbetrag}}{\underbrace{\text{Nennbetrag pro Aktie} - \text{Kaufpreis pro Aktie}}_{\text{Buchgewinn pro Aktie als Folge des Rückkaufs}}}$$

$$= \frac{10 \text{ Mio. EUR}}{110 \text{ EUR/Stück} - 70 \text{ EUR/Stück}}$$

$$= \frac{10 \text{ Mio.EUR}}{40 \text{ EUR/Stück}}$$

$$= \mathbf{250.000\ Stück}$$

Aufzubringende liquide Mittel

$= \text{Anzahl der zurückzukaufenden Aktien} \cdot \text{Kaufpreis/Stück}$

$= 250.000 \text{ Stück} \cdot 70 \text{ EUR/Stück}$

$= \mathbf{17{,}5\ Mio.\ EUR}$

Die Aktiengesellschaft muss mindestens 17,5 Mio. EUR an liquiden Mitteln aufwenden, um den entstandenen Verlustvortrag buchmäßig durch den Rückkauf eigener Aktien zu beseitigen.

Teilaufgabe b)

Annahmegemäß erfolgt ein Rückkauf von eigenen Aktien zum Börsenkurs (= Kaufpreis) von 70 EUR/Stück im Gesamtbetrag von 21 Mio. EUR (= Höhe der zur Verfügung stehenden liquiden Mittel).

Anzahl der gekauften und zu vernichtenden Aktien

$$= \frac{\text{verwendbare liquide Mittel}}{\text{Kaufpreis pro Aktie}}$$

$$= \frac{21.000.000 \text{ EUR}}{70 \text{ EUR/Stück}}$$

$$= \mathbf{300.000 \text{ Stück}}$$

In einem ersten Schritt ist zunächst der Erwerb der eigenen Aktien bilanziell zu erfassen:

- Die erworbenen eigenen Aktien dürfen nicht als Vermögensgegenstände aktiviert werden, sondern sind als Korrekturposten zum Eigenkapital zu behandeln. Dazu ist der Nennbetrag der erworbenen eigenen Anteile in der Vorspalte offen von dem Eigenkapitalposten „Gezeichnetes Kapital" abzusetzen (§ 272 Abs. 1a Satz 1 HGB).
- Der Unterschiedsbetrag zwischen dem Nennbetrag der zur Einziehung erworbenen eigenen Aktien und ihrem Kaufpreis (Anschaffungskosten der eigenen Anteile) ist mit den frei verfügbaren Rücklagen (insbesondere den anderen Gewinnrücklagen) zu verrechnen (§ 272 Abs. 1a Satz 2 HGB). Etwaige Aufwendungen, die Anschaffungsnebenkosten darstellen, sind als Aufwand des Geschäftsjahres zu berücksichtigen (§ 272 Abs. 1a Satz 3 HGB).

Gemäß den vorstehenden Überlegungen stellt sich der **bilanzielle Ausweis** des Erwerbs der eigenen Aktien zum Zweck der Einziehung wie folgt dar:

Eigene Anteile (zur Einziehung bestimmt [9])	21 Mio. EUR	Liquide Mittel (Bank)	21 Mio. EUR

Den Gesamtnennwert der eigenen Aktien, die „vernichtet" werden und somit zur Kapitalherabsetzung genutzt werden, und den Buchgewinn aus dem Rückkauf ermittelt man wie folgt:

Anzahl eingezogener Aktien · Nennwert pro Aktie

$$= 300.000 \text{ Stück} \cdot 110 \text{ EUR/Stück} = \mathbf{33 \text{ Mio. EUR}}$$

Buchgewinn aus dem Rückkauf

$$= \text{Gesamtnennwert} - \text{Gesamtkaufpreis eigener Anteile}$$

$$= 33 \text{ Mio. EUR} - 21 \text{ Mio. EUR} = \mathbf{12 \text{ Mio. EUR}}$$

---

9 Dieses Konto dient lediglich der internen Verrechnung; es erfolgt keine Aktivierung der eigenen Anteile.

Nennbetrag eigene Anteile (Vorspalte zum Gezeichneten Kapital)	33 Mio. EUR	Andere Gewinnrücklagen	12 Mio. EUR
		Eigene Anteile (zur Einziehung bestimmt)	21 Mio. EUR

Damit ergibt sich für die XYZ-AG zunächst das folgende Bilanzbild:

verkürzte Bilanz der XYZ-AG
nach dem Rückkauf eigener Aktien zum Zweck der Einziehung
(in TEUR)

Aktiva			Passiva		
Vermögen		179.000	Gezeichnetes Kapital	80.000	
darunter:			– Nennbetrag eig. Ant.	– 33.000 [1]	47.000
liquide Mittel	0		andere Gewinnrücklagen		12.000
			Verlustvortrag		– 10.000
			Jahresüberschuss		0
			Verbindlichkeiten		130.000
		179.000			179.000

[1] Nennbetrag eig. Ant.: 300.000 Stück · 110 EUR/Stück = 33.000.000 EUR

In einem zweiten Schritt ist nunmehr die Kapitalherabsetzung durch Einziehung von Aktien durchzuführen und der Verlustvortrag auszugleichen.

Das erfordert

(1) die endgültige Herabsetzung des Gezeichneten Kapitals um den Nennbetrag der zurückerworbenen eigenen Aktien („Vernichtung der eigenen Aktien“),

(2) die Auflösung der aus dem Erwerb der eigenen Aktien gebildeten anderen Gewinnrücklagen und

(3) die Einstellung des nicht zur Verlustabdeckung benötigten Betrags, der aus der Kapitalherabsetzung gewonnen wurde, in die Kapitalrücklage.

Mit der Auflösung der anderen Gewinnrücklagen wird der erzielte Buchgewinn aus der Kapitalherabsetzung mit dem Verlustvortrag in der Ergebnisverwendungsrechnung zusammengeführt. Gemäß § 240 Satz 1 AktG ist der aus der Kapitalherabsetzung gewonnene Betrag (Rücklagenauflösung) in der Gewinn- und Verlustrechnung als „Ertrag aus der Kapitalherabsetzung“ gesondert hinter dem Posten „Entnahmen aus Gewinnrücklagen“ auszuweisen.

Im Beispiel übersteigt der Buchgewinn aus der Kapitalherabsetzung (12 Mio. EUR) den Verlustvortrag (10 Mio. EUR) um 2 Mio. EUR. Dieser Betrag ist – ebenfalls im Zuge der Ergebnisverwendung – in die Kapitalrücklage einzustellen. Die Begründung hierfür ergibt sich aus § 240 Satz 3 AktG. Dieser sieht als zulässige Verwendungsmöglichkeiten für den aus einer Kapitalherabsetzung und aus der Auflösung von Gewinnrücklagen gewonnenen Betrag allein den Ausgleich von Wertminderungen, die Deckung sonstiger Verluste und die Einstellung in die Kapitalrücklage vor. Die Einstellung in die Kapitalrücklage nach § 229 Abs. 1 AktG und

§ 232 AktG ist gemäß § 240 Satz 2 AktG als „Einstellung in die Kapitalrücklage nach den Vorschriften über die vereinfachte Kapitalherabsetzung“ gesondert in der Gewinn- und Verlustrechnung auszuweisen.

Die zugehörigen Buchungen lauten wie folgt:

(1) Vernichtung der eigenen Anteile (Kapitalherabsetzung)

Gezeichnetes Kapital	33 Mio. EUR	Nennbetrag eigene Anteile (Vorspalte zum Gezeichneten Kapital)	33 Mio. EUR

(2) Auflösung der anderen Gewinnrücklagen

Andere Gewinnrücklagen	12 Mio. EUR	Ertrag aus der Kapitalherabsetzung	12 Mio. EUR

Fortführung der Gewinn- und Verlustrechnung gemäß § 158 Abs. 1 AktG in Verbindung mit § 240 Satz 1–2 AktG:

	Jahresüberschuss	0 Mio. EUR
–	Verlustvortrag aus dem Vorjahr	– 10 Mio. EUR
+	Ertrag aus der Kapitalherabsetzung	+ 12 Mio. EUR
–	Einstellung in die Kapitalrücklage	– 2 Mio. EUR
=	Bilanzgewinn	0 Mio. EUR

(3) Einstellung in die Kapitalrücklage

Einstellung in die Kapitalrücklage	2 Mio. EUR	Kapitalrücklage	2 Mio. EUR

Damit ergibt sich für die XYZ-AG abschließend das folgende Bilanzbild:

verkürzte Bilanz der XYZ-AG nach der buchtechnischen Sanierung im Wege der Einziehung von Aktien (in TEUR)

Aktiva				Passiva
Vermögen		179.000	Gezeichnetes Kapital	47.000
darunter:			Kapitalrücklage	2.000
liquide Mittel	0		andere Gewinnrücklagen	0
			Bilanzgewinn	0
			Verbindlichkeiten	130.000
		179.000		179.000

5 Außenfinanzierung durch Fremdkapital (Kreditfinanzierung)

5.1 Charakteristika und Formen der Kreditfinanzierung

Aufgabe 5.1: Idealtypische Eigenschaften von Eigen- und Fremdkapital

Stellen Sie die idealtypischen Eigenschaften von Eigen- und Fremdkapital einander gegenüber! Gehen Sie dabei auf die rechtliche Stellung des Kapitalgebers, die Geschäftsführungsbefugnis, die Dauer der Kapitalbereitstellung, die Art der Entgeltung und deren Auswirkung auf den Erfolg des Kapitalnehmers, die Gewinnbeteiligung und die Verlustteilnahme des Kapitalgebers sowie auf die Stellung von Sicherheiten ein!

Lösung:

Merkmal	Eigenkapital	Fremdkapital
rechtliche Stellung des Kapitalgebers	Erwerb von Eigentum	schuldrechtliche Verbindung
Geschäftsführungsbefugnis	i. d. R. vorhanden	nicht vorhanden (höchstens indirekt)
Dauer der Kapitalbereitstellung	unbefristet	befristet
Art der Entgeltung	gewinnabhängig	unabhängig vom Erfolg
Auswirkung der Entgeltung auf den Erfolg des Kapitalnehmers	Gewinnverwendung	Aufwand/Betriebsausgabe (im Rahmen der Gewinnermittlung)
Gewinnbeteiligung des Kapitalgebers	ja	nein
Verlustteilnahme des Kapitalgebers	in voller Höhe	(zunächst) nicht
Stellung von Sicherheiten	nicht möglich	Normalfall

Abbildung 8: Charakteristika von Eigen- und Fremdkapital (idealtypische Abgrenzung) [10]

---

10 Modifiziert entnommen aus *Bieg, Hartmut:* Die Kreditfinanzierung, in: Der Steuerberater 1997, S. 222; *Bieg, Hartmut; Kußmaul, Heinz; Waschbusch, Gerd:* Finanzierung, 4. Aufl., München 2023, S. 175.

5.2 Inhalte von Kreditvereinbarungen

Aufgabe 5.2: Kreditfinanzierung – Grundlagen

a) Grenzen Sie Nennbetrag, Auszahlungsbetrag und Rückzahlungsbetrag eines Kredits voneinander ab!

b) Beschreiben Sie drei Arten von eindeutig festgelegten Tilgungsstrukturen bei Krediten (Hinweis: Auf die Berechnung der Annuität ist nicht einzugehen)!

c) Welche drei Größen sind entscheidend für eine Zinsvereinbarung? Beschreiben Sie kurz mögliche Ausprägungen dieser Größen!

d) Beschreiben Sie kurz vier mögliche Ziele, die ein Kreditgeber mit der Besicherung von Krediten verfolgt!

Lösung:

Teilaufgabe a)

Der **Nennbetrag**, der die nominale Höhe des Kredits angibt, wird als Berechnungsgrundlage für andere Vertragsbestandteile (z. B. zu entrichtende Zinsen) herangezogen. Liegt der **Auszahlungsbetrag**, also der Betrag, den der Kreditnehmer (Schuldner) tatsächlich erhält, unter dem Nennbetrag, so bezeichnet man die Differenz als Disagio (bei Hypothekendarlehen auch als Damnum); liegt der Auszahlungsbetrag ausnahmsweise über dem Nennbetrag, so wird die Differenz als Agio bezeichnet. Der **Rückzahlungsbetrag**, also der Betrag, den der Kreditnehmer (Schuldner) – neben den Zinszahlungen – in einem Betrag oder in mehreren Teilbeträgen zurückzuzahlen hat, entspricht i. d. R. dem Nennbetrag, kann in besonderen Fällen aber auch darüber liegen.

Teilaufgabe b)

- **Gesamtfällige Darlehen**

  Die Rückzahlung des Kredits erfolgt am Ende der Laufzeit oder – falls dies möglich ist – nach erfolgter Kündigung und Ablauf der Kündigungsfrist in einem einzigen Betrag. Zinszahlungen erfolgen i. d. R. periodisch.

- **Ratentilgung**

  Die Tilgung des Kredits erfolgt i. d. R. in jährlich gleichbleibenden Tilgungsbeträgen bis zum Ende der vereinbarten Laufzeit, wobei die erste Zahlung bereits am Ende des ersten Jahres nach der Kreditgewährung oder nach einer vereinbarten mehr oder weniger langen tilgungsfreien Zeit erfolgt. Zinszahlungen finden periodisch statt. Da die Zinszahlungen i. d. R. auf den jeweils in Anspruch genommenen, d. h. auf den durch bereits erfolgte Tilgungsleistungen verminderten Kreditbetrag zu leisten sind, die Tilgungsbeträge in den Tilgungsperioden aber stets gleich hoch sind, vermindert sich die periodische Zahlungsbelastung des Schuldners über die gesamte Tilgungsdauer. Kreditnehmer bevorzugen nicht zuletzt aufgrund der bei Inflation künftig leichter fallenden jährlichen Belastungen durch den zu leistenden Kapitaldienst i. d. R. steigende, zumindest aber konstante jährliche Belastungen.

- **Annuitätentilgung**

  Verzinsung und Tilgung des Kredits erfolgen in der Weise, dass der Schuldner pro Jahr (pro Quartal, pro Monat) einen stets gleich hohen Betrag leistet, der Tilgung und Zinszahlung enthält. Im Rahmen der zu leistenden Annuität sinkt im Zeitablauf der Zinsanteil, während der Tilgungsanteil im Zeitablauf steigt.

Teilaufgabe c)

Entscheidend für eine Zinsvereinbarung sind:

- **die Termine der Zinszahlungen**

  Monatliche, quartalsweise, halbjährliche oder jährliche Zinszahlungen können nachschüssig oder vorschüssig zu leisten sein.

- **die Bezugsgröße der Zinsberechnung**

  Der Zinssatz kann sich auf

  – den Nominalbetrag respektive Nennbetrag des Kredits (unabhängig von den bereits erbrachten Tilgungszahlungen)

  oder

  – die Restschuld, also den noch nicht getilgten Kreditbetrag,

  beziehen.

- **die Höhe des Zinssatzes (Nominalzins)**

  Ein über die gesamte Laufzeit des Kredits fester Zinssatz kann ebenso vereinbart werden wie ein an eine andere Variable (z. B. Basiszinssatz der Europäischen Zentralbank, EURIBOR [11]) gekoppelter Zinssatz. Von der so bestimmten Höhe des Nominalzinses ist die Effektivverzinsung zu unterscheiden.

  Der **Nominalzins**, der sich einerseits auf ein Jahr, andererseits auf die Bezugsgröße, also auf den Nominalbetrag oder auf die Restschuld des Kredits, bezieht, gibt – bei Vereinbarung genau eines Zinszahlungszeitpunktes pro Jahr – an, welcher Teil der Bezugsgröße zu den jeweiligen Zinszahlungszeitpunkten vom Kreditnehmer an den Kreditgeber als Entgelt für die Kapitalüberlassung zu leisten ist. Sind im Kreditvertrag mindestens zwei Zinszahlungszeitpunkte pro Jahr vereinbart worden, so verringert sich der Teil der zu leistenden Bezugsgröße entsprechend.

  Im Gegensatz hierzu stellt die **Effektivverzinsung** den – im Allgemeinen ebenfalls auf ein Jahr bezogenen – Zinssatz dar, bei dem die Summe der mit diesem Zinssatz auf den Zeitpunkt der Kreditauszahlung diskontierten Zins- und Tilgungszahlungen genau dem Auszahlungsbetrag entspricht. Die Effektivverzinsung berücksichtigt sämtliche im Rahmen der Kreditaufnahme anfallenden Kosten.

---

11 Euro Interbank Offered Rate (EURIBOR). Dieser Zinssatz wird geschäftstäglich für verschiedene Laufzeiten als Ergebnis der Meldungen eines Panels europäischer Banken ermittelt und veröffentlicht; er dient als Benchmark für die aktuellen Marktzinsen für Kredite bestimmter Arten im Handel zwischen Kreditinstituten.

Teilaufgabe d)

- **Die Erlangung von Verfahrensvorteilen bei der Eintreibung von Forderungen**

  Der Kreditgeber kann den Versuch unternehmen, Verfahrensvorteile zu erlangen, um die Möglichkeit der zwangsweisen Eintreibung von Forderungen zu verbessern. Insbesondere wird er bereits bei Abschluss des Kreditvertrags bzw. bei Auszahlung der Kreditvaluta darauf achten, dass er die Kreditgewährung später im Falle eines Prozesses gegen den Kreditnehmer vor Gericht beweisen kann. Er erreicht dies z. B. durch die Beurkundung des Kredits, aber auch schon durch die im kaufmännischen Verkehr ohnehin übliche Schriftform.

- **Die Beschleunigung des Beitreibungsverfahrens**

  Der Kreditgeber kann durch bestimmte Maßnahmen eine Beschleunigung des Verfahrens bei Einklagung eines Geldbetrags erreichen (z. B. kann sich der Schuldner bereits bei der Bestellung der Sicherheit – notariell beurkundet – der sofortigen Zwangsvollstreckung unterwerfen).

- **Die Verschaffung von Vorrechten beim Zugriff auf einen bestimmten Vermögensgegenstand des Schuldners**

  Um im Schadensfall vor Verlustrisiken geschützt zu sein, hat der Kreditgeber auch die Möglichkeit, sich beim Zugriff auf das Sicherungsgut durch sachenrechtliche (also dingliche) Kreditsicherheiten Vorrechte vor anderen Gläubigern zu verschaffen. Dabei erwirbt der Kreditgeber Rechte an Vermögensgegenständen. Zu nennen sind hier:

  - der Eigentumsvorbehalt,
  - die Sicherungsübereignung,
  - Pfandrechte an beweglichen Sachen und Rechten sowie
  - Grundpfandrechte.

- **Die Verschaffung von Sicherheiten bei anderen Personen als dem Kreditnehmer**

  Die von Dritten geleisteten dinglichen Sicherheiten (z. B. Grundpfandrechte auf Grundstücke Dritter) entsprechen grundsätzlich den soeben genannten Sicherheiten; allerdings wird in diesem Fall die Haftungsmasse des Schuldners nicht geschmälert.

  Haftet dem Kreditgeber aufgrund eines gesonderten Vertrages ein weiterer Schuldner persönlich, so hat der Kreditgeber dadurch den Vorteil, Zugriff auf ein weiteres Vermögen zu erlangen (z. B. Bürgschaften).

Aufgabe 5.3: Tilgungsformen von Darlehen [12]

Ein Kreditinstitut bietet für ein hypothekarisch gesichertes Darlehen folgende Konditionen an:

---

[12] Modifiziert entnommen aus *Däumler, Klaus-Dieter; Grabe, Jürgen*: Betriebliche Finanzwirtschaft, 10. Aufl., Herne 2013, S. 156–160.

Nennbetrag:	100.000 EUR
Damnum:	4.000 EUR
Laufzeit:	5 Jahre
Nominalzins	6 % p. a.

Zeigen Sie aus Kundensicht – jeweils anhand eines Zeitstrahls – unter genauer Angabe der Zins- und Tilgungszahlungen drei Ihnen bekannte Tilgungsformen! Einzahlungen sind dabei als positive, Auszahlungen als negative Größen anzusehen.

Lösung:

Annuitätentilgung (aus Kundensicht):

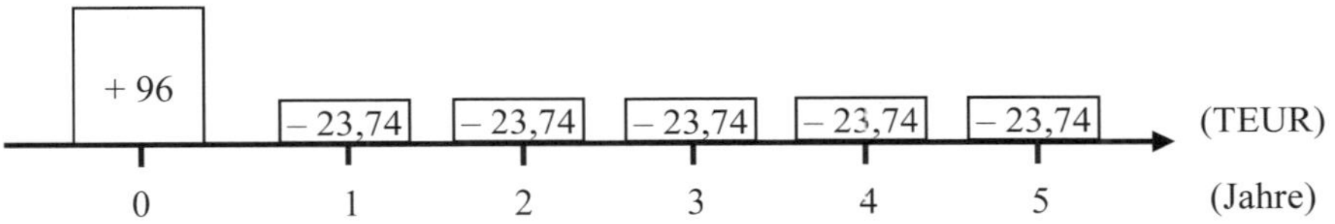

Bei der Annuitätentilgung werden aufgrund des Damnums von 4.000 EUR lediglich 96.000 EUR ausbezahlt.

Die Formel zur Berechnung der Annuität [13] lautet wie folgt:

$$\text{Annuität} = \text{Nennbetrag des Darlehens} \cdot \text{Kapitalwiedergewinnungsfaktor (6 \%/5 Jahre)}\ [14]$$

$$= K_0 \cdot \text{KWF (6 \%/5 Jahre)}$$

$$= K_0 \cdot \frac{i \cdot (1+i)^n}{(1+i)^n - 1}$$

$$= 100.000 \text{ EUR} \cdot \frac{0{,}06 \cdot 1{,}06^5}{1{,}06^5 - 1}$$

$$= 100.000 \text{ EUR} \cdot 0{,}2374$$

$$= \mathbf{23.740\ EUR/Jahr}$$

---

13 Eine Zahlungsreihe, die uniform, äquivalent und äquidistant ist, wird als Annuität bezeichnet. Uniformität ist gegeben, wenn die Zahlungen der Zahlungsreihe alle gleich groß sind. Eine Zahlungsreihe ist äquidistant, wenn die Zahlungen der Zahlungsreihe zu Zeitpunkten anfallen, die jeweils gleich weit voneinander entfernt sind. Äquivalenz bedeutet, dass der Kapitalwert der vorliegenden Zahlungsreihe dem Kapitalwert der ursprünglichen Zahlungsreihe entspricht. Vgl. dazu *Bieg, Hartmut; Kußmaul, Heinz; Waschbusch, Gerd:* Investition, 3. Aufl., München 2016, S. 104.

14 Der Kapitalwiedergewinnungsfaktor gehört zu den finanzmathematischen Faktoren. Er verteilt im vorliegenden Fall den jetzt gewährten Kredit K_0 in Höhe von 100.000 EUR unter Berücksichtigung von Zins und Zinseszins in gleich hohe Beträge auf n Jahre.

Gesamtfälliges Darlehen, d. h. einmalige Gesamttilgung (aus Kundensicht):

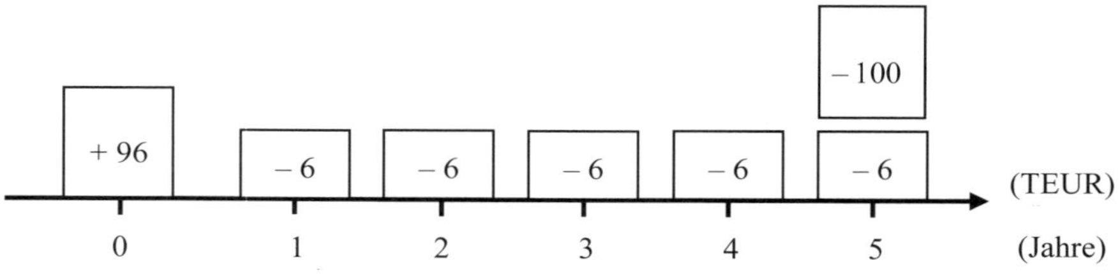

Die jährlichen Zinszahlungen errechnen sich folgendermaßen:

Zinsen = i % · Nennbetrag des Darlehens

= 0,06 · 100.000 EUR

= **6.000 EUR/Jahr**

Ratentilgung (aus Kundensicht):

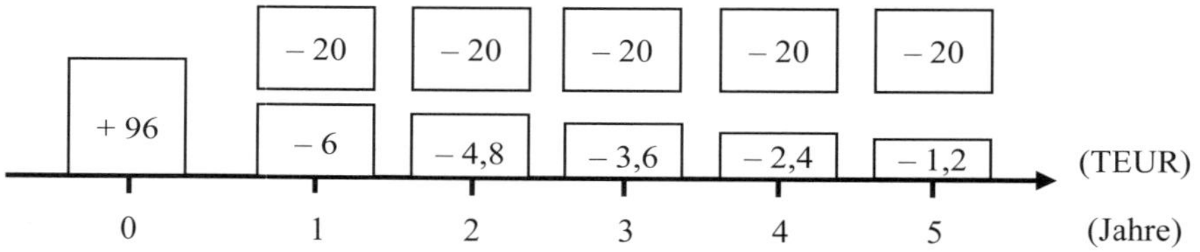

Die jährliche Tilgung sowie die jährlichen Zinszahlungen werden nachfolgend berechnet:

$$\text{Tilgung} = \frac{\text{Nennbetrag des Darlehens}}{\text{Laufzeit}}$$

$$= \frac{100.000\ \text{EUR}}{5\ \text{Jahre}}$$

= **20.000 EUR/Jahr**

Die jährlichen Zinszahlungen beziehen sich jeweils auf die Restschuld des Vorjahres, d. h. auf den im Zeitablauf um Tilgungszahlungen geminderten Nennbetrag des Darlehens. Diese jährlichen Zinszahlungen lassen sich wie folgt berechnen:

Periode t	Nennbetrag	Tilgung	Restschuld	Zinszahlung (Restschuld $_{t-1}$ · 6 %)
0	100.000 EUR		100.000 EUR	
1		20.000 EUR	80.000 EUR	6.000 EUR
2		20.000 EUR	60.000 EUR	4.800 EUR
3		20.000 EUR	40.000 EUR	3.600 EUR
4		20.000 EUR	20.000 EUR	2.400 EUR
5		20.000 EUR	0 EUR	1.200 EUR

Aufgabe 5.4: Bewertung einer Unternehmensanleihe

Gegeben sei eine Unternehmensanleihe, die wie folgt ausgestattet ist:

- Nominalwert: 10.000.000 EUR,
- 8-jährige Laufzeit,
- endfällige Tilgung,
- in den ersten vier Jahren werden keine Zinsen gezahlt,
- nach den vier zinsfreien Jahren beträgt der am Ende des jeweiligen Laufzeitjahres zu zahlende Nominalzins 8 % p. a.

Ermitteln Sie, welcher Betrag dem Unternehmen (Emittenten) bei einer marktgerechten Bewertung der Unternehmensanleihe zufließt, wenn das Marktzinsniveau im Begebungszeitpunkt 6 % p. a. beträgt!

Lösung:

Aus Sicht des Unternehmens (Emittenten) gilt:

$$(1)\ C_0 \stackrel{!}{=} 0$$

$$(2)\ C_0 = E_0 - \sum_{t=1}^{n} A_t \cdot (1+i)^{-t}$$

(1) = (2)

$$\Rightarrow 0 = E_0 - \sum_{t=1}^{n} A_t \cdot (1+i)^{-t}$$

$$\Leftrightarrow E_0 = \sum_{t=1}^{n} A_t \cdot (1+i)^{-t}$$

Dabei gilt:

C_0: Kapitalwert der Unternehmensanleihe im Zeitpunkt t = 0;

E_0: Ausgabebetrag der Unternehmensanleihe (Einzahlung des Emittenten) im Zeitpunkt t = 0;

A_t: Auszahlungen der Periode t (Zinsen und Rückzahlungsbetrag der Unternehmensanleihe);

t: Zeitindex (t = 1, 2, …, n);

n: Laufzeit der Unternehmensanleihe;

i: Marktzinssatz zum Begebungszeitpunkt.

Für das Unternehmen (den Emittenten) ergibt sich bei einer Barwertbetrachtung unter Anwendung der oben angeführten Gleichung folgende Berechnung:

$$E_0 = 800.000 \text{ EUR} \cdot \text{RBF } (6\,\%/4 \text{ Jahre}) \cdot 1{,}06^{-4} + 10.000.000 \text{ EUR} \cdot 1{,}06^{-8}$$

$$= 800.000 \text{ EUR} \cdot \frac{1{,}06^{4} - 1}{0{,}06 \cdot 1{,}06^{4}} \cdot 1{,}06^{-4} + 10.000.000 \text{ EUR} \cdot 1{,}06^{-8}$$

$$= 800.000 \text{ EUR} \cdot 3{,}4651 \cdot 0{,}7921 + 10.000.000 \text{ EUR} \cdot 0{,}6274$$

$$= 2.195.764{,}57 \text{ EUR} + 6.274.000 \text{ EUR}$$

$$= \mathbf{8.469.764{,}57 \text{ EUR}}$$

Anmerkung:

Der Rentenbarwertfaktor (RBF) findet seine Anwendung bei einer finanzmathematischen Reihe gleicher Zahlungen, z. B. Zinszahlungen, die mit Hilfe dieses Faktors auf den gleichen Anfangszeitpunkt diskontiert werden können. Die Formel für den Rentenbarwertfaktor lautet wie folgt:

$$\text{RBF} = \frac{(1+i)^{n} - 1}{i \cdot (1+i)^{n}}$$

Aufgabe 5.5: Formen der Kreditsicherheiten

Nennen Sie je vier Beispiele für akzessorische und fiduziarische Kreditsicherheiten! Erläutern Sie die grundsätzlichen Unterschiede zwischen diesen beiden Kreditsicherungsformen!

Lösung:

Akzessorische Kreditsicherheiten sind in ihrem rechtlichen Bestand von der gesicherten Forderung des Kreditgebers abhängig. Fällt die Forderung weg, so entfällt damit kraft Gesetzes auch die Sicherheit.

Beispiele:
Bürgschaft, Hypothek, Pfandrecht, Schuldbeitritt.

Fiduziarische Kreditsicherheiten bestehen unabhängig von der gesicherten Forderung. Entfällt die Forderung, hat der Sicherungsgeber nur einen Anspruch auf Rückübertragung der fortbestehenden Sicherheit. Dies ermöglicht es, die Sicherheit wechselnden Forderungen zu unterlegen.

Beispiele:
Garantie, Grundschuld, Sicherungsübereignung, Sicherungszession.

Aufgabe 5.6: Charakterisierung des operativen Cashflows

Beschreiben Sie die finanzwirtschaftliche Größe „operativer Cashflow" mit Hilfe ihrer charakteristischen Merkmale!

Lösung:

Die Beschreibung des operativen Cashflows kann durch folgende drei Merkmale erfolgen:

1. Der operative Cashflow wird **aus der Geschäftstätigkeit des Unternehmens** („aus eigener Kraft“) erwirtschaftet. Er stellt Informationen über die **durch den Geschäftsbetrieb des Unternehmens** herbeigeführten Zahlungsströme, also die Innenfinanzierungskraft des Unternehmens, bereit. Im Umkehrschluss bedeutet dies, dass dem Unternehmen im betrachteten Zeitraum in Höhe des operativen Cashflows weder Mittel von außen noch durch Vermögensabbau (Desinvestitionen) zugeführt wurden.

2. Der operative Cashflow ist eine **Nettogröße** (finanzwirtschaftliche Überschussgröße), d. h., insbesondere die laufenden zahlungswirksamen betrieblich bedingten Aufwendungen sind bereits abgezogen.

3. Der operative Cashflow ist eine **finanzwirtschaftliche Strömungsgröße**, d. h. eine in einem bestimmten Zeitraum festgestellte Größe des Betriebsprozesses. Er ist **keine zeitpunktbezogene Bestandsgröße**, da er grundsätzlich am Ende des Betrachtungszeitraums nicht mehr (in voller Höhe) zur Verfügung steht. Damit liefert die Kennzahl „operativer Cashflow“ Informationen über die Innenfinanzierungskraft des Unternehmens **während eines bestimmten Zeitraums (bspw. eines Geschäftsjahrs)**.

Aufgabe 5.7: Aussagegehalt des operativen Cashflows

Als Abteilungsleiter berichten Sie über die vergangene Teamsitzung, in der es u. a. auch um die beabsichtigte Steigerung des operativen Cashflows im kommenden Geschäftsjahr ging. Ein Mitarbeiter bittet Sie um die Erläuterung, was denn der operative Cashflow eigentlich aussagt.

Lösung:

Der operative Cashflow, für den sich bisher noch keine einheitliche Definition und kein einheitliches Berechnungsschema herausgebildet hat, gibt an, welcher Betrag an liquiden Mitteln ohne externe Zuführung aus Einlagen- und Kreditfinanzierung dem Unternehmen zur Durchführung von Investitionen, zur Tilgung von Verbindlichkeiten, für Gewinnausschüttungen und zur Erhöhung des Bestandes an liquiden Mitteln in der betrachteten Periode zur Verfügung gestanden hat. Dieser Betrag entspricht im Wesentlichen, d. h. mit Ausnahme der Finanzierung aus Vermögensumschichtung, dem im Rahmen der Innenfinanzierung erwirtschafteten Betrag. Insofern stellt der operative Cashflow auch einen Indikator für die Höhe der finanzwirtschaftlichen Unabhängigkeit eines Unternehmens dar.

Aufgabe 5.8: Einsatzbereiche des operativen Cashflows

Der operative Cashflow als stromgrößenorientierte Liquiditätskennzahl wird **neben der Jahresabschlussanalyse** auch in anderen Bereichen eingesetzt. Nennen Sie weitere Einsatzbereiche für den operativen Cashflow!

Lösung:

- Im Rahmen der **empirischen Jahresabschlussanalyse** finden Kennziffern zum operativen Cashflow ein breites Anwendungsfeld. Die Auswertung verschiedener **Kennzahlen** (z. B. die Cashflow-Rate = Cashflow ÷ Gesamtleistung bzw. Umsatz oder auch der dynamische Verschuldungsgrad = Fremdkapital ÷ Cashflow) ermöglicht es, mit Hilfe spezifischer moderner Analysemethoden (z. B. Analyse mittels künstlicher neuronaler Netze) Aussagen über die finanzwirtschaftliche Lage (insb. die Liquiditätslage) von Unternehmen zu treffen.

- Die Differenz aus den Fondszugängen und Fondsabgängen **bei Kapitalflussrechnungen** wird ebenfalls häufig als operativer Cashflow bezeichnet.

- Mit Hilfe der sogenannten **Discounted Cashflow-Methode** wird in der Investitionsrechnung die Vorteilhaftigkeit von einzelnen Investitionsobjekten beurteilt bzw. zunehmend – neben der Unternehmenswertermittlung mit Hilfe der Ertragswertmethode – der Unternehmenswert bestimmt.

- Als **zukunftsorientierter Prognose-Cashflow** für die Beurteilung der zukünftigen Zahlungsfähigkeit eines Unternehmens soll der operative Cashflow eine Grundlage für die Bestimmung der erforderlichen finanzwirtschaftlichen Anpassungsmaßnahmen darstellen (prospektive Berechnung des operativen Cashflows). Nur die über den operativen Cashflow nicht gedeckten Finanzierungsbeträge müssen von außen aufgebracht werden. Insoweit ist der operative Cashflow ein Indikator für das Ausmaß der finanzwirtschaftlichen Unabhängigkeit eines Unternehmens. Die Ermittlung eines Prognose-Cashflows ist allerdings nur unternehmensintern auf der Grundlage von Finanzplänen möglich.

Aufgabe 5.9: Grundlagen der Berechnung des operativen Cashflows

a) Grundsätzlich lässt sich der operative Cashflow direkt und/oder indirekt ermitteln. In beiden Verfahren muss die Gewinn- und Verlustrechnung eines Unternehmens in **zahlungswirksame und zahlungsunwirksame Positionen** aufgespalten werden.

   Nennen Sie Beispiele für

   1. Aufwendungen bzw. Erträge, die in der betrachteten Periode zu Auszahlungen bzw. Einzahlungen geführt haben, und

   2. Aufwendungen bzw. Erträge, die der periodengerechten Gewinnermittlung dienen, somit lediglich rechentechnischer Art sind und in der betrachteten Periode nicht zu Auszahlungen bzw. Einzahlungen geführt haben!

b) Sowohl die **indirekte als auch die direkte Methode** der Ermittlung des operativen Cashflows müssen zum **gleichen Ergebnis** führen. Belegen Sie diese Aussage unter Zuhilfenahme der Definitionsgleichungen für den Jahreserfolg, die Erträge einer Periode und die Aufwendungen einer Periode!

Lösung:

Teilaufgabe a)

1. Aufwendungen bzw. Erträge, die in der betrachteten Periode zu Auszahlungen bzw. Einzahlungen geführt haben:

- auszahlungswirksame Aufwendungen, z. B. Lohnzahlungen, Gewerbesteuerzahlungen,
- einzahlungswirksame Erträge, z. B. Barverkäufe, Zinsertragszahlungen.

2. Aufwendungen bzw. Erträge, die der periodengerechten Gewinnermittlung dienen, somit lediglich rechentechnischer Art sind und in der betrachteten Periode nicht zu Auszahlungen bzw. Einzahlungen geführt haben:

- nicht auszahlungswirksame Aufwendungen, z. B. Abschreibungen, Bestandsminderungen, Bildung von Rückstellungen,
- nicht einzahlungswirksame Erträge, z. B. Zuschreibungen, Bestandserhöhungen, erfolgswirksame Auflösung von Rückstellungen.

Teilaufgabe b)

Definitionsgleichung für den Jahreserfolg (Jahresüberschuss bzw. Jahresfehlbetrag):

[1] Jahreserfolg (Jahresüberschuss/Jahresfehlbetrag)
= Erträge der Periode – Aufwendungen der Periode

Definitionsgleichung für die Erträge einer Periode:

[2] Erträge der Periode
= einzahlungswirksame Erträge der Periode + nicht einzahlungswirksame Erträge der Periode

Definitionsgleichung für die Aufwendungen einer Periode:

[3] Aufwendungen einer Periode
= auszahlungswirksame Aufwendungen der Periode
+ nicht auszahlungswirksame Aufwendungen der Periode

Die Formel für die indirekte Ermittlung des operativen Cashflows lautet:

[4] operativer Cashflow der Periode
= Jahresüberschuss/Jahresfehlbetrag
+ nicht auszahlungswirksame Aufwendungen der Periode
– nicht einzahlungswirksame Erträge der Periode

Mit Hilfe der Definitionsgleichungen [1], [2] und [3] kann die Formel [4] in die Formel für die direkte Ermittlung des operativen Cashflows umgeformt werden:

[5] operativer Cashflow der Periode

= Jahresüberschuss/Jahresfehlbetrag

+ nicht auszahlungswirksame Aufwendungen der Periode

– nicht einzahlungswirksame Erträge der Periode

= Erträge der Periode

– Aufwendungen der Periode

+ nicht auszahlungswirksame Aufwendungen der Periode

– nicht einzahlungswirksame Erträge der Periode

= einzahlungswirksame Erträge der Periode

+ nicht einzahlungswirksame Erträge der Periode

– (auszahlungswirksame Aufwendungen der Periode

+ nicht auszahlungswirksame Aufwendungen der Periode)

+ nicht auszahlungswirksame Aufwendungen der Periode

– nicht einzahlungswirksame Erträge der Periode

= einzahlungswirksame Erträge der Periode

– auszahlungswirksame Aufwendungen der Periode

5.3 Langfristige Kreditfinanzierung

Aufgabe 5.10: Begriff des Darlehens

Was versteht man zivilrechtlich unter einem Darlehen?

Lösung:

Gemäß § 488 Abs. 1 BGB wird der **Darlehensgeber** durch den Darlehensvertrag dazu „verpflichtet, dem Darlehensnehmer einen Geldbetrag in der vereinbarten Höhe zur Verfügung zu stellen. Der **Darlehensnehmer** ist dagegen dazu verpflichtet, einen geschuldeten Zins zu zahlen und bei Fälligkeit das zur Verfügung gestellte Darlehen zurückzuzahlen." (Zum Sachdarlehensvertrag vgl. §§ 607–609 BGB und zum Verbraucherdarlehensvertrag vgl. §§ 491–505e BGB.)

Aufgabe 5.11: Schuldscheindarlehen

Erläutern Sie die Finanzierungsform des Schuldscheindarlehens! Gehen Sie dabei auch auf die Unterschiede zu den Schuldverschreibungen ein!

Lösung:

Bei einem **Schuldscheindarlehen** handelt es sich um einen anleiheähnlichen, meist langfristigen Großkredit, der von Industrie- und Handelsunternehmen, der öffentlichen Hand sowie von Kreditinstituten mit Sonderaufgaben auf nicht öffentlichem Wege, d. h. ohne Zwischenschaltung der Börse vor allem bei Kapitalsammelstellen aus dem Nichtbankenbereich (überwiegend Versicherungsgesellschaften und Pensionskassen) aufgenommen wird. Meist erfolgt hierbei eine indirekte Aufnahme des Kapitals unter Einschaltung von Vermittlern (Banken, Bankenkonsortium, Finanzmakler) und nicht direkt bei den Kreditgebern.

Ein Schuldscheindarlehen dient der Deckung eines langfristigen Finanzierungsbedarfs und stellt somit eine individuelle, langfristige Kreditgewährung dar. Gewöhnlich haben Schuldscheindarlehen eine Laufzeit von bis zu 15 Jahren; die gebräuchlichste Form der Tilgung ist die Ratentilgung, wobei hier oft einige sog. Freijahre Berücksichtigung finden, in denen der Kapitalnehmer keine Tilgung zu leisten hat. Vorzeitige Kündigungsrechte werden meist nicht gewährt.

Schuldscheindarlehen unterscheiden sich in rechtlicher Hinsicht – insofern die Terminologie „anleiheähnlich" – von Obligationen (Schuldverschreibungen) dadurch, dass die dem Kreditgeber ausgehändigten Schuldscheine keine Wertpapiere, sondern beweiserleichternde Dokumente sind, bei denen der Gläubiger des Schuldscheindarlehens sein Recht auch bei Verlust des Schuldscheins durchsetzen kann. Im Unterschied zu den Schuldverschreibungen, bei denen die Übertragung durch Einigung und Übergabe des Inhaberpapiers vollzogen wird, werden Schuldscheindarlehen durch Zession (Abtretung) übertragen, die häufig an die Zustimmung des Schuldners gebunden ist, so dass ein persönliches Kreditverhältnis besteht.

Aufgabe 5.12: Unternehmensfinanzierung durch die Ausgabe von Aktien bzw. Schuldverschreibungen

Nennen Sie Gemeinsamkeiten und Unterschiede einer Unternehmensfinanzierung durch die Ausgabe von Aktien bzw. Schuldverschreibungen!

Lösung:

Gemeinsamkeiten:

- breite Streuung auch in „kleinen" Anlegerschichten wegen der kleinen Stückelung;
- Kapitalhingabe durch den Investor kurzfristig möglich, Kapitalverfügung aber auf Dauer bzw. über die gesamte Laufzeit wegen Börsenzulassung;
- üblicherweise Verkauf über Banken (Konsortium) im Wege der Fremdemission;
- Ausgabe von Mantel und Bogen (falls Urkunden („Stücke") existieren).

Unterschiede:

- Eigentümer- vs. Gläubigerposition;
- Gewinnausschüttung vs. Liquiditätsbelastung aufgrund von Zins und Tilgung.

Aufgabe 5.13: Ermittlung der Effektivverzinsung einer Schuldverschreibung

Ein Unternehmen platziert eine festverzinsliche Schuldverschreibung mit einer Restlaufzeit von 10 Jahren und einem Nennbetrag (= Rückzahlungsbetrag) in Höhe von 100 Mio. EUR zu einem Ausgabekurs von 92 %. Der Nominalzinssatz beträgt 8 % p. a. (nachschüssig). Wie hoch ist der effektive Zinssatz (interne Zinssatz) dieser Schuldverschreibung?

Hinweis:
Die rechnerische Lösung aus Sicht des Unternehmens erfolgt unter Anwendung der linearen Interpolation. Verwenden Sie dazu folgende Probierzinssätze: $i_1 = 7$ % p. a., $i_2 = 10$ % p. a.!

Lösung:

Die Lösung dieser Aufgabe kann mit Hilfe der linearen Interpolationsformel erfolgen. Hierzu benötigen wir zwei Ausgangszinssätze (i_1 und i_2), die einmal zu einem positiven und einmal zu einem negativen Kapitalwert (C_0) führen.

Aus **Sicht des Unternehmens** (Emittenten) gilt:

$$C_0 = E_0 - \sum_{t=1}^{n} A_t \cdot (1+i)^{-t}$$

Dabei gilt:

C_0: Kapitalwert der Schuldverschreibung im Zeitpunkt t = 0;

E_0: Ausgabebetrag der Schuldverschreibung im Zeitpunkt t = 0;

A_t: Auszahlungen der Periode t (Zinsen und Rückzahlungsbetrag der Schuldverschreibung);

t: Zeitindex (t = 1, 2, …, n);

n: Laufzeit der Schuldverschreibung;

i: Probierzinssatz ($i_1 = 7$ % p. a. bzw. $i_2 = 10$ % p. a.).

Berechnung:

E_0 = Ausgabebetrag = Ausgabekurs · Nennbetrag
= 0,92 · 100 Mio. EUR
= **92 Mio. EUR**

A_t = Nominalzinssatz · Nennbetrag
= 0,08 · 100 Mio. EUR
= **8 Mio. EUR** für t = 1 bis t = 10.

In t = 10 müssen neben den 8 Mio. EUR Zinsen noch 100 Mio. EUR für die Rückzahlung der Schuldverschreibung geleistet werden.

$$C_{01} = E_0 - \sum_{t=1}^{n} A_t \cdot (1+i_1)^{-t}$$

$$= +\,92 \text{ Mio. EUR} - 8 \text{ Mio. EUR} \cdot \text{RBF } (7\,\%/10 \text{ Jahre}) - 100 \text{ Mio. EUR} \cdot 1{,}07^{-10}$$

$$= +\,92 \text{ Mio. EUR} - 8 \text{ Mio. EUR} \cdot \frac{(1+0{,}07)^{10} - 1}{0{,}07 \cdot (1+0{,}07)^{10}} - 100 \text{ Mio. EUR} \cdot 1{,}07^{-10}$$

$$= +\,92 \text{ Mio. EUR} - 8 \text{ Mio. EUR} \cdot 7{,}0236 - 100 \text{ Mio. EUR} \cdot 0{,}5083$$

$= -$ **15,0188 Mio. EUR** (bei $i_1 = 7\%$)

$$C_{02} = E_0 - \sum_{t=1}^{n} A_t \cdot (1+i_2)^{-t}$$

$$= +\,92 \text{ Mio. EUR} - 8 \text{ Mio. EUR} \cdot \text{RBF } (10\,\%/10 \text{ Jahre}) - 100 \text{ Mio. EUR} \cdot 1{,}10^{-10}$$

$$= +\,92 \text{ Mio. EUR} - 8 \text{ Mio. EUR} \cdot \frac{(1+0{,}1)^{10} - 1}{0{,}1 \cdot (1+0{,}1)^{10}} - 100 \text{ Mio. EUR} \cdot 1{,}10^{-10}$$

$$= +\,92 \text{ Mio. EUR} - 8 \text{ Mio. EUR} \cdot 6{,}1446 - 100 \text{ Mio. EUR} \cdot 0{,}3855$$

$= +$ **4,2932 Mio. EUR** (bei $i_2 = 10\,\%$)

Lineare Interpolationsformel:

$$\hat{r} = i_1 - \left(C_{01} \cdot \frac{i_2 - i_1}{C_{02} - C_{01}} \right)$$

$$\hat{r} = 0{,}07 - \left(-15{,}0188 \text{ Mio. EUR} \cdot \frac{0{,}10 - 0{,}07}{+4{,}2932 \text{ Mio. EUR} - (-15{,}0188 \text{ Mio. EUR})} \right)$$

$$= 0{,}07 - (-15{,}0188 \cdot 0{,}001553)$$

$$= 0{,}07 - (-0{,}02333)$$

$= 0{,}0933 =$ **9,33 % p. a.**

Der effektive Zinssatz (interne Zinsfuß) liegt bei 9,33 % p. a.

Aufgabe 5.14: Ausgabekurs und effektive Finanzierungskosten einer Inhaberschuldverschreibung

Eine Aktiengesellschaft beabsichtigt, unter Mitwirkung eines Bankenkonsortiums eine Inhaberschuldverschreibung zu begeben, die auch an der Börse eingeführt werden soll. Die Inhaberschuldverschreibung in Höhe von nominal 100 Mio. EUR soll am Ende der Laufzeit von 10 Jahren in einer Summe getilgt und mit einem Jahreskupon von 8 % p. a. (nachschüssig) ausgestattet werden. Der Marktzinssatz für vergleichbare Papiere beträgt zum Begebungszeitpunkt 8,15 % p. a.

An Begebungskosten sind zu berücksichtigen:

(1) Einmalige Kosten

1.	Übernahmeprovision für das Bankenkonsortium	2,5 % des Nennwertes
2.	Veröffentlichungskosten des Börsenprospekts	5.500 EUR
3.	Druck der Stücke	25.000 EUR
4.	Kontroll- und Prüfungskosten	2.500 EUR
5.	Börseneinführungsprovision	0,025 % des Nennwertes
6.	Börsenzulassungsgebühr	15.000 EUR
7.	Veröffentlichung des Zulassungsantrages und -beschlusses im Bundesanzeiger und Pflichtblatt	40.000 EUR
8.	Veröffentlichungskosten bei Fälligkeit	2.000 EUR

(2) Laufende jährliche Kosten des Emissionskonsortiums

1.	Kuponeinlösungsprovision	0,25 % der Nominalzinsen
2.	Kosten der Kurspflege	0,1 % des Nennwertes

a) Welcher Ausgabekurs sollte für die Inhaberschuldverschreibung gewählt werden? Wie hoch ist das Disagio?

b) Wie hoch sind für die Aktiengesellschaft die effektiven Finanzierungskosten dieser Inhaberschuldverschreibung in % p. a.? Es werden alle angebotenen Leistungen des Emissionskonsortiums nachgefragt. Führen Sie lediglich einen Iterationsschritt mit den Probierzinssätzen $i_1 = 9$ % p. a. und $i_2 = 8{,}5$ % p. a. durch!

Lösung:

Teilaufgabe a)

Unter der Prämisse eines vollkommenen Kapitalmarktes kann die Inhaberschuldverschreibung nur dann platziert werden, wenn sie dem Erwerber eine marktmäßige Rendite gewährleistet. Der real existierende Kapitalmarkt ist jedoch kein vollkommener Markt; vielmehr lassen sich für vergleichbare (homogene) Wertpapiere voneinander abweichende Preise beobachten. Da sich die Preisdifferenzen jedoch in engen Grenzen halten, soll nachfolgend von einer (Mindest-)Rendite von 8,15 % p. a. (= Marktzinsniveau) ausgegangen werden. Bei einer gegebenen Laufzeit und einem gegebenen Nominalzinssatz kann die Emissionsrendite nur über die Variation des Ausgabekurses an das Marktzinsniveau angepasst werden. Der Ausgabekurs (= Zuflussbetrag) muss so bemessen werden, dass er dem mit dem Marktzinssatz abgezinsten Auszahlungsstrom aus dieser Inhaberschuldverschreibung, d. h. dem Barwert der laufenden Zins- und Tilgungszahlungen zum Zeitpunkt der Begebung entspricht.

Der Erwerber muss für seine Investition (= Kauf der Anleihe) einen internen Zins (= Rendite) erhalten, der mit dem zurzeit geltenden Marktzinsniveau r übereinstimmt.

Aus **Sicht des Erwerbers** der Inhaberschuldverschreibung gilt der folgende Zusammenhang:

$$C_0 = -A_0 + \sum_{t=1}^{n} E_t \cdot (1+i)^{-t} \overset{!}{=} 0$$

Dabei gilt:

C_0: Kapitalwert der (Finanz-)Investition im Zeitpunkt t = 0;

A_0: Anschaffungsauszahlung (Ausgabebetrag der Inhaberschuldverschreibung) im Zeitpunkt t = 0;

E_t: Einzahlungen der Periode t (Zinsen und Rückzahlungsbetrag der Inhaberschuldverschreibung);

t: Zeitindex (t = 1, 2, …, n);

n: Laufzeit der Inhaberschuldverschreibung;

i: Marktzins i (hier 8,15 % p. a.).

Der Ausgabebetrag der Inhaberschuldverschreibung A_0 ist die gesuchte Größe:

$$A_0 = \sum_{t=1}^{n} E_t \cdot (1+i)^{-t}$$

$$A_0 = \overbrace{(100.000.000\,\text{EUR} \cdot 0{,}08}^{\text{jährliche Zinsen}} \cdot \text{RBF}\,(8{,}15\,\%/10\,\text{Jahre}) + \underbrace{100.000.000\,\text{EUR}}_{\text{Rückzahlungsbetrag}} \cdot 1{,}0815^{-10}$$

$$= 8.000.000\,\text{EUR} \cdot \frac{(1{,}0815)^{10} - 1}{0{,}0815 \cdot (1{,}0815)^{10}} + 100.000.000\,\text{EUR} \cdot 1{,}0815^{-10}$$

$$= 8.000.000\,\text{EUR} \cdot 6{,}6649 + 100.000.000\,\text{EUR} \cdot 0{,}4568$$

$$= 53.319.200\,\text{EUR} + 45.680.000\,\text{EUR}$$

$$= \mathbf{98.999.200\,EUR}$$

$\Rightarrow$ Ausgabekurs der Inhaberschuldverschreibung

$$= \frac{98.999.200\,\text{EUR}}{100.000.000\,\text{EUR}}$$

$$= 0{,}989992 = 98{,}9992\,\% \approx \mathbf{99\,\%}$$

Die Inhaberschuldverschreibung sollte von der Aktiengesellschaft zu maximal 99 % emittiert werden, um bei einem gegebenen Marktzinsniveau von 8,15 % p. a. die reibungslose Platzierung nicht zu gefährden. Der Ausgabekurs von 99 % entspricht hierbei einem Ausgabebetrag in Höhe von 99.000.000 EUR (= Liquiditätszufluss aus Sicht der Aktiengesellschaft, mit dem bei dem gegenwärtigen Marktzinsniveau in Höhe von 8,15 % p. a. zu rechnen ist).

Berechnung des Disagios:

$$d = \left(1 - \frac{AB}{NB}\right)$$

$$= \left(1 - \frac{99.000.000 \text{ EUR}}{100.000.000 \text{ EUR}}\right)$$

$$= 1 - 0{,}99$$

$$= 0{,}01 = \mathbf{1\ \%}$$

Dabei gilt:

d: Disagio;

AB: Ausgabebetrag der Inhaberschuldverschreibung;

NB: Nennbetrag der Inhaberschuldverschreibung.

Teilaufgabe b)

Unter den effektiven Finanzierungskosten der Inhaberschuldverschreibung in % p. a. ist der Zinssatz zu verstehen, bei dem unter zeitpunktgenauer Berücksichtigung aller Ein- und Auszahlungen der Aktiengesellschaft aufgrund der Inhaberschuldverschreibung der Barwert der Zahlungsreihe genau 0 ist (= interner Zinsfuß).

Aus **Sicht des Emittenten** der Inhaberschuldverschreibung gilt der folgende Zusammenhang:

$$C_0 = E_0 - A_0 - \sum_{t=1}^{n} A_t \cdot (1+\hat{r})^{-t} = 0$$

Dabei gilt:

C_0: Kapitalwert der (Finanz-)Investition im Zeitpunkt t = 0;

E_0: Einzahlung (Ausgabebetrag der Inhaberschuldverschreibung) im Zeitpunkt t = 0;

A_0: Auszahlungen im Zeitpunkt t = 0;

A_t: jährliche auszahlungswirksame Kosten;

t: Zeitindex (t = 1, 2, …, n);

n: Laufzeit der Inhaberschuldverschreibung;

$\hat{r}$: effektive Verzinsung.

Die vorstehend aufgeführte Gleichung ist nach $\hat{r}$ aufzulösen, wobei neben den jährlichen Zinszahlungen und dem Rückzahlungsbetrag am Ende der Laufzeit drei unterschiedliche Kostenblöcke zu berücksichtigen sind, nämlich die auszahlungswirksamen Kosten zum Zeitpunkt der Emission der Inhaberschuldverschreibung, die jährlich laufenden auszahlungswirksamen Kosten der Inhaberschuldverschreibung sowie die auszahlungswirksamen Kosten zum Zeitpunkt der Fälligkeit der Inhaberschuldverschreibung.

Auszahlungswirksame Kosten zum **Zeitpunkt der Emission** der Inhaberschuldverschreibung:

Übernahmeprovision (2,5 % von 100 Mio. EUR)	2.500.000 EUR
Veröffentlichungskosten des Börsenprospekts	5.500 EUR
Druck der Stücke	25.000 EUR
Kontroll- und Prüfungskosten	2.500 EUR
Börseneinführungsprovision (0,025 % von 100 Mio. EUR)	25.000 EUR
Börsenzulassungsgebühr	15.000 EUR
Veröffentlichungskosten des Zulassungsantrages und -beschlusses	40.000 EUR
= Gesamtkosten = Auszahlungen (A_0)	**2.613.000 EUR**

Jährlich laufende auszahlungswirksame Kosten der Inhaberschuldverschreibung (ohne Zinsen):

Nominalzinsen 8 % von 100 Mio. EUR

Kuponeinlösungsprovision (0,25 % von 8 Mio. EUR)	20.000 EUR
Kosten der Kurspflege (0,1 % von 100 Mio. EUR)	100.000 EUR
= Summe laufende auszahlungswirksame Kosten pro Jahr (ohne Zinsen)	**120.000 EUR**

Auszahlungswirksame Kosten zum **Zeitpunkt der Fälligkeit** der Inhaberschuldverschreibung:

Veröffentlichungskosten bei Fälligkeit	2.000 EUR

Zum besseren Verständnis der Berechnung werden die Zahlungen an den jeweiligen Zeitpunkten noch einmal gesondert aufgeführt:

- Einzahlung $\mathbf{E_0}$ bei Emission (Emission zu 99 %): 99.000.000 EUR
- Auszahlungen $\mathbf{A_0}$ bei Emission: 2.613.000 EUR
- jährliche Zinszahlungen und laufende auszahlungswirksame Kosten $\mathbf{A_t}$ (8 % von 100 Mio. EUR + 120.000 EUR): 8.120.000 EUR
- Auszahlungen $\mathbf{A_n}$ bei Fälligkeit (Tilgung + auszahlungswirksame Kosten zum Zeitpunkt der Fälligkeit = 100 Mio. EUR + 2.000 EUR): 100.002.000 EUR

Die Zahlungsreihe lautet somit:

$$C_0 = 99.000.000 \text{ EUR} - 2.613.000 \text{ EUR} - 8.120.000 \text{ EUR} \cdot \text{RBF (i \%/10 Jahre)} - 100.002.000 \text{ EUR} \cdot \text{ABF (i \%/10 Jahre)} = 0$$

Dabei gilt:

ABF: Abzinsungsfaktor;

RBF: Rentenbarwertfaktor.

Die Lösung dieser Gleichung kann mit Hilfe der linearen Interpolationsformel erfolgen. Dazu sind die beiden benötigten Ausgangszinssätze so zu wählen, dass zum einen ein positiver Kapitalwert erzielt wird, zum anderen ein negativer.

$i_1 = 9{,}00\ \%$

C_{01} = 99.000.000 EUR – 2.613.000 EUR – 8.120.000 EUR · RBF (9 %/10 Jahre)
– 100.002.000 EUR · ABF (9 %/10 Jahre)

= 96.387.000 EUR – 8.120.000 EUR · 6,4177 – 100.002.000 EUR · 0,4224

= 96.387.000 EUR – 52.111.724 EUR – 42.240.844,80 EUR

= **2.034.431,20 EUR**

$i_2 = 8{,}50\ \%$

C_{02} = 99.000.000 EUR – 2.613.000 EUR – 8.120.000 EUR · RBF (8,50 %/10 Jahre)
– 100.002.000 EUR · ABF (8,50 %/10 Jahre)

= 96.387.000 EUR – 8.120.000 EUR · 6,5613 – 100.002.000 EUR · 0,4423

= 96.387.000 EUR – 53.277.756 EUR – 44.230.884,60 EUR

= **– 1.121.640,60 EUR**

Lineare Interpolationsformel:

$$\hat{r} = i_1 - \left[C_{01} \cdot \frac{i_2 - i_1}{C_{02} - C_{01}} \right]$$

$$\hat{r} = 0{,}09 - \left[2.034.431{,}20\ \text{EUR} \cdot \frac{0{,}085 - 0{,}09}{-1.121.640{,}60\ \text{EUR} - 2.034.431{,}20\ \text{EUR}} \right]$$

$$= 0{,}09 - [2.034.431{,}20 \cdot 0{,}000000001584]$$

$$= 0{,}09 - 0{,}003223$$

= 0,0868 = **8,68 % p. a.** (= effektive Finanzierungskosten)

Eine EDV-gestützte Lösung liefert bei Durchführung weiterer Iterationsschritte (100 Schritte) ein Ergebnis von 8,6751 % p. a.

Aufgabe 5.15: Effektivzinsberechnung einer Null-Kupon-Anleihe (Zero Bond)

Berechnen Sie die Effektivverzinsung der folgenden Null-Kupon-Anleihe mit Hilfe des finanzmathematischen Ansatzes:

- Ausgabebetrag der Null-Kupon-Anleihe (K_0) = 2.858,41 EUR

- Nominalbetrag (= Rückzahlungsbetrag) der Null-Kupon-Anleihe (K_n) = 10.000,00 EUR
- Laufzeit n = 12 Jahre

Annahme: Von weiteren einmaligen und laufenden Kosten wird abgesehen. [15]

Lösung:

Formel des finanzmathematischen Ansatzes zur Berechnung der Rendite $\hat{r}$ (Effektivverzinsung) einer Null-Kupon-Anleihe:

$$K_n = K_0 \cdot (1 + \hat{r})^n$$

$$\Leftrightarrow \quad \hat{r} = \sqrt[n]{\frac{K_n}{K_0}} - 1$$

Daten der Aufgabenstellung:

K_0 = 2.858,41 EUR

K_n = 10.000,00 EUR

n = 12 Jahre

Für die vorliegende Null-Kupon-Anleihe ergibt sich somit folgende Effektivzinsberechnung:

$$\hat{r} = \sqrt[12]{\frac{10.000,00 \text{ EUR}}{2.858,41 \text{ EUR}}} - 1$$

$$= \sqrt[12]{3,4984} - 1$$

$$= 0,109999$$

$$= \mathbf{11\ \%\ p.\,a.}$$

Aufgabe 5.16: Effektivzinsberechnung einer Null-Kupon-Anleihe (Zero Bond)

Die Lahrer Handels AG offeriert Ihnen eine Null-Kupon-Anleihe (Zero-Bond), die Ihnen die Verdoppelung Ihres eingesetzten Kapitals innerhalb von acht Jahren verspricht. Alternativ könnten Sie eine festverzinsliche Industrieobligation der Schutter AG erwerben, die Ihnen über denselben Zeitraum eine Rendite (Effektivverzinsung) von 8 % p. a. (nachschüssig) sichert. Wie entscheiden Sie sich?

---

15 Vgl. zur Finanzierung über Null-Kupon-Anleihen *Kußmaul, Heinz:* Betriebswirtschaftliche Steuerlehre, 7. Aufl., München 2014, S. 222–227 (in der nachfolgenden Auflage nicht mehr enthalten) sowie *Kußmaul, Heinz:* Finanzierung über Zero-Bonds und Stripped Bonds, in: Betriebs-Berater 1998, S. 1868–1871.

Lösung:

Berechnung der Rendite $\hat{r}$ (Effektivverzinsung) der Null-Kupon-Anleihe der Lahrer Handels AG:

$$K_n = K_0 \cdot (1 + \hat{r})^n \quad \Leftrightarrow \quad \hat{r} = \sqrt[n]{\frac{K_n}{K_0}} - 1$$

Daten der Aufgabenstellung:

$K_0 = x$

$K_n = 2x$

$n = 8$ Jahre

Die o. g. Daten resultieren daraus, dass der Kapitaleinsatz x laut Aufgabenstellung verdoppelt werden soll. Folglich würden Sie von der Lahrer Handels AG im Zeitpunkt n eine Zahlung von 2x erhalten. Hieraus ergibt sich folgende Effektivzinsberechnung für die Null-Kupon-Anleihe der Lahrer Handels AG:

$$\hat{r} = \sqrt[8]{\frac{2x}{x}} - 1$$

$$= \sqrt[8]{2} - 1$$

$$= \mathbf{9{,}05\ \%\ p.\,a.}$$

Da die Rendite (Effektivverzinsung) der Null-Kupon-Anleihe der Lahrer Handels AG – sie beträgt 9,05 % p. a. – höher ist als die Rendite (Effektivverzinsung) der Industrieobligation der Schutter AG – sie beträgt 8 % p. a. –, entscheiden Sie sich unter Renditegesichtspunkten für den Kauf der Null-Kupon-Anleihe.

Aufgabe 5.17: Effektivzinsberechnung eines Bankdarlehens

a) Unternehmer Anton Schlau möchte einen 2-jährigen Kredit in Höhe von 1.000.000 EUR bei der gerade neu gegründeten Flop-Bank aufnehmen. Er zahlt am Ende jedes Jahres 100.000 EUR Zinsen und nach zwei Jahren die 1.000.000 EUR zurück. Wie hoch ist der effektive Jahreszins, den der Kreditsachbearbeiter der Flop-Bank anhand dieser Daten errechnet?

b) Anton Schlau erklärt, dass der anhand der Daten aus Teilaufgabe a) errechnete effektive Jahreszins nicht stimmen kann, da bei der Ausreichung des Kredits noch 17.125 EUR Gebühren anfallen. Der Kreditsachbearbeiter der Flop-Bank ist erstaunt und etwas hilflos. Hat Unternehmer Anton Schlau Recht? Wenn ja, wie verändert sich der effektive Jahreszins (Berechnung!)?

c) Anton Schlau beschließt, ein weiteres Angebot einzuholen. Er begibt sich zum Kreditinstitut auf der anderen Straßenseite. Die Günstig-Bank bietet folgende Konditionen an:

Angebot der Günstig-Bank	
Auszahlung:	1.030.000 EUR (103 %)
Gebühren bei der Auszahlung:	9.268 EUR
Zinssatz:	10 % nachschüssig auf den anfänglichen Nominalbetrag
Rückzahlung:	jährlich 500.000 EUR

Wegen der höheren Auszahlung und der niedrigeren Gebühren entscheidet sich Anton Schlau spontan für das Angebot der Günstig-Bank. War das wirklich schlau? Berechnen Sie dazu den effektiven Jahreszins der Günstig-Bank!

Lösung: [16]

Für alle weiteren Aufgabenteile gilt folgende Gleichung:

$$C_0 = E_0 - A_0 - \sum_{t=1}^{n} A_t \cdot (1 + \hat{r})^{-t} = 0$$

Dabei gilt:

C_0: Kapitalwert der (Finanz-)Investition im Zeitpunkt $t = 0$;

E_0: Einzahlung (Auszahlungsbetrag des Kredits) im Zeitpunkt $t = 0$;

A_0: Auszahlungen im Zeitpunkt $t = 0$;

A_t: Auszahlungen der Periode t (Zinszahlungen sowie Tilgung);

t: Zeitindex ($t = 1, 2$);

n: Laufzeit des Kredits;

r: effektive Verzinsung.

Teilaufgabe a)

Daten der Aufgabenstellung:

E_0 = 1.000.000 EUR

A_1 = 100.000 EUR

A_2 = 1.100.000 EUR

n = 2 Jahre

Daraus ergibt sich folgende Gleichung:

$$C_0 = 1.000.000 \text{ EUR} - 100.000 \text{ EUR} \cdot (1 + r)^{-1} - 1.100.000 \text{ EUR} \cdot (1 + r)^{-2}$$

---

16 Modifiziert entnommen aus *Adrian, Reinhold; Heidorn, Thomas:* Der Bankbetrieb – Das praxisorientierte Lehrbuch für Schule, Studium und Beruf, 15. Aufl., Wiesbaden 2000, S. 70–72.

Der interne Zinsfuß lässt sich ermitteln, indem der Kapitalwert zunächst gleich 0 gesetzt wird.

$$C_0 \overset{!}{=} 0$$

In einem weiteren Schritt ist die Gleichung nach r aufzulösen. Da es sich um eine zweiperiodige Zahlungsreihe handelt, kann die p-q-Formel zur Ermittlung des Zinssatzes angewendet werden.

p-q-Formel: $x_{1/2} = -\frac{p}{2} \pm \sqrt{\left(\frac{p}{2}\right)^2 - q}$

$$C_0 \overset{!}{=} 0$$

$$0 = 1.000.000 - 100.000 \cdot (1 + r)^{-1} - 1.100.000 \cdot (1 + r)^{-2} \quad / \div 100.000$$

$$0 = 10 - (1 + r)^{-1} - 11 \cdot (1 + r)^{-2} \quad / \cdot (1 + r)^2$$

$$0 = 10 \cdot (1 + r)^2 - (1 + r) - 11$$

$$0 = 10 + 20 \cdot r + 10 \cdot r^2 - 12 - r$$

$$0 = 10 \cdot r^2 + 19 \cdot r - 2 \quad / \div 10$$

$$0 = r^2 + 1,9 \cdot r - 0,2$$

mit p = 1,9 und q = – 0,2

$$x_{1/2} = -0,95 \pm \sqrt{(0,95)^2 - (-0,2)}$$

$$x_{1/2} = -0,95 \pm \sqrt{0,9025 + 0,2}$$

$$x_{1/2} = -0,95 \pm \sqrt{1,1025}$$

$$x_{1/2} = -0,95 \pm 1,05$$

$$x_1 = -0,95 + 1,05$$

$= 0,1 =$ **10 % p. a.**

$$(x_2 = -0,95 - 1,05 = -2)$$

Der effektive Zinssatz (interne Zinssatz), den der Kreditsachbearbeiter der Flop-Bank errechnet, liegt somit bei 10 % p. a.

Teilaufgabe b)

Daten der Aufgabenstellung:

E_0 = 1.000.000 EUR

A_0 = 17.125 EUR

A_1 = 100.000 EUR

A_2 = 1.100.000 EUR

n = 2 Jahre

Daraus ergibt sich folgende Gleichung:

$$C_0 = 1.000.000 \text{ EUR} - 17.125 \text{ EUR} - 100.000 \text{ EUR} \cdot (1 + r)^{-1} - 1.100.000 \text{ EUR} \cdot (1 + r)^{-2}$$
$$= 982.875 \text{ EUR} - 100.000 \text{ EUR} \cdot (1 + r)^{-1} - 1.100.000 \text{ EUR} \cdot (1 + r)^{-2}$$

Die Vorgehensweise bei der Ermittlung des internen Zinsfußes ist die gleiche wie in Teilaufgabe a).

$$C_0 \overset{!}{=} 0$$

$$0 = 982.875 - 100.000 \cdot (1 + r)^{-1} - 1.100.000 \cdot (1 + r)^{-2} \qquad / \cdot (1 + r)^2$$

$$0 = 982.875 \cdot (1 + r)^2 - 100.000 \cdot (1 + r) - 1.100.000 \qquad / \div 982.875$$

$$0 = (1 + r)^2 - 0{,}101742 \cdot (1 + r) - 1{,}119166$$

$$0 = 1 + 2 \cdot r + r^2 - 0{,}101742 - 0{,}101742 \cdot r - 1{,}119166$$

$$0 = r^2 + 1{,}898258 \cdot r - 0{,}220908$$

mit $p = 1{,}898258$ und $q = -\,0{,}220908$

$$x_{1/2} = -\frac{1{,}898258}{2} \pm \sqrt{\left(\frac{1{,}898258}{2}\right)^2 - (-0{,}220908)}$$
$$= -0{,}949129 \pm \sqrt{0{,}900846 + 0{,}220908}$$
$$= -0{,}949129 \pm \sqrt{1{,}121754}$$
$$= -0{,}949129 \pm 1{,}059129$$
$$x_1 = -0{,}949129 + 1{,}059129$$
$$= 0{,}11 = \mathbf{11\ \%\ p.\,a.}$$

$$(x_2 = -0{,}949129 - 1{,}059129 = -2{,}008258)$$

Der effektive Zinssatz (interne Zinsfuß) liegt bei 11 % p. a. Somit hat der Unternehmer Anton Schlau Recht. Durch die anfallenden Gebühren steigt der effektive Zinssatz.

Teilaufgabe c)

Daten der Aufgabenstellung:

E_0 = 1.030.000 EUR

A_0 = 9.268 EUR

A_1 = 100.000 EUR (Zinsen = 10 % auf 1.000.000 EUR) + 500.000 EUR (Tilgung = 1.000.000 EUR ÷ 2) = 600.000 EUR

A_2 = 100.000 EUR (Zinsen = 10 % auf 1.000.000 EUR) + 500.000 EUR (Tilgung = 1.000.000 EUR ÷ 2) = 600.000 EUR

Daraus ergibt sich folgende Gleichung:

$$
\begin{aligned}
C_0 &= 1.030.000\text{ EUR} - 9.268\text{ EUR} - 600.000\text{ EUR} \cdot (1 + r)^{-1} - 600.000\text{ EUR} \cdot (1 + r)^{-2} \\
&= 1.020.732\text{ EUR} - 600.000\text{ EUR} \cdot (1 + r)^{-1} - 600.000\text{ EUR} \cdot (1 + r)^{-2}
\end{aligned}
$$

Die Vorgehensweise ist die gleiche wie in den beiden vorangegangenen Teilaufgaben.

$$C_0 \overset{!}{=} 0$$

$$
\begin{aligned}
0 &= 1.020.732 - 600.000 \cdot (1 + r)^{-1} - 600.000 \cdot (1 + r)^{-2} && / \div 600.000 \\
0 &= 1{,}70122 - (1 + r)^{-1} - (1 + r)^{-2} && / \cdot (1 + r)^2 \\
0 &= 1{,}70122 \cdot (1 + r)^2 - (1 + r) - 1 \\
0 &= 1{,}70122 + 3{,}40244 \cdot r + 1{,}70122 \cdot r^2 - 1 - r - 1 \\
0 &= 1{,}70122 \cdot r^2 + 2{,}40244 \cdot r - 0{,}29878 && / \div 1{,}70122 \\
0 &= r^2 + 1{,}412187 \cdot r - 0{,}175627
\end{aligned}
$$

mit $p = 1{,}412187$ und $q = -\,0{,}175627$

$$
\begin{aligned}
x_{1/2} &= -\frac{1{,}412187}{2} \pm \sqrt{\left(\frac{1{,}412187}{2}\right)^2 - (-0{,}175627)} \\
&= -0{,}706094 \pm \sqrt{0{,}498568 + 0{,}175627} \\
&= -0{,}706094 \pm \sqrt{0{,}674195} \\
&= -0{,}706094 \pm 0{,}821094 \\
x_1 &= -0{,}706094 + 0{,}821094 \\
&= 0{,}115 = \mathbf{11{,}5\ \%\ p.\ a.}
\end{aligned}
$$

$(x_2 = -0{,}706094 - 0{,}821094 = -1{,}527188)$

Die Entscheidung des Unternehmers Anton Schlau war nicht schlau. Das Kreditangebot der Flop-Bank ist um 0,5 %-Punkte günstiger als das Angebot der Günstig-Bank.

Aufgabe 5.18: Finanzierungshilfen

Erläutern Sie den Begriff der Finanzierungshilfen und arbeiten Sie den Unterschied zwischen direkten und indirekten Finanzierungshilfen heraus!

Lösung:

Finanzierungshilfen zählen zu den speziellen **Kapitallenkungsmaßnahmen** in einer Volkswirtschaft. Sie liegen vor, wenn die **öffentliche Hand** bestimmten Unternehmen oder Wirtschaftszweigen (Branchen) eine **Hilfestellung bei der Finanzierung** leistet. Voraussetzung für die Gewährung einer Finanzierungshilfe ist, dass bei den betroffenen Unternehmen oder

Wirtschaftszweigen die Bedingungen vorliegen, die dem Zweck der betreffenden Finanzierungshilfe entsprechen.

Grundsätzlich können direkte und indirekte Finanzierungshilfen unterschieden werden. Während **indirekte Finanzierungshilfen** über das Steuersystem zum Tragen kommen, also nur wirksam werden, wenn von dem Begünstigten positive Einkünfte erzielt werden, führen **direkte Finanzierungshilfen** zu einer Bereitstellung von Liquidität in der Form von Eigen- oder Fremdkapital. Direkte Finanzierungshilfen können aber auch in der Form von Bürgschaften gewährt werden, welche wiederum notwendige Voraussetzung für die Bereitstellung von Liquidität Dritter sein können.

Aufgabe 5.19: Begriffe „Securitization“ und „Disintermediation“

Erklären Sie die Begriffe „Securitization“ und „Disintermediation“!

Lösung:

Securitization ist die **wertpapiermäßige Verbriefung von Kreditbeziehungen**. Damit lösen Wertpapiere die buchmäßigen Bankkredite ab, d. h., es findet eine Substitution von Bankkrediten durch handelbare Wertpapiere statt, die insbesondere von Kapitalsammelstellen und Nichtbanken erworben werden können.

Unter **Disintermediation** versteht man die mit der Securitization einhergehende **Eliminierung (Zurückdrängung) der Mittlerfunktion**, indem durch direkte Kreditbeziehungen zwischen Investoren und Kapitalnachfragern die Kreditinstitute und ihre Transformationsfunktion umgangen werden.

5.4 Kurzfristige Kreditfinanzierung

Aufgabe 5.20: Lieferantenkredit

a) Was versteht man unter einem Lieferantenkredit?

b) Welche Vorteile eines Lieferantenkredits können seine Inanspruchnahme rechtfertigen? Wo liegen die Nachteile des Lieferantenkredits?

Lösung:

Teilaufgabe a)

Unter einem Lieferantenkredit wird die **Gewährung von Zahlungszielen** verstanden, d. h., im Kaufvertrag wird eine Verzögerung der Zahlung an den Lieferanten vereinbart. Hierdurch kommt es zu einer kurzfristigen Kreditbeziehung, die jedoch nicht mit einem Zufluss liquider Mittel verbunden ist. Der Lieferantenkredit gehört damit zu den Warenkrediten.

Teilaufgabe b)

Vorteile:

- schnelle und formlose Kreditgewährung in Höhe des durch den vereinbarten Kaufpreis bestimmten Kapitalbedarfs;
- Unabhängigkeit von Kreditinstituten;
- geringere Kreditsicherheiten als bei Banken.

Nachteile:

- vergleichsweise hohe Kosten des Lieferantenkredits;
- die wirtschaftliche Abhängigkeit von einem Lieferanten.

Aufgabe 5.21: Verwendungsmöglichkeiten eines Wechsels

Welche grundsätzlichen Möglichkeiten besitzt ein Wechselnehmer hinsichtlich der Verwendung eines Wechsels?

Lösung:

Verwendungsmöglichkeiten eines Wechsels:

- Aufbewahrung im Portefeuille und Vorlage an den Bezogenen am Verfalltag zur Zahlung;
- Begleichung eigener Verbindlichkeiten (Schulden) durch Weitergabe des Wechsels an einen Gläubiger;
- Beschaffung von Bargeld durch Veräußerung vor dem Verfalltag an eine Bank (sog. Diskontierung).

Aufgabe 5.22: Lombardkredit[17]

Im Umlaufvermögen eines Unternehmens befinden sich Wertpapiere und Waren in folgender Größenordnung:

- Aktien: 200.000 EUR
- Bundesanleihen: 500.000 EUR
- Waren: 800.000 EUR

Welches kurzfristige Liquiditätsvolumen könnte sich über eine Lombardierung ergeben?

---

[17] Modifiziert entnommen aus *Olfert, Klaus:* Finanzierung, 17. Aufl., Herne 2017, S. 535 und S. 519.

Lösung:

Folgende in der Praxis üblicherweise angewandte Beleihungsgrenzen [18] sind hinsichtlich des möglichen kurzfristigen Kreditvolumens zu beachten:

Aktien:	200.000 EUR · 0,60 =	120.000 EUR
Bundesanleihen:	500.000 EUR · 0,80 =	400.000 EUR
Waren:	800.000 EUR · 0,50 =	400.000 EUR
		∑ **920.000 EUR**

Über die Verpfändung der Wertpapiere und Waren könnte kurzfristig ein **zusätzliches Liquiditätsvolumen** in Höhe von **920.000 EUR** geschaffen werden.

Aufgabe 5.23: Merkmale von echten und unechten Pensionsgeschäften

Erarbeiten Sie anhand folgender Systematik die besonderen Merkmale von echten und unechten Pensionsgeschäften!

<table>
<tr><th></th><th>echtes Pensionsgeschäft</th><th>unechtes Pensionsgeschäft</th></tr>
<tr><td>Pflicht oder Recht des Pensionsnehmers zur Rückgabe der Vermögensgegenstände</td><td></td><td></td></tr>
<tr><td>Pflicht des Pensionsgebers zur Rücknahme der Vermögensgegenstände</td><td></td><td></td></tr>
<tr><td>Zeitpunkt der Rückübertragung der Vermögensgegenstände</td><td colspan="2">oder …</td></tr>
<tr><td>Art der Gegenleistung</td><td colspan="2"></td></tr>
<tr><td>Höhe der Gegenleistung</td><td colspan="2"></td></tr>
<tr><td>Art der Vermögensgegenstände bei der Rückübertragung</td><td colspan="2"></td></tr>
<tr><td>Vertragspartner:
– Pensionsgeber
– Pensionsnehmer</td><td colspan="2"></td></tr>
</table>

---

[18] Vgl. zu den Beleihungsgrenzen *Bieg, Hartmut; Kußmaul, Heinz; Waschbusch, Gerd:* Finanzierung, 4. Aufl., München 2023, S. 267.

Lösung:

<table>
<tr><th></th><th>echtes Pensionsgeschäft</th><th>unechtes Pensionsgeschäft</th></tr>
<tr><td>Pflicht oder Recht des Pensionsnehmers zur Rückgabe der Vermögensgegenstände</td><td>unbedingte Rückgabepflicht</td><td>selbstbestimmbares Rückgaberecht</td></tr>
<tr><td>Pflicht des Pensionsgebers zur Rücknahme der Vermögensgegenstände</td><td>unbedingte Rücknahmepflicht</td><td>bedingte Rücknahmepflicht (fremdbestimmt)</td></tr>
<tr><td rowspan="2">Zeitpunkt der Rückübertragung der Vermögensgegenstände</td><td colspan="2">bereits bei Vertragsabschluss vereinbart
oder …</td></tr>
<tr><td>… vom Pensionsgeber noch zu bestimmen</td><td>… vom Pensionsnehmer noch zu bestimmen</td></tr>
<tr><td>Art der Gegenleistung</td><td colspan="2">Zahlungsmittel (kein Tausch)</td></tr>
<tr><td>Höhe der Gegenleistung</td><td colspan="2">bei Vertragsabschluss vereinbart</td></tr>
<tr><td>Art der Vermögensgegenstände bei der Rückübertragung</td><td colspan="2">entweder dieselben oder gleichartige Vermögensgegenstände</td></tr>
<tr><td>Vertragspartner:
– Pensionsgeber
– Pensionsnehmer</td><td colspan="2">
entweder Banken oder Nichtbanken
entweder Banken oder Nichtbanken</td></tr>
</table>

Abbildung 9: Merkmale der Pensionsgeschäftsarten gemäß § 340b Abs. 1 bis Abs. 3 HGB [19]

Aufgabe 5.24: Systematisierung „Geldkredit“ und „Kreditleihe“

Kennzeichnen Sie den Unterschied zwischen einem „Geldkredit“ und einer „Kreditleihe“! Nennen Sie die jeweils typischen Arten!

Lösung:

„Geldkredit“: Die Bank stellt einem Kunden über einen Darlehensvertrag unmittelbar Geldmittel zur Verfügung. Typische Arten: Kontokorrentkredit, Diskontkredit, Lombardkredit.

„Kreditleihe“: Die Bank stellt einem Kunden ihre Bonität (Kreditwürdigkeit) zur Verfügung. Typische Arten: Akzeptkredit, Avalkredit.

---

19 Modifiziert entnommen aus *Waschbusch, Gerd:* Die handelsrechtliche Jahresabschlusspolitik der Universalaktienbanken, Ziele – Daten – Instrumente, Stuttgart 1992, S. 280; *Waschbusch, Gerd:* Die Rechnungslegung der Kreditinstitute bei Pensionsgeschäften, in: Betriebs-Berater 1993, S. 173; *Bieg, Hartmut; Kußmaul, Heinz; Waschbusch, Gerd:* Finanzierung, 4. Aufl., München 2023, S. 269. Vgl. auch *Bieg, Hartmut; Waschbusch, Gerd:* Bankbilanzierung nach HGB und IFRS, 3. Aufl., München 2017, S. 126.

Aufgabe 5.25: Wechseldiskontkredit[20]

Als Ergebnis eines Exportgeschäfts reicht die LAA Handelsgesellschaft mbH ihrer Hausbank, der Alwa Außenhandelsbank AG, am 09.04.01 einen auf einen US-amerikanischen Importeur gezogenen Wechsel über 250.000 USD, fällig am 30.06.01 in New York, zum Diskont ein. Die Gutschrift des Diskonterlöses soll auf dem in EUR geführten Konto der LAA Handelsgesellschaft mbH erfolgen. Die Alwa Außenhandelsbank AG berechnet einen Diskontsatz in Höhe von 5 % p. a. nach der Methode 365/360. Der Wechselkurs beträgt 1,3266 USD/EUR, wobei die diskontierende Bank zusätzlich eine Marge in Höhe von 0,0015 USD/EUR einbehält. Die sogenannten Respekttage für den Einzug des Wechsels belaufen sich auf 5 Tage. Als Abwicklungsprovision zuzüglich Courtage werden 1,75 ‰ vom Wechselbetrag (bezogen auf den EUR-Gegenwert) vereinbart. Als Spesen werden 5 EUR einbehalten. Wie hoch ist die Gutschrift auf dem in EUR geführten Konto der LAA Handelsgesellschaft mbH?

Lösung:

- Umrechnung des Wechselbetrags in Höhe von 250.000 USD in EUR:

  250.000 USD ÷ (1,3266 USD/EUR + 0,0015 USD/EUR)

  = 250.000 USD ÷ 1,3281 USD/EUR = **188.238,84 EUR**

- Berechnung der Zinstage (nach der 365 Tage-Methode):

  Die Zinstage ergeben sich aus der Laufzeit des Wechsels zuzüglich der Respekttage. Die Respekttage betragen in diesem Beispiel 5 Tage.

  Der Wechsel läuft vom 09.04.01 bis zum 30.06.01; in Tagen beträgt die Laufzeit dann 82 Tage (April = 21 Tage, Mai = 31 Tage, Juni = 30 Tage). Zuzüglich der 5 Respekttage ergeben sich **87 Zinstage**.

- Berechnung der Zinszahl:

  Die Zinszahl errechnet sich nach folgender Formel:

$$\text{Zinszahl} = \frac{\text{Wechselbetrag} \cdot \text{Zinstage}}{100}$$

$$= \frac{188.238{,}84 \text{ EUR} \cdot 87}{100}$$

$$= \mathbf{163.767{,}79 \text{ EUR}}$$

---

[20] Geringfügig modifiziert entnommen aus *Waschbusch, Gerd:* Kurzfristige Außenhandelsfinanzierung, in: Fallstudien zum Internationalen Management, Grundlagen – Praxiserfahrungen – Perspektiven, hrsg. von *Joachim Zentes, Bernhard Swoboda* und *Dirk Morschett*, 4. Aufl., Wiesbaden 2011, S. 66.

- Berechnung des Diskontbetrags (der Diskontzinsen):

  Der Diskontbetrag ergibt sich aus der Formel:

$$\text{Diskontbetrag} = \frac{\text{Zinszahl} \cdot \text{Diskontsatz} \cdot 100}{360}$$

$$= \frac{163.767{,}79 \text{ EUR} \cdot 0{,}05 \cdot 100}{360}$$

$$= \mathbf{2.274{,}55 \text{ EUR}}$$

- Gutschrift auf dem Euro-Konto des Wechseleinreichers:

Wechselbetrag in EUR	188.238,84 EUR
– Diskontbetrag	– 2.274,55 EUR
– Abwicklungsprovision zuzüglich Courtage in Höhe von 1,75 ‰ vom Wechselbetrag (EUR-Gegenwert)	– 329,42 EUR
– Spesen	– 5,00 EUR
EUR-Gutschrift	**= 185.629,87 EUR**

Aufgabe 5.26: Abwicklung einer Importzahlung mit Bankakzept[21]

Die LAA Handelsgesellschaft mbH kauft von dem französischen Hersteller Odeur S. A. mit Sitz in Grasse Parfüm zum Kaufpreis von 50.000 EUR. Die LAA Handelsgesellschaft mbH wünscht ein Zahlungsziel von 90 Tagen. Der französische Hersteller ist jedoch weder dazu bereit, dieses Zahlungsziel gegen offene Rechnung zu gewähren, noch eine Wechselziehung auf die LAA Handelsgesellschaft mbH zu akzeptieren. In beiden Fällen würde die Odeur S. A. das Delkredererisiko tragen. Bei Einräumung des Zahlungsziels gegen offene Rechnung würde der Odeur S. A. außerdem die Möglichkeit der zinsgünstigen Refinanzierung fehlen, die bei einer Wechselziehung grundsätzlich gegeben ist. Die LAA Handelsgesellschaft mbH, die ihrerseits auf das Zahlungsziel nicht verzichten will, bietet daraufhin der Odeur S. A. an, das Akzept ihrer Hausbank, der Alwa Außenhandelsbank AG, beizubringen. Beschreiben Sie anhand dieser Fallgestaltung die Abwicklung einer Importzahlung mit Bankakzept! Gehen Sie dabei insbesondere auf die Situation der Odeur S. A. ein!

Lösung:

Der deutsche Importeur, die LAA Handelsgesellschaft mbH, hat zunächst die Ziehung des Bankakzepts mit ihrer Hausbank, der Alwa Außenhandelsbank AG, zu vereinbaren (Beantragung eines Akzeptkredits). Nach erteilter Kreditzusage zieht die LAA Handelsgesellschaft

---

21 Entnommen aus *Waschbusch, Gerd:* Kurzfristige Außenhandelsfinanzierung, in: Fallstudien zum Internationalen Management, Grundlagen – Praxiserfahrungen – Perspektiven, hrsg. von *Joachim Zentes, Bernhard Swoboda* und *Dirk Morschett*, 4. Aufl., Wiesbaden 2011, S. 66.

mbH einen Wechsel über 50.000 EUR auf die Alwa Außenhandelsbank AG. Ausstellerin dieses Wechsels ist die LAA Handelsgesellschaft mbH, Bezogene ist die Alwa Außenhandelsbank AG. Zugleich mit ihrer Akzeptleistung belastet die Alwa Außenhandelsbank AG das Akzeptkreditkonto der LAA Handelsgesellschaft mbH, um damit der Kreditleihe an die LAA Handelsgesellschaft mbH Rechnung zu tragen. Wechselbegünstigte eines solchen Bankakzepts ist kraft Ordervermerk die LAA Handelsgesellschaft mbH selbst (dokumentiert mit der Formulierung „an eigene Order"). Als Folge dieses Ordervermerks steht ausschließlich der LAA Handelsgesellschaft mbH das Recht zu, die Wechselrechte auf Dritte zu übertragen, d. h. das erste Indossament auf dem Wechsel anzubringen. Der von der Alwa Außenhandelsbank AG akzeptierte Wechsel wird der LAA Handelsgesellschaft mbH ausgehändigt, die ihn mit einem Indossament versieht und zahlungshalber im Gegenzug zu den empfangenen Waren der Odeur S. A. übersendet. Das zahlungshalber empfangene Bankakzept sichert die Odeur S. A. vor dem Delkredererisiko aus der Geschäftsverbindung mit der LAA Handelsgesellschaft mbH, da die Akzeptbank unabhängig von der Zahlungsfähigkeit der LAA Handelsgesellschaft mbH an die Odeur S. A. bzw. an jeden gutgläubigen Dritten, der das Bankakzept rechtens in Händen hält, zahlen muss. Als Restrisiko verbleibt aus Sicht der Odeur S. A. das Garantendelkredererisiko, d. h. das Risiko der Zahlungsunfähigkeit der Akzeptbank. Sollte der eher außergewöhnliche Fall eintreten, dass die Akzeptbank nicht in der Lage ist, zu zahlen, so bleibt der Odeur S. A. immer noch das Recht auf Rückgriff (Regress) auf den Wechselaussteller, also die LAA Handelsgesellschaft mbH. Das empfangene Bankakzept kann die Odeur S. A. entweder ihrer Bank zum Diskont einreichen, im eigenen Bestand behalten und kurz vor Verfall ihrer Bank zum Inkasso des Wechselbetrags übergeben oder an einen Vorlieferanten zahlungshalber weitergeben.

6 Außenfinanzierung durch mezzanines Kapital

Aufgabe 6.1: Mezzanines Kapital

a) Erläutern Sie, was unter mezzaninem Kapital verstanden wird!

b) Nennen Sie typische Merkmale mezzaninen Kapitals!

c) Nennen Sie die in Deutschland maßgeblich vertretenen Formen mezzaniner Finanzinstrumente und sortieren Sie die Instrumente systematisch!

Lösung:

Aufgabenteil a)

Unter dem **mezzaninen Kapital** (auch Mezzanine Kapital bzw. hybrides Kapital) wird eine **Form der Außenfinanzierung** verstanden, die **inhaltlich zwischen der Eigenfinanzierung und der Fremdfinanzierung** anzusiedeln ist. Sie vereint somit bestimmte idealtypische Merkmale des Eigenkapitals mit idealtypischen Fremdkapitalmerkmalen.

Aufgabenteil b) [22]

Durch flexible Ausgestaltungsmöglichkeiten lassen sich mezzanine Finanzinstrumente auf die unterschiedlichsten Finanzierungsbedürfnisse eines Unternehmens zuschneiden. Obwohl eine Systematisierung mezzaniner Finanzierungsformen aufgrund dieser enormen Gestaltungsvielfalt problematisch ist, lassen sich dennoch einige **typische übereinstimmende Merkmale mezzaninen Kapitals** festhalten:

- die Schließung der Finanzierungslücke zwischen Eigen- und Fremdkapital und die Stärkung des bilanziellen Eigenkapitalausweises des zu finanzierenden Unternehmens mittels einer entsprechenden Gestaltung der mezzaninen Finanzinstrumente;
- die Nachrangigkeit der Ansprüche des Inhabers gegenüber typischen Fremdkapitalgebern im Falle der Insolvenz oder der Liquidation des Unternehmens sowie der Vorrang gegenüber den Ansprüchen der typischen Eigenkapitalgeber;
- eine im Vergleich zur klassischen Fremdfinanzierung höhere Entgeltung;
- der Verzicht auf die Stellung von Sicherheiten;
- die steuerrechtliche Abzugsfähigkeit des Entgelts für die Kapitalbereitstellung als Betriebsausgabe;
- eine zumeist längerfristige, im Regelfall aber zeitlich befristete Kapitalbereitstellung;
- keine Veränderung der Gesellschafterstruktur und damit der Machtverhältnisse im Unternehmen.

---

[22] Vgl. zur Lösung *Werner, Horst S.:* Mezzanine-Kapital – mit Mezzanine-Finanzierung die Eigenkapitalquote erhöhen, 2. Aufl., Köln 2007, S. 261.

Aufgabenteil c)

Die in Deutschland vertretenen **Formen mezzaniner Finanzinstrumente** sind insbesondere

- typische sowie atypische stille Gesellschaften,
- Genussrechte,
- Wandel- und Optionsschuldverschreibungen,
- Gewinnschuldverschreibungen,
- partiarische Darlehen,
- nachrangige Darlehen sowie
- Gesellschafterdarlehen.

Je nach der vertraglichen Ausgestaltung und der jeweiligen Charakteristik des mezzaninen Finanzinstruments ist zwischen einer eher fremdkapitalnahen **(Debt Mezzanine)** mezzaninen oder eher eigenkapitalnahen **(Equity Mezzanine)** mezzaninen Finanzierung zu unterscheiden.

im Regelfall **Equity Mezzanine**	**einzelfallabhängige** Einordnung je nach vertraglicher Ausgestaltung	im Regelfall **Debt Mezzanine**
- atypische stille Gesellschaften	- Genussrechte - Gesellschafterdarlehen - Wandel- und Optionsschuldverschreibungen	- typische stille Gesellschaften - nachrangige Darlehen - partiarische Darlehen - Gewinnschuldverschreibungen

Abbildung 10: Zuordnung der mezzaninen Finanzinstrumente zum Equity bzw. Debt Mezzanine

Aufgabe 6.2: Stille Gesellschaft

Erläutern Sie

a) die Begriffsmerkmale, die für das Vorliegen einer stillen Gesellschaft im Sinne des Handelsgesetzbuches gegeben sein müssen,

b) die Möglichkeiten zur Beteiligung des stillen Gesellschafters am Gewinn und am Verlust der stillen Gesellschaft

sowie

c) den Unterschied zwischen einer typischen und atypischen stillen Gesellschaft! Gehen Sie dabei auch kurz auf die steuerrechtliche Unterscheidung zwischen typischer und atypischer stiller Gesellschaft ein!

Lösung:

Aufgabenteil a)

Gemäß § 230 Abs. 1 HGB ist **stiller Gesellschafter**, wer sich an dem Handelsgewerbe eines anderen mit einer Vermögenseinlage beteiligt und diese Einlage so leistet, dass diese in das Vermögen des Inhabers des Handelsgeschäfts übergeht. Dabei müssen für das Vorliegen einer stillen Gesellschaft im Sinne der §§ 230 bis 236 HGB folgende **Begriffsmerkmale** kumulativ gegeben sein:

- Der Vertragspartner des stillen Gesellschafters muss grundsätzlich Kaufmann im Sinne der §§ 1 ff. HGB sein, wobei es sich sowohl um natürliche als auch juristische Personen handeln kann.
- Die gegenseitige Verpflichtung der Partner des Gesellschaftsvertrags muss der Förderung eines gemeinsamen Zweckes dienen.
- Der stille Gesellschafter muss am Gewinn des Kaufmanns beteiligt sein.
- Die Einlage des stillen Gesellschafters führt zur Beteiligung am Handelsgeschäft des Kaufmanns, nicht zur Bildung von Gesellschaftsvermögen.

Aufgabenteil b)

Gewinnbeteiligung des stillen Gesellschafters:

In der stillen Gesellschaft erhält der stille Gesellschafter als Gegenleistung für seine Vermögenseinlage einen angemessenen Anteil am Gewinn des Geschäftsinhabers, wobei die maßgebliche Gewinngröße wie auch die Vorgehensweise bei der Gewinnverteilung im Gesellschaftsvertrag festgeschrieben werden müssen.

Verlustbeteiligung des stillen Gesellschafters:

Während das Zustandekommen einer stillen Gesellschaft zwingend eine Beteiligung am Gewinn voraussetzt, kann eine Beteiligung am Verlust des Inhabers des Handelsgeschäfts vertraglich ausgeschlossen werden. Im Falle einer Verlustbeteiligung kann die Haftung auf die Höhe der stillen Einlage beschränkt werden. Eine Verpflichtung, das entstandene negative Kapitalkonto über die Höhe der ursprünglichen Vermögenseinlage hinaus durch eine Nachzahlung auszugleichen, besteht nicht.

Aufgabenteil c)

Eine **typische stille Gesellschaft** liegt vor, wenn die gesellschaftsvertraglichen Regelungen den zwingenden und dispositiven Regelungen der §§ 230 bis 236 HGB entsprechen. Kommt es dagegen auch nur in einem Punkt zu einem Abweichen vom handelsrechtlichen Regelungsmodell, liegt **handelsrechtlich** eine **atypische stille Gesellschaft** vor.

Steuerrechtlich ist hingegen die Rechtsstellung des stillen Gesellschafters entscheidend. Ist dieser **Gläubiger**, so handelt es sich um eine typische stille Gesellschaft. Sofern er sich hingegen als **Mitunternehmer** im Sinne des § 15 Abs. 1 Satz 1 Nr. 2 EStG durch die Übernahme des Mitunternehmerrisikos und der Mitunternehmerinitiative auszeichnet, liegt eine atypische stille Gesellschaft vor.

Aufgabe 6.3: Wesensmerkmale von Genussrechten

Nennen Sie die Wesensmerkmale, die für die Qualifikation eines Finanzinstruments als Genussrecht erforderlich sind!

Lösung:

Für die **Qualifikation eines Finanzinstruments als Genussrecht** sind folgende **Wesensmerkmale** entscheidend:

- Genussrechte stellen Gläubigerrechte (schuldrechtliche Ansprüche) gegenüber dem einräumenden Unternehmen dar, die um Komponenten der üblichen Vermögensrechte von Anteilseignern (z. B. Anspruch auf Beteiligung am Gewinn und/oder am Liquidationserlös sowie das Bezugsrecht) erweitert sind;
- Genussrechte beinhalten grundsätzlich keine Verwaltungsrechte wie beispielsweise Stimm- oder Kontrollrechte; den Inhabern von Genussrechten steht allerdings ein allgemeiner Auskunftsanspruch zu (eventuell auch Teilnahme- und Fragerechte in der Haupt- oder Gesellschafterversammlung des die Genussrechte ausgebenden Unternehmens);
- bei Genussrechten muss es sich um größere Emissionen gleichartiger Rechte handeln (massenweise Begebung von Genussrechten).

Aufgabe 6.4: Ausstattungsmerkmale von Genussrechten

Geben Sie einen Überblick über mögliche Ausstattungsmerkmale von Genussrechten!

Lösung:

mögliche Ausstattungsmerkmale	Ausprägungsbeispiele
Laufzeit	– keine Befristung; – wenn befristet, i. d. R. nicht unter fünf Jahren.
Verzinsung/Ausschüttung (Gewinnbeteiligung)	– ergebnisabhängige „Verzinsung“ (gekoppelt an Jahresüberschuss, Bilanzgewinn, Dividendenhöhe, Rentabilitätskennzahlen etc.); mit oder ohne Mindestverzinsung in Prozent vom Nennwert; mit oder ohne Nachholung in Verlustjahren.
Rang des Ausschüttungsanspruchs	– Vorrang vor den Ansprüchen der Aktionäre bzw. Gesellschafter; – kein Vorrang vor den Ansprüchen zukünftiger Genussrechtsinhaber.

Verlustbeteiligung	– keine; – Teilnahme am laufenden Verlust durch die Verminderung des Rückzahlungsanspruches (gekoppelt an negative Rentabilitätskennzahlen, an Verhältnis Rückzahlungsanspruch zu Eigenkapital oder uneingeschränkt nach Verrechnung von Kapital- und Gewinnrücklagen) mit anschließender prioritätischer oder anteilsmäßiger Wiederauffüllung im Fall zukünftiger Gewinne; – im Fall von Kapitalherabsetzungen durch die Herabsetzung des Genussrechtskapitals im gleichen Verhältnis.
Beteiligung am Liquidationsüberschuss	– bei gleichzeitiger Gewinnbeteiligung steuerschädlich; – bei Vereinbarung: in jedem Fall Nachrangigkeit im Verhältnis zu allen anderen Gläubigern; gegenüber Gesellschaftern Vorrang, Gleichrang oder Nachrang denkbar.
Kündigungsrechte	– keine; – für Emittent und/oder Inhaber, auch unterschiedlich ausgestaltete Kündigungsrechte möglich; – i. d. R. mit ein- oder mehrjährigen Kündigungsfristen mit oder ohne mehrjährige(n) Kündigungssperrfristen; – in mehrjährigen regelmäßigen Abständen; – für Emittenten bei Wegfall der steuerlichen Qualifizierung als Fremdkapital.
Rückzahlung	– zum Nennwert; – bei börsennotierten Genussscheinen zum Börsenwert; – zum Durchschnitt der Ausgabekurse; – nach Abzug eventueller Verlustbeteiligungen.
Wandlungs- bzw. anhängende Optionsrechte	– keine; – Wandlungsrechte des Emittenten und/oder des Inhabers in Aktien anstelle oder zusätzlich zur Rückzahlung unter vorheriger Festlegung des Wandlungsverhältnisses, der Zuzahlung und des Wandlungspreises; – je Genussrecht eine bestimmte Anzahl von Optionsrechten, die zum Bezug einer bestimmten Anzahl von Aktien des Emittenten zu einem bestimmten Optionspreis berechtigen.
Bezugsrechte auf neue Genussrechte (Verwässerungsschutz)	– gesetzlich nur für die Aktionäre, nicht jedoch für bisherige Genussrechtsinhaber vorgeschrieben; – für bisherige Genussrechtsinhaber vorbehaltlich eines entsprechenden Beschlusses der Hauptversammlung mit oder ohne Ausgleichszahlung, falls die Hauptversammlung anders entscheidet.
Verbriefung	– möglich.
Börsennotierung	– keine Börsennotierung; – Börsennotierung im Freiverkehr oder am regulierten Markt.

Abbildung 11: Mögliche Ausstattungsmerkmale von Genussscheinen [23]

---

23 Geringfügig modifiziert entnommen aus *Bieg, Hartmut; Kußmaul, Heinz; Waschbusch, Gerd:* Finanzierung, 4. Aufl., München 2023, S. 297.

Aufgabe 6.5: Vorteile von Genussrechten aus Sicht des Emittenten

Welche Gründe sprechen aus Sicht des emittierenden Unternehmens für die Ausgabe von Genussrechten?

Lösung:

Für die **Ausgabe von Genussrechten** sprechen aus Sicht des emittierenden Unternehmens folgende **Gründe**:

- Die Ausgabe von Genussrechten ist an keine bestimmte Rechtsform gebunden. Somit können auch ursprünglich nicht emissionsfähige Unternehmen den organisierten Kapitalmarkt in Anspruch nehmen.
- Genussscheine sind grundsätzlich börsenfähig. Damit kann ein breites Anlegerpublikum erreicht werden.
- Der Gesamtnennbetrag der Genussrechte ist nicht begrenzt.
- Als bedeutendster Grund kann die freie Gestaltbarkeit des Inhalts und der Haftung des Genussrechtskapitals bezeichnet werden. Aufgrund der fehlenden gesetzlichen Definition können Genussrechte so ausgestaltet werden, dass sie steuerrechtlich zwar Fremdkapital und damit eine kostengünstige Finanzierungsart darstellen, durch eine entsprechende Gewinn- und Verlustbeteiligung sowie Laufzeitvereinbarung wirtschaftlich betrachtet aber als Eigenkapital zu qualifizieren sind.
- Genussrechte verbriefen grundsätzlich keinerlei Mitspracherechte. Damit bleiben zum einen die Beteiligungsverhältnisse unverändert, zum anderen können die Genussrechtsinhaber i. d. R. keinen Einfluss auf die Unternehmensleitung nehmen. Das Genussrechtskapital kann demnach die Vorteile von Fremd- und Eigenkapital verbinden.

7 Crowdfunding als Finanzierungsform

Aufgabe 7.1: Begriff „Crowdfunding“

Erläutern Sie, was unter Crowdfunding verstanden wird!

Lösung:

Crowdfunding ist eine **internetbasierte Finanzierungsmöglichkeit**, bei der kapitalsuchende Projektinitiatoren (Fundraiser) mit Hilfe von Internetplattformen eine Vielzahl von Kapitalgebern (Crowd) für ihre Projekte akquirieren können. Aufgrund unterschiedlicher Präferenzen der Investoren haben sich verschiedene Arten des Crowdfundings herauskristallisiert.

Aufgabe 7.2: Arten des Crowdfundings

Erläutern Sie kurz die verschiedenen Arten des Crowdfundings und geben Sie dabei an, wofür sich die jeweilige Form des Crowdfundings besonders eignet!

Lösung: [24]

- **Crowddonating**

  Beim Crowddonating beteiligen sich Geldgeber an der Finanzierung eines Projekts, ohne dafür eine Erfolgsbeteiligung oder einen Anspruch auf Rückzahlung des Geldbetrages zu erhalten. Es handelt sich um eine **Art Spendensystem**, bei dem auf die Mildtätigkeit der Spender abgezielt wird. Diese können ihre Spenden in der Regel steuerlich geltend machen. Crowddonating eignet sich daher insbesondere für die Finanzierung von sozialen, künstlerischen oder karitativen Projekten.

- **Crowdsupporting**

  Beim Crowdsupporting bringt der Kapitalgeber neben seiner Geldleistung auch Feedback oder Know-how in das Projekt ein. Für die Projektunterstützung erhält er meist eine **unentgeltliche Gegenleistung** (Gratifikation) in Form von persönlichen Danksagungen, privaten Unterstützer-Veranstaltungen, Gratisexemplaren des fertigen Produkts oder ähnlichem. Während der Finanzierungsphase findet oft eine intensive Diskussion zwischen den Kapitalgebern und dem Projektinitiator statt, die es diesem ermöglicht, seine Projektidee weiter zu optimieren und an die Marktbedürfnisse anzupassen. Eine derartige Finanzierung eignet sich vor allem für anfänglich kapitalintensive Vorhaben im kreativen, künstlerischen oder sozialen Bereich. Darüber hinaus kann Crowdsupporting auch zur Finanzierung von Erfindungen genutzt werden.

---

24 Vgl. *Waschbusch, Gerd; Kroll, Jessica:* Gründungsfinanzierung – Welche Möglichkeiten es gibt und worauf Sie achten sollten, Saarbrücken 2015 (E-Book), S. 35–42.

- **Crowdlending**

  Im Falle des Crowdlendings überlassen die Kapitalgeber dem Projektinitiator (Unternehmen oder Privatperson) zeitlich befristet Kapital mit einem **Anspruch auf Rückzahlung**. Hierbei entsteht zwischen den beiden Parteien ein **Schuldverhältnis**, dessen Ausgestaltung individuell zwischen den Parteien vereinbart werden kann oder ggf. von der Internetplattform vorgegeben wird. Diese nimmt dabei – ähnlich wie ein Kreditinstitut – die Stellung eines Intermediärs zwischen den Geldgebern und dem Projektinitiator ein. Sie akquiriert die benötigten Gelder zu den zuvor vereinbarten Konditionen und stellt diese dem Projektinitiator (ggf. unter Mitwirkung eines Kreditinstituts) in einem Betrag zur Verfügung. Finanzierungen mittels Crowdlending eignen sich insbesondere für Vorhaben mit einem verhältnismäßig hohen Kapitalbedarf oder solche Projekte, bei denen die Kapitalgeber eine relativ hohe Verzinsung bzw. Rendite erwarten können.

- **Crowdinvesting**

  Im Gegensatz zum Crowdlending erhalten die Investoren bei einer Finanzierung mittels Crowdinvesting ihr eingezahltes Kapital am Ende der Laufzeit (Fortbestehen des Projekts/Unternehmens vorausgesetzt) nicht zurück. Vielmehr bekommen sie bereits während der Laufzeit eine **erfolgsabhängige Vergütung** für ihren Kapitaleinsatz. Folglich handelt es sich beim Crowdinvesting um eine **eigenkapitalbasierte Finanzierung in Form einer Beteiligung**. Als Ausgestaltungsform der Beteiligung kommen verschiedene Alternativen in Betracht, wobei die Beteiligungen in Form einer stillen Gesellschaft oder eines partiarischen Nachrangdarlehens in der Praxis am häufigsten anzutreffen sind. Diese Kategorie des Crowdfundings eignet sich ebenfalls für Vorhaben mit einem verhältnismäßig hohen Kapitalbedarf und/oder für solche Projekte, bei denen die Kapitalgeber eine relativ hohe Verzinsung bzw. Rendite erwarten können. Typische Finanzierungsobjekte des Crowdinvestings sind junge Start-up-Unternehmen oder kapitalintensive Projekte von bereits bestehenden Unternehmen.

Aufgabe 7.3: Ablauf einer Crowdfundingfinanzierung

Erläutern Sie den Ablauf einer Crowdfundingfinanzierung!

Lösung: [25]

Nach Auswahl einer Internetplattform für seine Projektidee reicht der Projektinitiator entsprechende Unterlagen über sein Vorhaben bei der Fundingplattform ein. Diese überprüft die Unterlagen, legt gegebenenfalls die Konditionen fest und arbeitet Vertragsmuster für den Finanzierungsprozess aus. Im Anschluss daran wird das Projekt von der Internetplattform freigeschaltet, so dass die Fundingphase beginnen kann. Wird die Fundingschwelle für das Projekt erreicht, so wird die Fundingsumme (unter Umständen unter Einschaltung eines Kreditinstituts oder eines sonstigen Finanzdienstleisters) an den Projektinitiator ausgezahlt,

---

[25] Vgl. *Hastenteufel, Jessica:* Gründungsfinanzierung im Wandel – Eine Betrachtung unterschiedlicher Finanzierungsmöglichkeiten für Existenzgründer unter besonderer Berücksichtigung von Mikrofinanzierung und Crowdfunding, Baden-Baden 2016, S. 383.

damit dieser sein Projekt realisieren kann. Kommt es hingegen nicht zur Erreichung der Fundingschwelle, erhalten die Kapitalanbieter ihr Geld zurück. In Abhängigkeit von der Art der Crowdfundingfinanzierung erfolgt gegebenenfalls eine Gratifikation für die Anleger.

Einen allgemeinen **Überblick über den Ablauf einer Crowdfundingfinanzierung** gibt die nachfolgende Abbildung.

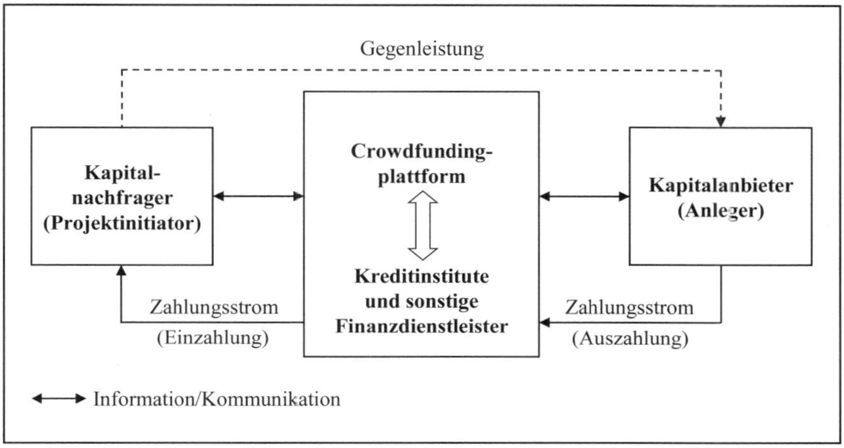

Abbildung 12: Ablauf einer Crowdfundingfinanzierung [26]

Aufgabe 7.4: Vor- und Nachteile einer Crowdfundingfinanzierung

Stellen Sie die Vor- und Nachteile einer Crowdfundingfinanzierung gegenüber! Nehmen Sie dabei sowohl die Perspektive der Projektinitiatoren als auch die der Anleger ein!

Lösung: [27]

- **Vorteile für Projektinitiatoren:**
  - Ermöglichung einer Finanzierung, wenn andere Kapitalarten nicht zur Verfügung stehen oder eine alternative und ergänzende Finanzierungsart gewünscht ist,
  - in der Regel kein Erfordernis zur Stellung von Sicherheiten durch die Kreditnehmer,
  - Möglichkeit einer flexiblen und individuellen Ausgestaltung der Finanzierung,
  - Feedback der Anleger zum geplanten Vorhaben, welche auch Teil des zukünftigen Marktes sind; gleichzeitig Steigerung der Marken- bzw. Produktbekanntheit.

---

[26] Modifiziert entnommen aus *Hastenteufel, Jessica:* Gründungsfinanzierung im Wandel – Eine Betrachtung unterschiedlicher Finanzierungsmöglichkeiten für Existenzgründer unter besonderer Berücksichtigung von Mikrofinanzierung und Crowdfunding, Baden-Baden 2016, S. 397.

[27] Vgl. *Waschbusch, Gerd; Kroll, Jessica:* Gründungsfinanzierung – Welche Möglichkeiten es gibt und worauf Sie achten sollten, Saarbrücken 2015 (E-Book), S. 47–48.

- **Vorteile für Anleger:**
  - attraktive Renditemöglichkeiten je nach Ausprägungsform,
  - relativ schneller und einfacher Prozess der Kapitalhingabe,
  - große Auswahl an möglichen Projekten je nach Präferenz,
  - in der Regel Anonymität einzelner Anleger gegenüber dem Projektinitiator.
- **Nachteile für Projektinitiatoren:**
  - Ablehnung eines Projekts durch die Plattform, bevor es den Anlegern präsentiert wird, so dass keine Chance auf eine Finanzierung besteht (ggf. auch Reputationsrisiko),
  - Veröffentlichung von teils vertraulichen Projektinformationen,
  - Kapitalvolumina im Vergleich zu klassischen Finanzierungsarten sehr gering.
- **Nachteile für Anleger:**
  - vergleichsweise hohes Ausfallrisiko, Frage nach der Haftungsmasse,
  - je nach Ausgestaltungsform nur geringe Kontroll- und Mitspracherechte,
  - hohe Eigenverantwortlichkeit bei der Investitionsentscheidung bedingt eine gewisse Erfahrung und Vorwissen,
  - tatsächliche Mittelverwendung von den Kapitalgebern nicht immer ohne Weiteres überprüfbar.

8 Leasing als Sonderform der Außenfinanzierung

Aufgabe 8.1: Systematisierungskriterien für Leasing-Verträge

Nennen Sie verschiedene Kriterien, nach denen Leasing-Verträge systematisiert werden können!

Lösung:

Systematisierung der Leasing-Verträge nach

1. dem Verpflichtungscharakter des Leasing-Vertrags
   - Operate-/Finance-Leasing
   - Teilamortisations-/Vollamortisations-Leasing
   - Verträge mit und ohne Option des Leasing-Nehmers auf Mietverlängerung oder Erwerb des Leasing-Objekts
2. der Art des Leasing-Gegenstands
   - Konsumgüter-/Investitionsgüter-Leasing
   - Mobilien-/Immobilien-Leasing
   - Equipment-/Plant-Leasing
3. der Stellung des Leasing-Gebers
   - direktes Leasing
   - indirektes Leasing

Abbildung 13: Systematisierungskriterien für Leasing-Verträge [28]

Aufgabe 8.2: Unterschiede zwischen Operate-Leasing- und Finance-Leasing-Verträgen

Erläutern Sie anhand der Kriterien „Vertragscharakter", „Kündbarkeit", „Investitionsrisiko", „Leasing-Gegenstände" sowie „(steuerbilanzielle) Aktivierung des Leasing-Gegenstands" die Unterschiede zwischen einem Operate-Leasing- und einem Finance-Leasing-Vertrag!

---

[28] Geringfügig modifiziert entnommen aus *Bieg, Hartmut:* Leasing als Sonderform der Außenfinanzierung, in: Der Steuerberater 1997, S. 425; *Bieg, Hartmut; Kußmaul, Heinz; Waschbusch, Gerd:* Finanzierung, 4. Aufl., München 2023, S. 306.

Lösung:

	Operate-Leasing	Finance-Leasing
Vertragscharakter	normaler Mietvertrag (§§ 535–580a BGB)	unterschiedlich
Kündbarkeit	jederzeit von beiden Vertragsparteien (evtl. unter Einhaltung einer relativ kurzen Kündigungsfrist)	nicht während der Grundmietzeit (Zeitraum, während dessen der Leasing-Vertrag unkündbar ist)
Investitionsrisiko	beim **Leasing-Geber**, da der Leasing-Nehmer jederzeit (evtl. unter Einhaltung einer relativ kurzen Kündigungsfrist) kündigen kann	beim **Leasing-Nehmer**, da er während der Grundmietzeit grundsätzlich alle Kosten des Leasing-Gebers einschließlich des Gewinnzuschlags deckt
Leasing-Gegenstände	allgemein verwendbare („marktgängige“) Güter (z. B. Pkw), die grundsätzlich erneut vermietet werden können	alle Güter, z. B. auch Spezialmaschinen, eigens erstellte Gebäude
(steuerbilanzielle) Aktivierung des Leasing-Gegenstands	i. d. R. beim **Leasing-Geber**	abhängig von der Vertragsgestaltung und deren wirtschaftlichen Folgen (i. d. R. beim **Leasing-Geber**)

Abbildung 14: Unterschiede zwischen Operate- und Finance-Leasing[29]

Aufgabe 8.3: Risiken des Leasing-Nehmers beim Abschluss eines Operate-Leasing- bzw. Finance-Leasing-Vertrags

Erläutern Sie aus Sicht des Leasing-Nehmers die unterschiedlichen Risiken, die mit dem Abschluss eines Operate-Leasing- bzw. Finance-Leasing-Vertrags verbunden sind!

Lösung:

Das **Risiko des Leasing-Nehmers beim Abschluss eines Operate-Leasing-Vertrags** beschränkt sich auf die **Entrichtung der Mietzahlungen bis zum Zeitpunkt der nächstmöglichen Kündigung**. Alle anderen Risiken, insbesondere das Investitionsrisiko, liegen beim Leasing-Geber.

---

[29] Geringfügig modifiziert entnommen aus *Bieg, Hartmut:* Leasing als Sonderform der Außenfinanzierung, in: Der Steuerberater 1997, S. 427; *Bieg, Hartmut; Kußmaul, Heinz; Waschbusch, Gerd:* Finanzierung, 4. Aufl., München 2023, S. 308.

Bei einem **Finance-Leasing-Vertrag** liegen dagegen **alle Risiken** – insbesondere auch das Investitionsrisiko – **beim Leasing-Nehmer**. Er kann den Vertrag nur lösen, nachdem er während der Grundmietzeit alle Kosten des Leasing-Gegenstands übernommen und einschließlich des Gewinnzuschlags in Form der Leasing-Raten und/oder als Sonderzahlung dem Leasing-Geber vergütet hat. Darüber hinaus trägt der Leasing-Nehmer bei einem Finance-Leasing-Vertrag auch alle anderen Kosten wie beispielsweise für Versicherung, Wartung und Reparaturen.

Aufgabe 8.4: Finanzierung über ein Bankdarlehen oder mittels Finance-Leasing

Die Centurio AG plant, eine neue Maschine mit einer betriebsgewöhnlichen Nutzungsdauer von 5 Jahren für den Produktionsbereich anzuschaffen. Die Anschaffungskosten betragen 100.000 EUR. Die Unternehmensleitung hat noch nicht entschieden, ob die Maschine über ein Bankdarlehen oder mittels Leasing zu finanzieren ist.

Bankdarlehen:

Das Bankdarlehen hat eine Laufzeit von 5 Jahren und ist in 5 Teilzahlungen (je 10.000 EUR in t = 1 bis t = 4 und 60.000 EUR in t = 5) jeweils am Jahresende zu tilgen. Die Zinsen in Höhe von 10 % p. a. auf die jeweilige Restschuld sind ebenfalls jährlich (nachschüssig) zu zahlen.

Leasing:

Der Leasing-Vertrag sieht eine Grundmietzeit von 4 Jahren mit Leasing-Raten in Höhe von 30.000 EUR p. a. vor. Der Vertrag bietet dem Leasing-Nehmer zudem die Möglichkeit zur Mietverlängerung um ein Jahr bei 20.000 EUR Anschlussmiete. Diese Möglichkeit soll von der Centurio AG genutzt werden. Die Leasing-Raten, die alle Kosten des Leasing-Gebers einschließlich des Gewinnzuschlags decken, sind stets im Voraus – zu Beginn eines Jahres – zu entrichten. Hinzu kommt eine einmalige Abschlussgebühr zu Beginn der Vertragslaufzeit in Höhe von 3 % der Anschaffungskosten des geleasten Gegenstands.

Die durch die Investition erreichbaren einzahlungswirksamen Bruttoerträge (nachschüssig) werden für die Investitionsdauer wie folgt geschätzt:

1. Jahr: 50.000 EUR
2. Jahr: 60.000 EUR
3. Jahr: 60.000 EUR
4. Jahr: 60.000 EUR
5. Jahr: 70.000 EUR

Unterstellen Sie einen Kalkulationszinssatz vor Steuern in Höhe von 12 % p. a.!

a) Für welche Alternative (Bankdarlehen oder Leasing) sollte sich die Centurio AG entscheiden, wenn keine Steuern zu zahlen wären?

b) Ist der geleaste Gegenstand steuerrechtlich dem Leasing-Geber oder dem Leasing-Nehmer zuzurechnen?

c) Wie fällt die Entscheidung aus, wenn entsprechend dem Rechtsstand des Jahres 2023 folgende Ertragsteuern berücksichtigt werden:

- Körperschaftsteuer (Steuersatz: 15 %);
- Solidaritätszuschlag (5,5 % der Körperschaftsteuer);
- Gewerbeertragsteuer mit einer Steuermesszahl von 3,5 % und einem gewerbesteuerlichen Hebesatz von 400 %?

Gehen Sie dabei davon aus, dass die Maschine linear abgeschrieben wird!

Lösung:

Teilaufgabe a)

- Es erfolgt aus Sicht des Leasing-Nehmers ein Vergleich der Vorteilhaftigkeit zwischen fremdfinanziertem Kauf einerseits und Leasing andererseits (und zwar zunächst ohne Berücksichtigung von Steuern).
- Im Prinzip handelt es sich bei diesem Vergleich um nichts anderes als um eine Kapitalwertberechnung im Rahmen der Investitionsrechnung unter Zugrundelegung eines Kalkulationszinssatzes in Höhe von i = 12 % p. a. Der gegenüber dem Kreditzins (laut Aufgabenstellung 10 % p. a.) höhere Kalkulationszinssatz lässt sich zum einen damit begründen, dass der Fremdkapitalzins um einen Risikozuschlag erhöht wird. Zum anderen kann sich der Kalkulationszinssatz aber auch – dem Opportunitätsgedanken folgend – an der Rendite einer alternativen Finanzanlage orientieren.
- Bei der Durchführung des Vergleichs sind die z. T. unterschiedlichen Zahlungstermine der beiden Alternativen (Kreditfinanzierung nachschüssig, Leasing vorschüssig) derart zu berücksichtigen, dass die vorschüssigen Zahlungen im Bereich des Leasing als nachschüssige Zahlungen der jeweiligen Vorperiode gelten.
- Obwohl man Investitionszahlungen, die bei beiden Finanzierungsalternativen gleichermaßen anfallen (im vorliegenden Beispiel die einzahlungswirksamen Bruttoerträge), weglassen kann, werden sie im Folgenden aus didaktischen Überlegungen in die Berechnungen mit einbezogen.
- Zur Berechnung der Zahlungsströme für die beiden Alternativen vergleichen Sie bitte die Tabelle auf Seite 102.

Berechnung der Kapitalwerte der beiden Alternativen:

$$C_0\text{ (Bankdarlehen)} = 0\text{ EUR} + \frac{30.000\text{ EUR}}{1{,}12^1} + \frac{41.000\text{ EUR}}{1{,}12^2} + \frac{42.000\text{ EUR}}{1{,}12^3} + \frac{43.000\text{ EUR}}{1{,}12^4} + \frac{4.000\text{ EUR}}{1{,}12^5}$$

$$= 0\text{ EUR} + 26.785{,}71\text{ EUR} + 32.684{,}95\text{ EUR} + 29.894{,}77\text{ EUR} + 27.327{,}28\text{ EUR} + 2.269{,}71\text{ EUR}$$

$$= \mathbf{118.962{,}42\ EUR}$$

$$C_0\,(\text{Leasing}) = -33.000\,\text{EUR} + \frac{20.000\,\text{EUR}}{1{,}12^1} + \frac{30.000\,\text{EUR}}{1{,}12^2} + \frac{30.000\,\text{EUR}}{1{,}12^3} + \frac{40.000\,\text{EUR}}{1{,}12^4} + \frac{70.000\,\text{EUR}}{1{,}12^5}$$

$$= -33.000\,\text{EUR} + 17.857{,}14\,\text{EUR} + 23.915{,}82\,\text{EUR} + 21.353{,}41\,\text{EUR} + 25.420{,}72\,\text{EUR} + 39.719{,}88\,\text{EUR}$$

$$= \mathbf{95.266{,}97\,EUR}$$

Fazit: Es wird diejenige Alternative mit dem höchsten positiven Kapitalwert gewählt. Es erfolgt somit eine Finanzierung der Maschine über das Bankdarlehen.

Berechnung der Zahlungsströme für die beiden Alternativen (alle Angaben in EUR):

Periode t	BANKDARLEHEN					LEASING			
	Einzahlungen = Kreditaufnahme bzw. Bruttoerträge	Auszahlungen			Saldo = Einzahlungsüberschuss	Einzahlungen = Bruttoerträge (nachschüssig)	Auszahlungen (vorschüssig)	Auszahlungen (nachschüssig der Vorperiode)	Saldo = Einzahlungsüberschuss (nachschüssig)
		Kaufbetrag	Tilgung	Zinsen					
	(1)	(2)	(3)	(4)	(5) = (1) – [(2) + (3) + (4)]	(6)	(7)	(8)	(9) = (6) – (8)
0	100.000	100.000	---	---	0	---	---	33.000	– 33.000
1	50.000	---	10.000	10.000	30.000	50.000	30.000 + 3.000[1]	30.000	20.000
2	60.000	---	10.000	9.000	41.000	60.000	30.000	30.000	30.000
3	60.000	---	10.000	8.000	42.000	60.000	30.000	30.000	30.000
4	60.000	---	10.000	7.000	43.000	60.000	30.000	20.000	40.000
5	70.000	---	60.000	6.000	4.000	70.000	20.000	---	70.000

[1] 3 % von 100.000 EUR (= einmalige Abschlussgebühr)

Teilaufgabe b)

Laut Aufgabenstellung handelt es sich um einen auf Vollamortisationsbasis beruhenden Finance-Leasing-Vertrag über ein bewegliches abnutzbares Wirtschaftsgut in Verbindung mit einem Mietverlängerungsoptionsrecht des Leasing-Nehmers.

Die steuerrechtliche Zurechnung des Leasing-Gegenstands folgt dem wirtschaftlichen Eigentum. Der Leasing-Geber ist bzw. bleibt nur dann wirtschaftlicher Eigentümer, wenn die folgenden Kriterien (1) **und** (2) erfüllt sind:

(1) Zurechnung des Leasing-Gegenstands zum Leasing-Geber, falls die Grundmietzeit ≥ 40 % **und** ≤ 90 % der betriebsgewöhnlichen Nutzungsdauer ist (zum Leasing-Nehmer, falls die Grundmietzeit < 40 % oder > 90 % der betriebsgewöhnlichen Nutzungsdauer ist):

- betriebsgewöhnliche Nutzungsdauer der Maschine = 5 Jahre
- Grundmietzeit = 4 Jahre

$$\Rightarrow \quad \frac{\text{Grundmietzeit}}{\text{betriebsgewöhnliche Nutzungsdauer}} = \frac{4\text{ Jahre}}{5\text{ Jahre}} = 0{,}8$$

⇒ Grundmietzeit = 80 % der betriebsgewöhnlichen Nutzungsdauer

⇒ Zurechnung des wirtschaftlichen Eigentums des Leasing-Gegenstands zum Leasing-Geber, da

$$40\,\% \le \frac{\text{Grundmietzeit}}{\text{betriebsgewöhnliche Nutzungsdauer}} \text{ (hier 80 \%)} \le 90\,\%.$$

(2) Zurechnung des Leasing-Gegenstands zum Leasing-Geber, falls die Anschlussmiete größer als der Wertverzehr bzw. gleich dem Wertverzehr des Leasing-Objekts im Jahr der Anschlussmiete ist (zum Leasing-Nehmer, wenn Anschlussmiete < Wertverzehr). Der Wertverzehr wird ermittelt als Quotient aus dem Restbuchwert (RBW) bei linearer Abschreibung bzw. aus dem niedrigeren gemeinen Wert[30] am Ende der Grundmietzeit und der Restnutzungsdauer:

$$\text{Anschlussmiete} \ge \underbrace{\frac{\text{RBW bei linearer Abschreibung (bzw. gemeiner Wert) am Ende der Grundmietzeit}}{\text{Restnutzungsdauer}}}_{\text{Wertverzehr des Leasing-Objekts}}$$

Anschlussmiete = 20.000 EUR/Jahr

---

[30] Gemäß § 9 Abs. 2 Satz 1 BewG handelt es sich beim gemeinen Wert um den Preis, der im gewöhnlichen Geschäftsverkehr nach der Beschaffenheit des Wirtschaftsgutes bei einer Veräußerung zu erzielen wäre.

$$\text{Lineare Abschreibung} = \frac{\text{Anschaffungskosten}}{\text{Nutzungsdauer}} = \frac{100.000 \text{ EUR}}{5 \text{ Jahre}} = 20.000 \text{ EUR/Jahr}$$

$RBW_{t=4}$ bei linearer Abschreibung

$= 100.000 \text{ EUR} - 4 \text{ Jahre} \cdot 20.000 \text{ EUR/Jahr}$

$= 100.000 \text{ EUR} - 80.000 \text{ EUR} = 20.000 \text{ EUR}$

Restnutzungsdauer = 1 Jahr

$$\Rightarrow \text{Wertverzehr des Leasing-Objekts} = \frac{20.000 \text{ EUR}}{1 \text{ Jahr}} = 20.000 \text{ EUR/Jahr}$$

Annahme: Der gemeine Wert am Ende der Grundmietzeit ist größer als der $RBW_{t=4}$.

⇒ Zurechnung des wirtschaftlichen Eigentums des Leasing-Gegenstands zum Leasing-Geber, da die Anschlussmiete genau gleich dem Wertverzehr des letzten Jahres ist (20.000 EUR = 20.000 EUR).

Fazit:

Die Erfüllung beider Kriterien führt zu einer steuerbilanziellen Zurechnung des wirtschaftlichen Eigentums des Leasing-Gegenstands zum Leasing-Geber. Wäre nur eines dieser Kriterien nicht erfüllt gewesen, so würde das wirtschaftliche Eigentum des Leasing-Gegenstands steuerbilanziell dem Leasing-Nehmer zugerechnet werden. Im vorliegenden Fall aktiviert also der Leasing-Geber den Leasing-Gegenstand in seiner Steuerbilanz zu seinen Anschaffungs- bzw. Herstellungskosten und schreibt ihn nach einem zulässigen Verfahren planmäßig über die betriebsgewöhnliche Nutzungsdauer ab; die Abschreibungsbeträge stellen beim Leasing-Geber in voller Höhe Betriebsausgaben dar. Die eingehenden Leasing-Raten sind für ihn Betriebseinnahmen, für den zahlenden Leasing-Nehmer sind sie in vollem Umfang Betriebsausgaben.

Teilaufgabe c)

Vorbemerkungen:

Zur Komplexitätsreduktion werden nicht alle Steuerwirkungen berücksichtigt. Es soll genügen, nur die Ertragsteuern – Körperschaftsteuer (zzgl. Solidaritätszuschlag) und Gewerbeertragsteuer – genauer zu untersuchen. Probleme der Umsatzsteuer sind nicht zu betrachten. Annahmegemäß seien Fremdkapitalzinsen vollständig als Betriebsausgaben abzugsfähig.[31] Als Zahlungszeitpunkt der Steuern gilt das jeweilige Jahresende ihres Anfalls.

---

31 Damit kommen – wegen der Unterstellung der jeweils greifenden Freigrenzen bzw. Freibeträge – weder die Zinsschranke noch die Hinzurechnung nach § 8 Nr. 1 GewStG zum Tragen.

Änderungen gegenüber Teilaufgabe a):

1. Die Zahlungen sind um die Steuerzahlungen zu korrigieren.

$$EZÜ_{nach\ Steuern} = \text{Bruttoeinzahlungen} - \text{Auszahlungen}$$

Die Auszahlungen betreffen beim Kredit den Kaufbetrag und den Kapitaldienst und beim Leasing die Leasing-Raten und die Abschlussgebühr. Sie umfassen ferner die relevanten Steuern (Gewerbesteuer sowie Körperschaftsteuer zzgl. Solidaritätszuschlag).

2. Der Kalkulationszinssatz muss korrigiert werden.

vor Steuern: $i = 0{,}12$
nach Steuern: $i_s = ?$

zu 1.: Berücksichtigung der Steuerzahlungen in den Zahlungsreihen

Die Bemessungsgrundlage für die Ertragsteuern ergibt sich aus dem Bruttoertrag abzüglich der steuerlich wirksamen Betriebsausgaben (Abschreibungen und Fremdkapitalzinsen bei fremdfinanziertem Kauf, Leasingrate und Abschlussgebühr bei der Inanspruchnahme von Leasing).

Berechnung der Steuersätze:

Gewerbeertragsteuersatz

$$= \text{Steuermesszahl} \cdot \text{Hebesatz} = m \cdot h$$
$$= 3{,}5\ \% \cdot 400\ \%$$
$$= 0{,}035 \cdot 4$$
$$= 0{,}14 = 14\ \%$$

$$SolZ = KSt \cdot 5{,}5\ \%$$

KSt + SolZ

$$= KSt + KSt \cdot 5{,}5\ \%$$
$$= KSt \cdot (1 + 5{,}5\ \%)$$
$$= 0{,}15 \cdot 1{,}055$$
$$= 0{,}15825 = 15{,}825\ \%$$

Dabei gilt:

m: Steuermesszahl für den Gewerbeertrag (hier: m = 3,5 % gemäß § 11 Abs. 2 GewStG);

h: gewerbesteuerlicher Hebesatz (hier: h = 400 %);

KSt: Körperschaftsteuersatz (hier: KSt = 15 %);

SolZ: Solidaritätszuschlagssatz (hier: SolZ = 5,5 % der Körperschaftsteuer).

Bankdarlehen

- **Berechnung der Gewerbeertragsteuerzahlungen**

t = 1:

	Bruttoertrag		50.000 EUR	Gewinn **vor** Ertragsteuern
–	Abschreibungen [1]	–	20.000 EUR	
–	FK-Zinsen	–	10.000 EUR	
			20.000 EUR (Gewerbeertrag)	· 14 % = **2.800 EUR**

[1] **Abschreibung (linear):**

- 100.000 EUR ÷ 5 Jahre = 20.000 EUR/Jahr
- Bei einer Finanzierung der Maschine mit einem Bankdarlehen erwirbt die Centurio AG die Maschine und muss sie aktivieren und damit abschreiben. Die Tilgung des Bankdarlehens stellt keine steuerlich wirksame Betriebsausgabe dar.
- Bei einem Leasing der Maschine erfolgt gemäß Teilaufgabe b) die Zurechnung des Leasing-Gegenstands zum Leasing-Geber; die Centurio AG als Leasing-Nehmer kann damit keine Abschreibungen verrechnen.

t = 2:

	Bruttoertrag		60.000 EUR	
–	Abschreibungen	–	20.000 EUR	
–	FK-Zinsen	–	9.000 EUR	
		=	31.000 EUR	· 14 % = **4.340 EUR**

t = 3:

	Bruttoertrag		60.000 EUR	
–	Abschreibungen	–	20.000 EUR	
–	FK-Zinsen	–	8.000 EUR	
		=	32.000 EUR	· 14 % = **4.480 EUR**

t = 4:

	Bruttoertrag		60.000 EUR
−	Abschreibungen	−	20.000 EUR
−	FK-Zinsen	−	7.000 EUR
		=	33.000 EUR · 14 % = **4.620 EUR**

t = 5:

	Bruttoertrag		70.000 EUR
−	Abschreibungen	−	20.000 EUR
−	FK-Zinsen	−	6.000 EUR
		=	44.000 EUR · 14 % = **6.160 EUR**

- **Berechnung der Körperschaftsteuerzahlungen, einschließlich SolZ**

t = 1:

	Bruttoertrag		50.000 EUR
−	Abschreibungen	−	20.000 EUR
−	FK-Zinsen	−	10.000 EUR
		=	20.000 EUR · 15,825 % = **3.165,00 EUR**

t = 2:

	Bruttoertrag		60.000 EUR
−	Abschreibungen	−	20.000 EUR
−	FK-Zinsen	−	9.000 EUR
		=	31.000 EUR · 15,825 % = **4.905,75 EUR**

t = 3:

	Bruttoertrag		60.000 EUR
−	Abschreibungen	−	20.000 EUR
−	FK-Zinsen	−	8.000 EUR
		=	32.000 EUR · 15,825 % = **5.064,00 EUR**

t = 4:

	Bruttoertrag		60.000 EUR
–	Abschreibungen	–	20.000 EUR
–	FK-Zinsen	–	7.000 EUR
		=	33.000 EUR · 15,825 % = **5.222,25 EUR**

t = 5:

	Bruttoertrag		70.000 EUR
–	Abschreibungen	–	20.000 EUR
–	FK-Zinsen	–	6.000 EUR
		=	44.000 EUR · 15,825 % = **6.963,00 EUR**

Berechnung der Zahlungsströme (alle Angaben in EUR):

Periode	BANKDARLEHEN			
t (1)	Einzahlungsüberschüsse **vor** Steuern (2)	Auszahlungen für GewESt (3)	Auszahlungen für KSt einschl. SolZ (4)	Einzahlungsüberschüsse **nach** Steuern (5) = (2) – (3) – (4)
0	0	0	0	0
1	30.000	2.800	3.165,00	24.035,00
2	41.000	4.340	4.905,75	31.754,25
3	42.000	4.480	5.064,00	32.456,00
4	43.000	4.620	5.222,25	33.157,75
5	4.000	6.160	6.963,00	– 9.123,00

Ergebnisse aus Teilaufgabe a)

Leasing

- **Berechnung der Gewerbeertragsteuerzahlungen**

  Annahme:

  Es liegt ein ausreichend hoher Gewinn vor Steuern aus **anderen** Investitionen vor, d. h., es werden unabhängig von der betrachteten Investition Ertragsteuern gezahlt.

  Es erfolgt keine Abschreibung des Leasing-Gegenstands beim Leasing-Nehmer, da der Leasing-Gegenstand steuerbilanziell dem Leasing-Geber zugerechnet wird.

t = 0:

Bruttoertrag		0 EUR
− (Leasingrate + Abschlussgebühr)	−	33.000 EUR
	=	− 33.000 EUR · 14 % = **− 4.620 EUR** (GewESt-Ersparnis)

− 33.000 EUR: im vorliegenden Fall Minderung der gewerbesteuerlichen Bemessungsgrundlage (also des Gewerbeertrags)

14 %: Gewerbeertragsteuersatz

t = 1:

Bruttoertrag		50.000 EUR
− Leasingrate	−	30.000 EUR
	=	20.000 EUR · 14 % = **2.800 EUR**

t = 2 bis t = 3:

Bruttoertrag		60.000 EUR
− Leasingrate	−	30.000 EUR
	=	30.000 EUR · 14 % = **4.200 EUR**

t = 4:

Bruttoertrag		60.000 EUR
− Leasingrate	−	20.000 EUR
	=	40.000 EUR · 14 % = **5.600 EUR**

t = 5:

Bruttoertrag		70.000 EUR
− keine Auszahlungen	−	---
	=	70.000 EUR · 14 % = **9.800 EUR**

- **Berechnung der Körperschaftsteuerzahlungen, einschließlich SolZ**

t = 0:

	Bruttoertrag		0 EUR
–	(Leasingrate + Abschlussgebühr)	–	33.000 EUR
		=	– 33.000 EUR · 15,825 % = **– 5.222,25 EUR** (KSt- und SolZ-Ersparnis)

(zu – 33.000 EUR: im vorliegenden Fall Minderung der körperschaftsteuerlichen Bemessungsgrundlage)

t = 1:

	Bruttoertrag		50.000 EUR
–	Leasingrate	–	30.000 EUR
		=	20.000 EUR · 15,825 % = **3.165,00 EUR**

t = 2 bis t = 3:

	Bruttoertrag		60.000 EUR
–	Leasingrate	–	30.000 EUR
		=	30.000 EUR · 15,825 % = **4.747,50 EUR**

t = 4:

	Bruttoertrag		60.000 EUR
–	Leasingrate	–	20.000 EUR
		=	40.000 EUR · 15,825 % = **6.330,00 EUR**

t = 5:

	Bruttoertrag		70.000 EUR
–	Leasingrate	–	---
		=	70.000 EUR · 15,825 % = **11.077,50 EUR**

Berechnung der Zahlungsströme (alle Angaben in EUR):

Periode	LEASING			
t	Einzahlungsüberschüsse **vor** Steuern	GewESt-Ersparnis bzw. Auszahlungen für GewESt	KSt- und SolZ-Ersparnis bzw. Auszahlungen für KSt einschl. SolZ	Einzahlungsüberschüsse **nach** Steuern
(1)	(2)	(3)	(4)	(5) = (2) − (3) − (4)
0	− 33.000	− 4.620	− 5.222,25	− 23.157,75
1	20.000	2.800	3.165,00	14.035,00
2	30.000	4.200	4.747,50	21.052,50
3	30.000	4.200	4.747,50	21.052,50
4	40.000	5.600	6.330,00	28.070,00
5	70.000	9.800	11.077,50	49.122,50

Ergebnisse aus Teilaufgabe a)

zu 2.: Korrektur des Kalkulationszinssatzes [32]

$i_s = i - i \cdot s_{er} = i \cdot (1 - s_{er})$

Dabei gilt:

i_s : Kalkulationszinssatz nach Steuern;

i : Kalkulationszinssatz vor Steuern;

s_{er} : Ertragsteuersatz.

Ertragsteuerzahlung pro 100 EUR:

14,000 EUR GewESt	⇒	14,000 %
15,825 EUR KSt, einschl. SolZ	⇒	15,825 %
29,825 EUR		s_{er} = **29,825 %**

$$\Rightarrow s_{er} = \frac{29{,}825 \text{ EUR}}{100 \text{ EUR}} = \mathbf{29{,}825\ \%}$$

$$i_s = 0{,}12 \cdot (1 - 0{,}29825)$$

$$i_s = 0{,}08421 = \mathbf{8{,}42\ \%\ p.\ a.}$$

[32] Die Höhe des Kalkulationszinssatzes orientiert sich an einer alternativen Kapitalanlagemöglichkeit oder Kapitalbeschaffungsmöglichkeit, deren Erträge/Aufwendungen ebenfalls der Besteuerung unterliegen bzw. den steuerpflichtigen Gewinn mindern.

Berechnung der Kapitalwerte der beiden Finanzierungsalternativen auf Basis des korrigierten Kalkulationszinssatzes:

$$C_0 \text{ (Bankdarlehen)} = 0 + \frac{24.035{,}00 \text{ EUR}}{1{,}0842^1} + \frac{31.754{,}25 \text{ EUR}}{1{,}0842^2} + \frac{32.456{,}00 \text{ EUR}}{1{,}0842^3} + \frac{33.157{,}75 \text{ EUR}}{1{,}0842^4} + \frac{-9.123{,}00 \text{ EUR}}{1{,}0842^5}$$

$$= 22.168{,}42 \text{ EUR} + 27.013{,}64 \text{ EUR} + 25.466{,}35 \text{ EUR} + 23.996{,}47 \text{ EUR} - 6.089{,}63 \text{ EUR}$$

$$= \mathbf{92.555{,}25\ EUR}$$

$$C_0 \text{ (Leasing)} = -23.157{,}75 \text{ EUR} + \frac{14.035{,}00 \text{ EUR}}{1{,}0842^1} + \frac{21.052{,}50 \text{ EUR}}{1{,}0842^2} + \frac{21.052{,}50 \text{ EUR}}{1{,}0842^3} + \frac{28.070{,}00 \text{ EUR}}{1{,}0842^4} + \frac{49.122{,}50 \text{ EUR}}{1{,}0842^5}$$

$$= -23.157{,}75 \text{ EUR} + 12.945{,}03 \text{ EUR} + 17.909{,}56 \text{ EUR} + 16.518{,}68 \text{ EUR} + 20.314{,}44 \text{ EUR} + 32.789{,}40 \text{ EUR}$$

$$= \mathbf{77.319{,}36\ EUR}$$

Fazit:

Es wird diejenige Alternative mit dem höchsten positiven Kapitalwert gewählt. Bei Berücksichtigung von Ertragsteuern erfolgt daher ebenfalls eine Finanzierung der Maschine über das Bankdarlehen. Im Vergleich zu Teilaufgabe a) ist allerdings der Vorsprung dieser Finanzierungsmaßnahme gegenüber der Finanzierung durch Leasing gesunken.

Aufgabe 8.5: Bilanzielle Abbildung eines Finance-Leasing-Vertrags [33]

Einem zwischen einer Leasing-Gesellschaft und einem Leasing-Nehmer zu Beginn des Wirtschaftsjahres abgeschlossenen Finance-Leasing-Vertrag (Vollamortisation) über ein bewegliches abnutzbares Wirtschaftsgut liegen folgende Daten zugrunde:

- Anschaffungspreis des Leasing-Objekts: 990.000 EUR
- Anschaffungsnebenkosten des Leasing-Gebers: 8.500 EUR
- zusätzliche Anschaffungsnebenkosten des Leasing-Nehmers: 21.500 EUR
- betriebsgewöhnliche Nutzungsdauer des Leasing-Objekts: n = 30 Jahre
- Grundmietzeit: t = 25 Jahre
- jährliche Leasing-Rate (nachschüssig zu zahlen): 110.000 EUR

[33] Geringfügig modifiziert entnommen aus *Waschbusch, Gerd:* Finanzierungs-Leasing-Verträge mit Vollamortisation über bewegliche Wirtschaftsgüter – Steuerrechtliche Zurechnungskriterien und Bilanzierungstechnik, in: AKADEMIE – Zeitschrift für Führungskräfte in Verwaltung und Wirtschaft 1996, S. 85–87.

Die Leasing-Rate enthält einen Zins- und Kostenanteil (inkl. Gewinnzuschlag) in Höhe von 10 % der jeweiligen Restschuld des Leasing-Nehmers während des ablaufenden Jahres.

Der Leasing-Nehmer hat gemäß Vertragsinhalt das Recht, nicht aber die Pflicht, das Leasing-Objekt am Ende der Grundmietzeit zum Preis von 100.000 EUR zu erwerben.

a) Wem ist das Leasing-Objekt (steuerrechtlich) zuzurechnen? Begründen Sie kurz Ihre Ansicht!

b) Mit welchen Wertansätzen steht das Leasing-Geschäft am Ende des vierten Jahres – unter der Annahme einer linearen Abschreibung des Leasing-Gegenstands – in der Bilanz des Leasing-Gebers und des Leasing-Nehmers? Wie hoch sind die Betriebsausgaben des Leasing-Nehmers sowie die Betriebseinnahmen des Leasing-Gebers aus dem Leasing-Geschäft am Ende des vierten Jahres?

Lösung:

Teilaufgabe a)

Laut Aufgabenstellung handelt es sich um einen auf Vollamortisationsbasis beruhenden Finance-Leasing-Vertrag über ein bewegliches abnutzbares Wirtschaftsgut in Verbindung mit einem Kaufoptionsrecht des Leasing-Nehmers.

Die steuerrechtliche Zurechnung des Leasing-Gegenstands folgt dem wirtschaftlichen Eigentum. Der Leasing-Geber ist bzw. bleibt nur dann wirtschaftlicher Eigentümer, wenn die folgenden Kriterien (1) **und** (2) erfüllt sind:

(1) Zurechnung des Leasing-Gegenstands zum Leasing-Geber, falls die Grundmietzeit $\geq$ 40 % **und** $\leq$ 90 % der betriebsgewöhnlichen Nutzungsdauer ist (zum Leasing-Nehmer, falls die Grundmietzeit < 40 % oder > 90 % der betriebsgewöhnlichen Nutzungsdauer ist):

- betriebsgewöhnliche Nutzungsdauer des Leasing-Objekts = 30 Jahre
- Grundmietzeit = 25 Jahre

$$\Rightarrow \frac{\text{Grundmietzeit}}{\text{betriebsgewöhnliche Nutzungsdauer}}$$

$$= \frac{25 \text{ Jahre}}{30 \text{ Jahre}}$$

$$= 0{,}8333\overline{3}$$

$\Rightarrow$ Grundmietzeit = $83{,}3\overline{3}$ % der betriebsgewöhnlichen Nutzungsdauer

$\Rightarrow$ Zurechnung des wirtschaftlichen Eigentums des Leasing-Gegenstands zum Leasing-Geber, da 40 % $\leq$ Grundmietzeit (hier $83{,}3\overline{3}$ %) $\leq$ 90 %

(2) Zurechnung des Leasing-Gegenstands zum Leasing-Geber, falls der vereinbarte Kaufpreis bei Ausübung der Option, also gegen Ende der Grundmietzeit (t = 25), größer oder gleich ist

- dem Restbuchwert im Verkaufszeitpunkt, also gegen Ende der Grundmietzeit (berechnet nach der linearen Abschreibungsmethode gemäß den amtlichen AfA-Tabellen),

bzw.

- dem gemeinen Wert im Verkaufszeitpunkt, sofern dieser niedriger ist als der Restbuchwert.

Kaufpreis gegen Ende der Grundmietzeit = 100.000 EUR

$$RBW_t \text{ bei linearer Abschreibung} = AK_{LG} - \frac{AK_{LG}}{n} \cdot t$$

Nebenrechnung:

$$\begin{aligned} \text{Gesamte } AK_{LG} &= AK_{LG} + ANK_{LG} \\ &= 990.000 \text{ EUR} + 8.500 \text{ EUR} \\ &= 998.500 \text{ EUR} \end{aligned}$$

$$\begin{aligned} RBW_{t=25} &= 998.500 \text{ EUR} - \frac{998.500 \text{ EUR}}{30 \text{ Jahre}} \cdot 25 \text{ Jahre} \\ &= 998.500 \text{ EUR} - 832.083{,}33 \text{ EUR} \\ &= \mathbf{166.416{,}67 \text{ TEUR}} \end{aligned}$$

Annahme: Der gemeine Wert ist größer als der $RBW_{t=25}$.

⇒ Es erfolgt eine Zurechnung des wirtschaftlichen Eigentums des Leasing-Gegenstands zum Leasing-Nehmer, da der vereinbarte Kaufpreis gegen Ende der Grundmietzeit kleiner ist als der Restbuchwert gegen Ende der Grundmietzeit (100.000 EUR < 166.416,67 EUR).

Dabei gilt:

AK: Anschaffungskosten;

ANK: Anschaffungsnebenkosten;

LG: Leasinggeber;

LN: Leasingnehmer.

Fazit:

Da nicht beide Kriterien zu einer Zurechnung des wirtschaftlichen Eigentums des Leasing-Gegenstands zum Vermögen des Leasing-Gebers führen, erfolgt letztendlich steuerrechtlich eine Zurechnung des Leasing-Gegenstands zum Vermögen des Leasing-Nehmers. Er aktiviert den Leasing-Gegenstand zu **seinen** Anschaffungskosten und schreibt ihn auch erfolgswirksam ab. Gleichzeitig passiviert er eine Verbindlichkeit gegenüber dem Leasing-Geber in Höhe der Anschaffungskosten, die der Berechnung der Leasing-Raten zugrunde liegen, praktisch also in Höhe der Anschaffungskosten des Leasing-Gebers. Aktivierte und passivierte Anschaffungskosten können somit im Betrag voneinander abweichen, wenn bestimmte Anschaffungsnebenkosten **nur** beim Leasing-Nehmer angefallen sind (z. B. für Transport und Montage).

Der Leasing-Geber aktiviert nicht den Leasing-Gegenstand, sondern eine Forderung an den Leasing-Nehmer in Höhe **seiner** Anschaffungskosten, also exakt im Betrag der vom Leasing-Nehmer passivierten Verbindlichkeit.

Jede Leasing-Rate muss nun in zwei Anteile aufgespalten werden:

1. in einen Zins- und Kostenanteil (inkl. Gewinnzuschlag) sowie
2. in einen Tilgungsanteil.

Der Tilgungsanteil wird beim Leasing-Nehmer erfolgsneutral ratierlich mit der Verbindlichkeit verrechnet und mindert – ebenfalls erfolgsneutral – beim Leasing-Geber die äquivalente Forderung. Der Zins- und Kostenanteil (inkl. Gewinnzuschlag) ist dagegen beiderseits erfolgswirksam zu verrechnen: als Betriebseinnahmen beim Leasing-Geber und als Betriebsausgaben beim Leasing-Nehmer. Bei Letzterem mindert sich der Periodenerfolg noch zusätzlich durch die Abschreibung des Leasing-Objekts.

Teilaufgabe b)

Betrachtung des Leasing-Nehmers:

Anschaffungskosten des Leasing-Gegenstands beim Leasing-Nehmer (AK_{LN})

= Anschaffungspreis + ANK_{LG} + ANK_{LN}

= 990.000 EUR + 8.500 EUR + 21.500 EUR

= **1.020.000 EUR**

Abschreibungsbetrag pro Jahr bei linearer Abschreibung

$$= \frac{AK_{LN}}{n}$$

$$= \frac{1.020.000 \text{ EUR}}{30 \text{ Jahre}}$$

= **34.000 EUR/Jahr**

Höhe der Verbindlichkeit (Anfangsschuld) des Leasing-Nehmers gegenüber dem Leasing-Geber

= Anschaffungskosten des Leasing-Gegenstands beim Leasing-Geber (AK_{LG})

= Anschaffungspreis + ANK_{LG}

= 990.000 EUR + 8.500 EUR

= **998.500 EUR**

Tilgungsanteil_t an der Leasing-Rate

$$= \text{Leasing-Rate}_t - \overbrace{(0{,}1 \cdot \text{Anfangsschuld bzw. Restschuld}_{t-1})}^{\text{Zins- und Kostenanteil}}$$

Für t = 1: $\text{Tilgungsanteil}_1 = 110.000\ \text{EUR} - \overbrace{(0{,}1 \cdot 998.500\ \text{EUR})}^{\text{Zins - und Kostenanteil}}$

= 110.000 EUR – 99.850 EUR

= **10.150,00 EUR**[34]

Für t = 2: Tilgungsanteil_2 = 110.000 EUR – (0,1 · 988.350 EUR)

= 110.000 EUR – 98.835 EUR

= **11.165,00 EUR**

Für t = 3: Tilgungsanteil_3 = 110.000 EUR – (0,1 · 977.185 EUR)

= 110.000 EUR – 97.718,50 EUR

= **12.281,50 EUR**

Für t = 4: Tilgungsanteil_4 = 110.000 EUR – (0,1 · 964.903,50 EUR)

= 110.000 EUR – 96.490,35 EUR

= **13.509,65 EUR**

$\text{Zins- und Kostenanteil}_t$ (inkl. Gewinnzuschlag) an der Leasing-Rate
= $\text{Leasing-Rate}_t - \text{Tilgungsanteil}_t$

Für t = 1: $\text{Zins- und Kostenanteil}_1$ (inkl. Gewinnzuschlag)

= 110.000 EUR – 10.150,00 EUR = **99.850,00 EUR**

Für t = 2: $\text{Zins- und Kostenanteil}_2$ (inkl. Gewinnzuschlag)

= 110.000 EUR – 11.165,00 EUR = **98.835,00 EUR**

Für t = 3: $\text{Zins- und Kostenanteil}_3$ (inkl. Gewinnzuschlag)

= 110.000 EUR – 12.281,50 EUR = **97.718,50 EUR**

Für t = 4: $\text{Zins- und Kostenanteil}_4$ (inkl. Gewinnzuschlag)

= 110.000 EUR – 13.509,65 EUR = **96.490,35 EUR**

---

[34] Die Restschuld am Ende der Periode 1 beträgt 998.500 EUR – 10.150 EUR = 988.350 EUR.

Leasing-Nehmer (alle Angaben in EUR)

t	Leasing-Gegenstand			Leasing-Rate			Verbindlichkeit			Betriebs-ausgaben
	AK_{LN}	Abschrei-bung	RBW	Tilgungs-anteil	Zins- und Kosten-anteil	Summe (7) = (5) + (6)	Anfangs-schuld = AK_{LG}	Tilgung	Rest-schuld	Summe (11) = (3) + (6)
(1)	(2)	(3)	(4)	(5)	(6)	(7)	(8)	(9) = (5)	(10)	(11)
0	1.020.000	---	---	---	---	---	998.500	---	---	---
1	---	34.000	986.000	10.150,00	99.850,00	110.000	---	10.150,00	988.350,00	133.850,00
2	---	34.000	952.000	11.165,00	98.835,00	110.000	---	11.165,00	977.185,00	132.835,00
3	---	34.000	918.000	12.281,50	97.718,50	110.000	---	12.281,50	964.903,50	131.718,50
4	---	**34.000**	**884.000**	13.509,65	**96.490,35**	110.000	---	13.509,65	**951.393,85**	**130.490,35**
.	.	.	.	.	.	.	.	.	.	.
.	.	.	.	.	.	.	.	.	.	.
.	.	.	.	.	.	.	.	.	.	.

RBW_4 = 1.020.000 − 4 · Abschreibung/Jahr
= 1.020.000 − 4 · 34.000
= **884.000**

(RBW des Leasing-Gegenstands Ende t = 4)

Betriebsausgaben des Leasing-Nehmers in t = 4
(34.000 + 96.490,35 = 130.490,35)

998.500,00
− 10.150,00
− 11.165,00
− 12.281,50
− 13.509,65
(Tilgungen)
951.393,85

(RBW der Verbindlichkeit des Leasing-Nehmers Ende t = 4)

Betrachtung des Leasing-Gebers:

Höhe der Anfangsforderung des Leasing-Gebers gegenüber dem Leasing-Nehmer = AK_{LG} = 990.000 EUR + 8.500 EUR = **998.500 EUR**

Leasing-Geber (alle Angaben in EUR)

t	Forderung			Betriebseinnahmen	Leasing-Rate
	Anfangs-forderung = AK_{LG}	Tilgung	Restforderung	= der jeweilige Zins- und Kostenanteil an der Leasing-Rate	(6) = (3) + (5)
(1)	(2)	(3)	(4)	(5)	(6)
0	998.500	---	998.500,00	---	---
1	---	10.150,00	988.350,00	99.850,00	110.000
2	---	11.165,00	977.185,00	98.835,00	110.000
3	---	12.281,50	964.903,50	97.718,50	110.000
4	---	13.509,65	**951.393,85**	**96.490,35**	110.000
.	.	.	.	.	.
.	.	.	.	.	.
.	.	.	.	.	.

RBW der Forderung des Leasing-Gebers Ende t = 4

Betriebseinnahmen des Leasing-Gebers in t = 4

Aufgabe 8.6: Finanzierung über ein Bankdarlehen oder mittels Finance-Leasing

Die Hütten AG entscheidet sich Anfang des Jahres t_1 für die Anschaffung einer Maschine mit einer betriebsgewöhnlichen Nutzungsdauer von 8 Jahren. Die Anschaffungskosten betragen 200.000 EUR. Unklarheit besteht nur noch darüber, ob die Maschine über ein Bankdarlehen oder mittels Leasing zu finanzieren ist.

Das Bankdarlehen hat eine Laufzeit von 8 Jahren und ist in 8 gleichen Teilzahlungen jeweils am Jahresende zu tilgen. Die Zinsen in Höhe von 8 % p. a. auf die jeweilige Restschuld sind ebenfalls jährlich (nachschüssig) zu zahlen.

Die Laufzeit des Leasing-Vertrags – es handelt sich um einen Finance-Leasing-Vertrag auf Vollamortisationsbasis – beträgt 8 Jahre. Davon entfallen 6 Jahre auf die Grundmietzeit. Während dieser Grundmietzeit sind Leasing-Raten in Höhe von 25,4 % p. a. bezogen auf die Anschaffungskosten des geleasten Gegenstands nachschüssig zu zahlen. Nach der Grundmietzeit besteht die Möglichkeit zur Mietverlängerung. In diesem Fall betragen die nachschüssig zu zahlenden Leasing-Raten nur noch 13 % p. a. bezogen auf die Anschaffungskosten des geleasten Gegenstands. Hinzu kommt eine einmalige Abschlussgebühr für den Leasing-Vertrag in Höhe von 4.000 EUR (zahlbar am Ende des ersten Jahres nach Abschluss des Leasing-Vertrags).

Die durch die Investition erreichbaren einzahlungswirksamen Bruttoerträge (nachschüssig) werden für die Investitionsdauer wie folgt geschätzt:

1. Jahr: 100.000 EUR,	5. Jahr: 140.000 EUR,
2. Jahr: 120.000 EUR,	6. Jahr: 150.000 EUR,
3. Jahr: 120.000 EUR,	7. Jahr: 170.000 EUR,
4. Jahr: 120.000 EUR,	8. Jahr: 160.000 EUR.

a) Wem ist der Leasing-Gegenstand steuerrechtlich zuzurechnen? Begründen Sie kurz Ihre Ansicht!

b) Für welche Alternative (Bankdarlehen oder Leasing) sollte sich auf der Grundlage des Rechtsstandes des Jahres 2023 die Hütten AG unter Berücksichtigung der nachschüssig anfallenden Steuerzahlungen entscheiden? Der Gewerbesteuerhebesatz der Gemeinde, in welcher der Firmensitz der Hütten AG liegt, beträgt 400 %. Die Maschine wird linear abgeschrieben. Legen Sie Ihren Berechnungen einen Kalkulationszinssatz nach Steuern in Höhe von 6 % p. a. zugrunde! Runden Sie die Beträge jeweils auf volle EUR auf oder ab! Vom Solidaritätszuschlag wird in dieser Aufgabe abgesehen.

Lösung:

Teilaufgabe a)

Laut Aufgabenstellung handelt es sich um einen auf Vollamortisationsbasis beruhenden Finance-Leasing-Vertrag über ein bewegliches abnutzbares Wirtschaftsgut mit Mietverlängerungsoptionsrecht des Leasing-Nehmers.

Die steuerrechtliche Zurechnung des Leasing-Gegenstands folgt dem wirtschaftlichen Eigentum. Der Leasing-Geber ist bzw. bleibt nur dann wirtschaftlicher Eigentümer, wenn die folgenden Kriterien (1) **und** (2) erfüllt sind:

(1) Zurechnung des Leasing-Gegenstands zum Leasing-Geber, falls die Grundmietzeit ≥ 40 % **und** ≤ 90 % der betriebsgewöhnlichen Nutzungsdauer ist (zum Leasing-Nehmer, falls die Grundmietzeit < 40 % oder > 90 % der betriebsgewöhnlichen Nutzungsdauer ist):

– betriebsgewöhnliche Nutzungsdauer des Leasing-Objekts = 8 Jahre

– Grundmietzeit = 6 Jahre

$$\Rightarrow \frac{\text{Grundmietzeit}}{\text{betriebsgewöhnliche Nutzungsdauer}} = \frac{6 \text{ Jahre}}{8 \text{ Jahre}} = 0{,}75$$

⇒ Grundmietzeit = 75 % der betriebsgewöhnlichen Nutzungsdauer

⇒ Zurechnung des wirtschaftlichen Eigentums des Leasing-Gegenstands zum Leasing-Geber, da

$$40\,\% \leq \frac{\text{Grundmietzeit}}{\text{betriebsgewöhnliche Nutzungsdauer}} \text{ (hier 75 \%)} \leq 90\,\%$$

(2) Zurechnung des Leasing-Gegenstands zum Leasing-Geber, falls die Anschlussmiete größer als der Wertverzehr bzw. gleich dem Wertverzehr des Leasing-Objekts im Jahr der Anschlussmiete ist (zum Leasing-Nehmer, wenn Anschlussmiete < Wertverzehr).

Der Wertverzehr wird ermittelt als Quotient aus dem Restbuchwert (RBW) bei linearer Abschreibung bzw. aus dem niedrigeren gemeinen Wert am Ende der Grundmietzeit und der Restnutzungsdauer:

$$\text{Anschlussmiete} \geq \underbrace{\frac{\text{RBW bei linearer Abschreibung (bzw. gemeiner Wert) am Ende der Grundmietzeit}}{\text{Restnutzungsdauer}}}_{\text{Wertverzehr des Leasing-Objekts}}$$

$$\text{Anschlussmiete} = 200.000 \text{ EUR} \cdot 13\,\% \text{ p.a.} = 26.000 \text{ EUR/Jahr}$$

$$RBW_t \text{ bei linearer Abschreibung} = AK_{LG} - \frac{AK_{LG}}{n} \cdot t$$

$$RBW_{t=6} = 200.000 \text{ EUR} - \frac{200.000 \text{ EUR}}{8 \text{ Jahre}} \cdot 6 \text{ Jahre}$$

$$= 200.000 \text{ EUR} - 150.000 \text{ EUR} = \mathbf{50.000 \text{ EUR}}$$

Annahme: Der gemeine Wert ist größer als der $RBW_{t=6}$.

Restnutzungsdauer = 2 Jahre

$\Rightarrow$ Wertverzehr des Leasing-Objekts $= \frac{50.000 \text{ EUR}}{2 \text{ Jahre}} = 25.000$ EUR/Jahr

$\Rightarrow$ Zurechnung des wirtschaftlichen Eigentums des Leasing-Gegenstands zum Leasing-Geber, da Anschlussmiete (26.000 EUR/Jahr) > Wertverzehr (25.000 EUR/Jahr)

Dabei gilt:

AK: Anschaffungskosten;

RBW: Restbuchwert;

LG: Leasinggeber;

n: Nutzungsdauer;

t: Zeitindex ($t = 1, 2, \ldots, n$).

Fazit: Beide Kriterien führen zu einer steuerrechtlichen Zurechnung des wirtschaftlichen Eigentums des Leasing-Gegenstands zum Leasing-Geber.

Teilaufgabe b)

alle Angaben in EUR (gerundet)

Fremdfinanzierter Kauf (Bankdarlehen)										
Jahres-ende	Brutto-erträge	AfA	FK-Tilgung	FK-Zinsen	Zwischen-summe (stpfl. Ein-kommen)	GewESt	KSt	Netto-erträge	Barwert-faktoren bei $i_s = 6$ % p. a.	Barwert der Netto-erträge
(1)	(2)	(3)	(4)	(5)	(6) = (2) – (3) – (5)	(7) 14 % von (6)	(8) 15 % von (6)	(9) = (2) – (4) – (5) – (7) – (8)	(10)	(11) = (9) · (10)
1	100.000	25.000	25.000	16.000	59.000	8.260	8.850	41.890	0,943396	39.519
2	120.000	25.000	25.000	14.000	81.000	11.340	12.150	57.510	0,889996	51.184
3	120.000	25.000	25.000	12.000	83.000	11.620	12.450	58.930	0,839619	49.479
4	120.000	25.000	25.000	10.000	85.000	11.900	12.750	60.350	0,792094	47.803
5	140.000	25.000	25.000	8.000	107.000	14.980	16.050	75.970	0,747258	56.769
6	150.000	25.000	25.000	6.000	119.000	16.660	17.850	84.490	0,704961	59.562
7	170.000	25.000	25.000	4.000	141.000	19.740	21.150	100.110	0,665057	66.579
8	160.000	25.000	25.000	2.000	133.000	18.620	19.950	94.430	0,627412	59.247
Σ	1.080.000	200.000	200.000	72.000	808.000	113.120	121.200	573.680	--	**C_0 = 430.142**

Berechnung der Gewerbeertragsteuern (GewESt)

Nebenrechnung:

Gewerbeertragsteuersatz = m · h = 0,035 · 4,000 = 0,14 = 14 %

Dabei gilt:

m : Steuermesszahl für den Gewerbeertrag (hier: m = 3,5 % gemäß § 11 Abs. 2 GewStG);

h : gewerbesteuerlicher Hebesatz (hier: h = 400 %).

Annahmegemäß sind Fremdkapitalzinsen vollständig abzugsfähig.

GewESt = (Bruttoerträge – AfA – FK-Zinsen) · Gewerbeertragsteuersatz

t_1: GewESt = (100.000 EUR − 25.000 EUR − 16.000 EUR) · 0,14
= 59.000 EUR · 0,14
= **8.260 EUR**

t_2: GewESt = (120.000 EUR − 25.000 EUR − 14.000 EUR) · 0,14
= 81.000 EUR · 0,14
= **11.340 EUR**

t_3: GewESt = (120.000 EUR − 25.000 EUR − 12.000 EUR) · 0,14
= 83.000 EUR · 0,14
= **11.620 EUR**

t_4: GewESt = (120.000 EUR − 25.000 EUR − 10.000 EUR) · 0,14
= 85.000 EUR · 0,14
= **11.900 EUR**

t_5: GewESt = (140.000 EUR − 25.000 EUR − 8.000 EUR) · 0,14
= 107.000 EUR · 0,14
= **14.980 EUR**

t_6: GewESt = (150.000 EUR − 25.000 EUR − 6.000 EUR) · 0,14
= 119.000 EUR · 0,14
= **16.660 EUR**

t_7: GewESt = (170.000 EUR − 25.000 EUR − 4.000 EUR) · 0,14
= 141.000 EUR · 0,14
= **19.740 EUR**

t_8: GewESt = (160.000 EUR − 25.000 EUR − 2.000 EUR) · 0,14
= 133.000 EUR · 0,14
= **18.620 EUR**

alle Angaben in EUR (gerundet)

Leasing								
Jahres-ende	Brutto-erträge	Leasingrate	Zwischen-summe (stpfl. Einkommen)	GewESt	KSt	Netto-erträge	Barwert-faktoren bei $i_s = 6\ \%$ p. a.	Barwert der Netto-erträge
(1)	(2)	(3)	(4) = (2) – (3)	(5) = (4) · 0,14	(6) = (4) · 0,15	(7) = (4) – (5) – (6)	(8)	(9) = (7) · (8)
1	100.000	54.800	45.200	6.328	6.780	32.092	0,943396	30.275
2	120.000	50.800	69.200	9.688	10.380	49.132	0,889996	43.727
3	120.000	50.800	69.200	9.688	10.380	49.132	0,839619	41.252
4	120.000	50.800	69.200	9.688	10.380	49.132	0,792094	38.917
5	140.000	50.800	89.200	12.488	13.380	63.332	0,747258	47.325
6	150.000	50.800	99.200	13.888	14.880	70.432	0,704961	49.652
7	170.000	26.000	144.000	20.160	21.600	102.240	0,665057	67.995
8	160.000	26.000	134.000	18.760	20.100	95.140	0,627412	59.692
Σ	1.080.000	360.800	719.200	100.688	107.880	510.632	---	**C_0 = 378.835**

Ergebnis: Leasing ist ungünstiger als fremdfinanzierter Kauf.

9 Derivative Finanzinstrumente

9.1 Systematisierung derivativer Finanzinstrumente

Aufgabe 9.1: Verpflichtungscharakter eines Termingeschäfts

Hinsichtlich des Verpflichtungscharakters eines Termingeschäfts werden zwei Arten von Termingeschäften unterschieden. Erläutern Sie anhand je eines Beispiels die Unterschiede zwischen diesen beiden Arten von Termingeschäften!

Lösung:

Hinsichtlich des Verpflichtungscharakters eines Termingeschäfts bzw. der Verbindlichkeit der eingegangenen Rechtsposition kann zwischen unbedingten und bedingten Termingeschäften differenziert werden.

Bei einem **unbedingten Termingeschäft** sind beide Vertragspartner verpflichtet, die zum Zeitpunkt des Abschlusses des Termingeschäfts vereinbarten Leistungen zum festgelegten Zeitpunkt zu erbringen; unbedingte Termingeschäfte sind also durch eine unbedingte Erfüllungspflicht charakterisiert. Es besteht für keinen der beiden Vertragspartner ein Wahlrecht über die Erfüllung der eingegangenen Verpflichtungen. Zu den unbedingten Termingeschäften zählen Forwards, Futures und Swaps. So hat bei einem Devisenterminkauf über 1 Mio. USD einer der beiden Geschäftspartner zum vereinbarten Zeitpunkt (bspw. 01.07.01) die 1 Mio. USD zu liefern, während der andere an diesem Termin den vereinbarten Kaufpreis (bspw. 1,46 USD/EUR) zu zahlen hat.

Ein **bedingtes Termingeschäft** ist dagegen dadurch gekennzeichnet, dass einem der beiden Vertragspartner das Recht zusteht, zwischen Erfüllung und Aufgabe des vereinbarten Geschäfts zu wählen. Entscheidet sich dieser Vertragspartner für die Erfüllung des Geschäfts, so hat der andere Vertragspartner die vereinbarten Leistungen zu erbringen. Zu den bedingten Termingeschäften zählen Options- und Prämiengeschäfte. So hat bei einer Kaufoption über 3 Mio. USD (europäische Option) einer der beiden Geschäftspartner zum vereinbarten Zeitpunkt (bspw. 01.09.01) das Recht, 3 Mio. USD zum vereinbarten Kurs (bspw. 1,49 USD/EUR) zu kaufen, während der andere (Stillhalter) in diesem Fall verpflichtet ist, die 3 Mio. USD zu diesem Kurs zu liefern. Verzichtet der Optionsinhaber auf den Kauf der 3 Mio. USD (d. h., er lässt sein Optionsrecht verfallen), kann der Stillhalter nicht die Erfüllung dieses Geschäfts, also die Abnahme der 3 Mio. USD, verlangen.

9.2 Finanzmanagement mit Optionen

Aufgabe 9.2: Amerikanische versus europäische Optionen

Erläutern Sie kurz den Unterschied zwischen einer amerikanischen und einer europäischen Option!

Lösung:

Amerikanische Option (american style option):

Eine Option, die **zu jedem Zeitpunkt** zwischen Kauf- und Verfallsdatum, d. h. jederzeit während der Laufzeit der Option, **ausgeübt** werden kann.

Europäische Option (european style option):

Eine Option, bei welcher der Inhaber sein Recht nur zu einem bestimmten Zeitpunkt, nämlich **am Ende** der festgelegten Laufzeit (Fälligkeitstermin), **ausüben** darf.

Aufgabe 9.3: Innerer Wert einer Option

Erläutern Sie den Begriff „innerer Wert“ einer Option!

Lösung:

Der Preis, der beim Kauf einer Option zu entrichten ist (Optionspreis, Optionsprämie), lässt sich in zwei Komponenten, den inneren Wert und den Zeitwert, zerlegen.

Der **innere Wert (intrinsic value) einer Option** stellt den Gewinn (unter Vernachlässigung der Transaktionskosten) dar, den der Optionsinhaber bei sofortiger Ausübung der Option und gleichzeitigem Abschluss des entsprechenden Kompensationsgeschäfts (bei Kaufoptionen: Verkauf des Basiswertes; bei Verkaufsoptionen: Kauf des Basiswertes) erzielen würde. Somit bezeichnet der innere Wert einer Option die positive Differenz zwischen dem aktuellen Marktpreis des Basiswertes (underlying) und dem vereinbarten Basispreis der Option.

Hierbei ist zu beachten, dass der innere Wert einer Option **nicht negativ** werden kann, da der Optionsinhaber von seinem Ausübungsrecht keinen Gebrauch machen wird, wenn die Preiskonstellation für ihn ungünstig sein sollte.

Eine Option weist einen inneren Wert auf, wenn bei einer Kaufoption (Call) der Basispreis unter dem aktuellen Marktpreis des Basiswertes liegt bzw. wenn bei einer Verkaufsoption (Put) der Basispreis über dem aktuellen Marktpreis des Basiswertes liegt. Notiert bei einer Kaufoption der Basiswert unter oder gleich dem vereinbarten Basispreis bzw. notiert bei einer Verkaufsoption der Basiswert über oder gleich dem vereinbarten Basispreis, so ist eine Ausübung der Option wirtschaftlich nicht sinnvoll und der innere Wert einer solchen Option ist null.

Aufgabe 9.4: Begriffsbestimmungen im Optionsgeschäft

Wann ist eine Option „im Geld“, „am Geld“ bzw. „aus dem Geld“?

Lösung:

Eine Option ist **„im Geld“ („in-the-money“)**, wenn sie einen inneren Wert besitzt. Eine Kaufoption (Call) besitzt einen (positiven) inneren Wert, wenn der aktuelle Marktpreis des Basiswertes über dem vereinbarten Basispreis der Option liegt. Eine Verkaufsoption (Put) hingegen besitzt einen (positiven) inneren Wert, wenn der aktuelle Marktpreis des Basiswertes unter dem vereinbarten Basispreis der Option liegt. Diese Preiskonstellation ist für den Inhaber der Kaufoption vorteilhaft, da er den Basiswert durch Ausübung der Option zum vereinbarten Basispreis vom Stillhalter beziehen und sofort zum (höheren) aktuellen Marktpreis veräußern kann. Für den Inhaber einer Verkaufsoption ist diese Preiskonstellation vorteilhaft, da er den dem Kontrakt zugrunde liegenden Basiswert zum (niedrigeren) Marktpreis erwerben und sofort an den Stillhalter zum Basispreis weiterverkaufen kann.

Eine Option ist **„am Geld" („at-the-money")**, wenn der vereinbarte Basispreis der Option dem aktuellen Marktpreis des Basiswertes entspricht. Der Inhaber einer Kaufoption ist hinsichtlich des Erwerbs des Basiswertes durch Ausübung der Option oder durch Kauf am Markt indifferent. Der Inhaber einer Verkaufsoption ist bezüglich des Verkaufs über den Markt oder durch Ausübung seines Optionsrechtes indifferent. Eine „at-the-money"-Option besitzt den Wert null.

Eine Kaufoption (Call) ist **„aus dem Geld" („out-of-the-money")**, wenn der aktuelle Marktpreis des Basiswertes unter dem Basispreis der Option liegt. Eine Verkaufsoption (Put) ist „out-of-the-money", wenn der Basispreis der Option unter dem aktuellen Marktpreis des Basiswertes liegt. Bei derartigen Preiskonstellationen wäre eine Ausübung der Option mit gleichzeitigem Abschluss des entsprechenden Kompensationsgeschäfts für den Optionsinhaber mit einem Verlust verbunden. Der Inhaber einer Kaufoption würde den Basiswert durch Ausübung der Option teurer erwerben als bei einem Kauf des Basiswertes zum Marktpreis. Der Inhaber einer Verkaufsoption müsste den Basiswert am Markt zu einem Preis erwerben, der über dem bei Ausübung seines Optionsrechts vom Stillhalter zugesagten Basispreis läge. Der innere Wert der Option ist dann null.

Aufgabe 9.5: Charakterisierung von Optionsgeschäften

Vervollständigen Sie die nachstehende Tabelle, indem Sie die entsprechenden Rechte bzw. Pflichten (Zeile 1 bzw. 2) nennen, die Gewinn- bzw. Verlustbedingung (Zeile 3 bzw. 5) als Relation „>" oder „<" angeben und die Formel für den absoluten Gewinn bzw. Verlust (Zeile 4 bzw. 6) eintragen! In den Zeilen 3 bis 6 sind Transaktionskosten zu vernachlässigen. Geben Sie in Zeile 4 bzw. 6 zusätzlich durch eine Kennzeichnung an, ob der Gewinn bzw. Verlust begrenzt oder unbegrenzt ist!

Verwenden Sie **ausschließlich** folgende Symbole:

KA:	Kassakurs;
BP:	Basispreis;
OP:	Optionspreis;
G:	Gewinn;
V:	Verlust;
begr.:	begrenzt;
unbegr.:	unbegrenzt.

Zeilen-nummer		Inhaber eines Call	Inhaber eines Put	Stillhalter eines Call	Stillhalter eines Put
1	Rechte				
2	Pflichten				
3	Gewinn entsteht, wenn				
4	Gewinn	G =	G =	G =	G =
	Gewinnchance	begr./unbegr.	begr./unbegr.	begr./unbegr.	begr./unbegr.
5	Verlust entsteht, wenn				
6	Verlust	V =	V =	V =	V =
	Verlustrisiko	begr./unbegr.	begr./unbegr.	begr./unbegr.	begr./unbegr.

Lösung:

Zeilennummer		Inhaber eines Call	Inhaber eines Put	Stillhalter eines Call	Stillhalter eines Put
1	Rechte	Kauf des Basiswertes zum Basispreis (Ausübungspreis)	Verkauf des Basiswertes zum Basispreis (Ausübungspreis)	Erhalt des Optionspreises (der Optionsprämie)	Erhalt des Optionspreises (der Optionsprämie)
2	Pflichten	Zahlung des Optionspreises (der Optionsprämie)	Zahlung des Optionspreises (der Optionsprämie)	Lieferung des Basiswertes zum Basispreis (Ausübungspreis)	Abnahme des Basiswertes zum Basispreis (Ausübungspreis)
3	Gewinn entsteht, wenn	KA > BP + OP	KA < BP – OP	KA < BP + OP	KA > BP – OP
4	Gewinn	G = KA – (BP + OP)	G = (BP – OP) – KA	G = OP	G = OP
	Gewinnchance	begr. / **unbegr.**	**begr.** / unbegr.	**begr.** / unbegr.	**begr.** / unbegr.
5	Verlust entsteht, wenn	KA < BP + OP	KA > BP – OP	KA > BP + OP	KA < BP – OP
6	Verlust	V = OP	V = OP	V = KA – (BP + OP)	V = (BP – OP) – KA
	Verlustrisiko	**begr.** / unbegr.	**begr.** / unbegr.	begr. / **unbegr.**	**begr.** / unbegr.

Aufgabe 9.6: Gewinn-/Verlustsituation für den Inhaber einer Kauf- bzw. Verkaufsoption [35]

Der Optionspreis (OP) zum Erwerb einer Kaufoption (Long Call) von Aktien einer Gesellschaft zum Basispreis (BP) von 600 EUR beträgt 45 EUR; für den Erwerb einer Verkaufsoption (Long Put) zum Basispreis (BP) von 650 EUR liegt der Optionspreis (OP) bei 28 EUR.

Hinweis: Es wird im Folgenden aus didaktischen Gründen davon ausgegangen, dass sich eine Option nur auf **eine** Aktie bezieht.

a) Der Inhaber einer Kaufoption (Long Call) beabsichtigt, die Aktie im Falle der Ausübung der Option sofort wieder über die Börse zu veräußern. Wie hoch muss die Aktie an diesem Tag mindestens notieren, damit das Gesamtgeschäft mit einem Gewinn abgeschlossen wird? Bis zu welcher Kursnotierung der Aktie wird der Inhaber unter der Prämisse der Verlustminimierung die Option am Verfalltag trotzdem ausüben?

b) Der Inhaber einer Verkaufsoption (Long Put) muss sich bei Ausübung der Option erst mit der Aktie eindecken. Welchen Kurs darf die Aktie nicht übersteigen, damit die Gesamttransaktion mit einem Gewinn abgeschlossen wird? Berechnen Sie auch für diesen Fall den Kurs, bei dem der Inhaber der Option diese trotz eines Verlustes gerade noch ausüben wird!

Begründen Sie jeweils Ihre Überlegungen und verdeutlichen Sie diese durch eine grafische Darstellung! Gehen Sie dabei von folgenden Transaktionskosten (TK) aus:

Transaktion	Transaktionskosten (TK)
Kauf bzw. Verkauf einer Option	– 0,64 EUR Grundgebühr – 0,5 % des Optionspreises
Ausübung einer Option	– 0,34 EUR Grundgebühr – 0,5 % des Basispreises
Kauf bzw. Verkauf von Aktien	– 1,1 % des Kurswertes der Aktie

Dabei gilt:

OP: Optionspreis;

BP: Basispreis;

KA_t: Börsenkurs der Aktie zum Erwerbs- bzw. Veräußerungszeitpunkt;

TK_{OP}: Transaktionskosten beim Kauf bzw. Verkauf der Option;

TK_{BP}: Transaktionskosten bei Ausübung des Optionsrechtes;

TK_{KA}: Transaktionskosten beim Kauf bzw. Verkauf der Aktie.

---

35 Modifiziert entnommen aus *Bieg, Hartmut:* Bankbetriebslehre in Übungen, München 1992, S. 50–56.

Lösung:

Teilaufgabe a)

Der Inhaber einer Kaufoption (Long Call) wird diese mit **Gewinn** ausüben, wenn der Erlös aus der Veräußerung der Aktie (Börsenkurs der Aktie zum Veräußerungszeitpunkt (KA_t) – Transaktionskosten beim Verkauf der Aktie (TK_{KA})) die gesamten Aufwendungen zum Bezug der Aktie (Optionspreis (OP) + Basispreis (BP) + Transaktionskosten beim Kauf der Option (TK_{OP}) + Transaktionskosten bei Ausübung des Optionsrechtes (TK_{BP})) übersteigt:[36]

$$KA_t - TK_{KA} > OP + BP + TK_{OP} + TK_{BP}$$

Dabei gilt:

$TK_{KA} = 0{,}011 \cdot KA_t;$

$OP = 45\ EUR;$

$BP = 600\ EUR;$

$TK_{OP} = 0{,}005 \cdot OP + 0{,}64\ EUR;$

$TK_{BP} = 0{,}005 \cdot BP + 0{,}34\ EUR$

$$\begin{aligned}
& KA_t - 0{,}011 \cdot KA_t > OP + BP + 0{,}005 \cdot OP + 0{,}64\ EUR + 0{,}005 \cdot BP + 0{,}34\ EUR \\
\Leftrightarrow\ & 0{,}989 \cdot KA_t > 45\ EUR + 600\ EUR + 0{,}005 \cdot 45\ EUR + 0{,}64\ EUR + 0{,}005 \cdot 600\ EUR + 0{,}34\ EUR \\
\Leftrightarrow\ & 0{,}989 \cdot KA_t > 45\ EUR + 600\ EUR + 0{,}225\ EUR + 0{,}64\ EUR + 3\ EUR + 0{,}34\ EUR \\
\Leftrightarrow\ & 0{,}989 \cdot KA_t > 649{,}21\ EUR \\
\Leftrightarrow\ & \mathbf{KA_t > 656{,}43\ EUR}
\end{aligned}$$

Der Inhaber einer Kaufoption wird diese auch unter Inkaufnahme eines **Verlustes** ausüben, wenn der Erlös aus der Veräußerung der Aktie (Börsenkurs der Aktie zum Veräußerungszeitpunkt (KA_t) – Transaktionskosten beim Verkauf der Aktie (TK_{KA})) den Basispreis (BP) sowie die Transaktionskosten bei der Ausübung des Optionsrechtes (TK_{BP}) übersteigt. Sein Verlust

---

[36] Der Inhaber einer Kaufoption kann auch einen Gewinn durch Veräußerung seines Optionsrechts am Sekundärmarkt erzielen, wenn der Optionspreis zum Veräußerungszeitpunkt denjenigen beim Erwerb der Option sowie die Transaktionskosten beim Kauf und Verkauf der Option übersteigt. Hiervon ist in der Aufgabenstellung jedoch nicht auszugehen.

wird dadurch minimiert, dass ein Teil des Optionspreises (OP) und der beim Erwerb der Option angefallenen Transaktionskosten (TK_{OP}) abgedeckt wird; bei Nichtausübung wäre ansonsten der Gesamtbetrag verloren.[37]

$$
\begin{aligned}
& & KA_t - TK_{KA} &> BP + TK_{BP} \\
&\Leftrightarrow & KA_t - 0{,}011 \cdot KA_t &> BP + 0{,}005 \cdot BP + 0{,}34 \text{ EUR} \\
&\Leftrightarrow & 0{,}989 \cdot KA_t &> 600 \text{ EUR} + 0{,}005 \cdot 600 \text{ EUR} + 0{,}34 \text{ EUR} \\
&\Leftrightarrow & 0{,}989 \cdot KA_t &> 600 \text{ EUR} + 3 \text{ EUR} + 0{,}34 \text{ EUR} \\
&\Leftrightarrow & 0{,}989 \cdot KA_t &> 603{,}34 \text{ EUR} \\
&\Leftrightarrow & \mathbf{KA_t} &\mathbf{>} \mathbf{610{,}05 \text{ EUR}}
\end{aligned}
$$

Zusammenfassung der Ergebnisse:

KA_t	>			656,43 EUR	Ausübung der Option mit Gewinn
KA_t	=			656,43 EUR	Gewinn-/Verlustneutralität, d. h. Ausübung der Option mit Gewinn/Verlust = 0
610,05 EUR	<	KA_t	<	656,43 EUR	Ausübung der Option mit Verlust (Verlustminimierung)
KA_t	=			610,05 EUR	Indifferenz hinsichtlich der Ausübung, Verlust = OP + TK_{OP}
KA_t	<			610,05 EUR	Option wird nicht ausgeübt, Verlust = OP + TK_{OP}

---

[37] Der Inhaber einer Kaufoption kann seinen Verlust auch durch eine Veräußerung des Optionsrechts auf dem Sekundärmarkt minimieren, wenn der Optionspreis zum Veräußerungszeitpunkt neben den Transaktionskosten bei der Veräußerung auch einen Teil des bei dem Erwerb der Option gezahlten Optionspreises und der dabei angefallenen Transaktionskosten abdeckt.

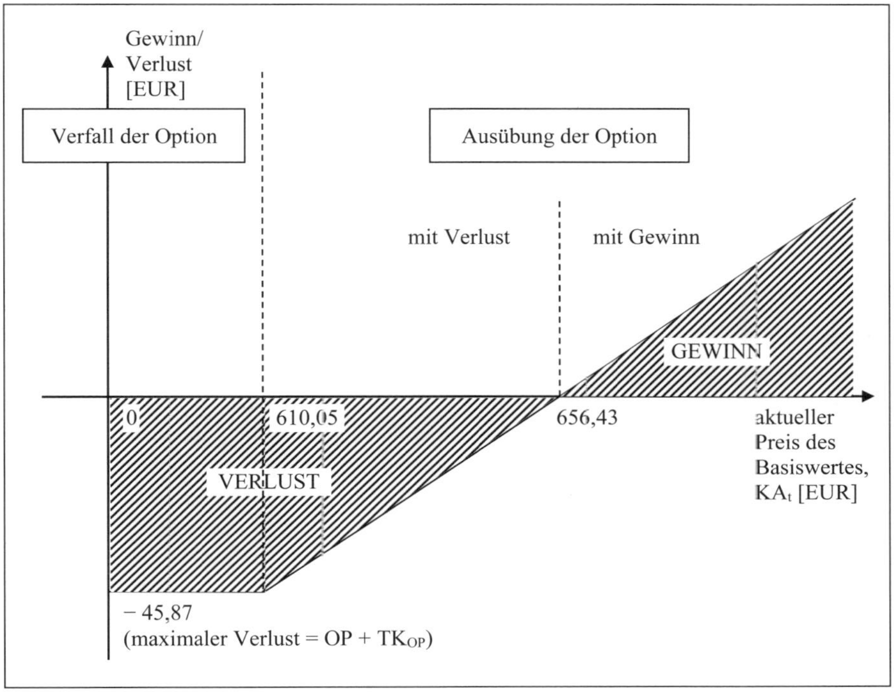

Abbildung 15: Gewinn-/Verlustsituation für den Inhaber einer Kaufoption

Teilaufgabe b)

Der Inhaber einer Verkaufsoption (Long Put) wird diese mit **Gewinn** ausüben, wenn der Erlös bei der Ausübung der Option (Basispreis (BP) – Transaktionskosten bei Ausübung des Optionsrechtes (TK_{BP})) die gesamten Aufwendungen (Börsenkurs der Aktie zum Zeitpunkt des Kaufs (KA_t)[38] + Optionspreis (OP) + Transaktionskosten beim Kauf der Aktie (TK_{KA}) + Transaktionskosten beim Kauf der Option (TK_{OP})) übersteigt:

$$BP - TK_{BP} > KA_t + OP + TK_{KA} + TK_{OP}$$

Dabei gilt:

$BP = 650$ EUR;

$TK_{BP} = 0{,}005 \cdot BP + 0{,}34$ EUR;

$OP = 28$ EUR;

$TK_{KA} = 0{,}011 \cdot KA_t$;

$TK_{OP} = 0{,}005 \cdot OP + 0{,}64$ EUR.

[38] Es wird hier eine Eindeckung zum gleichen Termin, an dem die Verkaufsoption ausgeübt wird, angenommen.

$$650\text{ EUR} - (0{,}005 \cdot 650\text{ EUR} + 0{,}34\text{ EUR}) > KA_t + 28\text{ EUR} + 0{,}011 \cdot KA_t + 0{,}005 \cdot 28\text{ EUR} + 0{,}64\text{ EUR}$$

$$\Leftrightarrow 650\text{ EUR} - 3{,}25\text{ EUR} - 0{,}34\text{ EUR} > KA_t + 28\text{ EUR} + 0{,}011 \cdot KA_t + 0{,}14\text{ EUR} + 0{,}64\text{ EUR}$$

$$\Leftrightarrow 646{,}41\text{ EUR} > 1{,}011 \cdot KA_t + 28{,}78\text{ EUR}$$

$$\Leftrightarrow -1{,}011\, KA_t > -617{,}63\text{ EUR}$$

$$\Leftrightarrow \mathbf{KA_t < 610{,}91\text{ EUR}}$$

Der Inhaber einer Verkaufsoption wird diese auch unter Inkaufnahme eines **Verlustes** ausüben, wenn der Erlös bei der Ausübung der Option (Basispreis (BP) – Transaktionskosten bei Ausübung des Optionsrechtes (TK_{BP})) die Aufwendungen zum Bezug der Aktie (Börsenkurs der Aktie zum Zeitpunkt des Kaufs (KA_t) einschließlich der hierauf anfallenden Transaktionskosten (TK_{KA})) übersteigt. Eine Verlustminimierung wird aus den gleichen Gründen wie bei Teilaufgabe a) – teilweise Abdeckung der Aufwendungen aus Optionspreis (OP) und den beim Erwerb der Option angefallenen Transaktionskosten (TK_{OP}) – erreicht.

$$BP - TK_{BP} > KA_t + TK_{KA}$$

$$\Leftrightarrow 650\text{ EUR} - (0{,}005 \cdot 650\text{ EUR} + 0{,}34\text{ EUR}) > KA_t + 0{,}011 \cdot KA_t$$

$$\Leftrightarrow 650\text{ EUR} - 3{,}25\text{ EUR} - 0{,}34\text{ EUR} > 1{,}011 \cdot KA_t$$

$$\Leftrightarrow 646{,}41\text{ EUR} > 1{,}011 \cdot KA_t$$

$$\Leftrightarrow \mathbf{KA_t < 639{,}38\text{ EUR}}$$

Zusammenfassung der Ergebnisse:

KA_t	<			610,91 EUR	Ausübung der Option mit Gewinn
KA_t	=			610,91 EUR	Gewinn-/Verlustneutralität, d. h. Ausübung der Option mit Gewinn/Verlust = 0
610,91 EUR	<	KA_t	<	639,38 EUR	Ausübung der Option mit Verlust (Verlustminimierung)
KA_t	=			639,38 EUR	Indifferenz hinsichtlich der Ausübung, Verlust = OP + TK_{OP}
KA_t	>			639,38 EUR	Option wird nicht ausgeübt, Verlust = OP + TK_{OP}

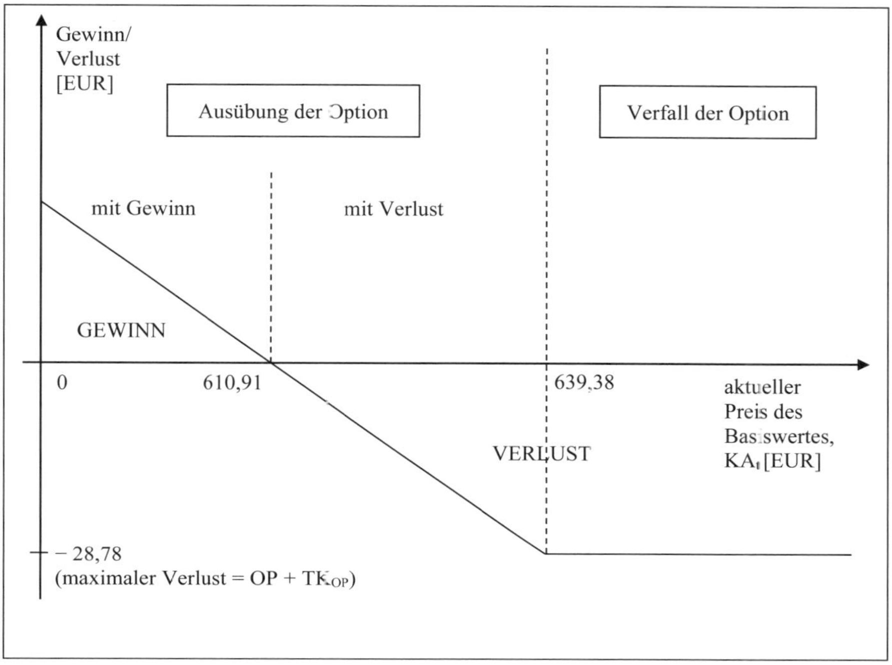

Abbildung 16: Gewinn-/Verlustsituation für den Inhaber einer Verkaufsoption

Aufgabe 9.7: Zinsoptionsscheine

Ein Unternehmen erwartet am 30.09.03 einen Mittelzufluss aus dem Verkauf einer Beteiligung in Höhe von 10 Mio. EUR. Diese Mittel sollen dann in langfristige festverzinsliche Wertpapiere mit einer Laufzeit von 8 Jahren angelegt werden. **Derzeit** (15.02.03) liegt das Marktzinsniveau für derartige Papiere bei 5 % p. a. Da die Geschäftsleitung von einem Sinken der Zinsen am Kapitalmarkt ausgeht, zieht sie in Erwägung, die geplante Anlage der erwarteten Mittel durch den **Kauf von Zinsoptionsscheinen** abzusichern. Am Markt werden derzeit folgende Zinsoptionsscheine (letzter Ausübungstag 30.09.03) angeboten:

Kaufoption (Call):

bezogen auf eine 6 %ige Bundesanleihe von 01, endfällig am 30.09.11:

Jeder Zinsoptionsschein berechtigt den Inhaber, vom Optionsschuldner (Stillhalter) die Zahlung eines Differenzbetrags zu verlangen; dieser ist die in EUR ausgedrückte Differenz, um die der am Ausübungstag festgestellte amtliche Einheitskurs der Anleihe den Basiskurs von 104 % bezogen auf 100 EUR Nennwert der Anleihe **überschreitet**.

Der Optionspreis beträgt 2,80 EUR je Zinsoptionsschein.

Verkaufsoption (Put):

bezogen auf eine 6 %ige Bundesanleihe von 01, endfällig am 30.09.11

Jeder Zinsoptionsschein berechtigt den Inhaber, vom Optionsschuldner (Stillhalter) die Zahlung eines Differenzbetrags zu verlangen; dieser ist die in EUR ausgedrückte Differenz, um die der am Ausübungstag festgestellte amtliche Einheitskurs der Anleihe den Basiskurs von 104 % bezogen auf 100 EUR Nennwert der Anleihe **unterschreitet**.

Der Optionspreis beträgt 2,50 EUR je Zinsoptionsschein.

Beim Erwerb eines Zinsoptionsscheins (Call oder Put) fallen Spesen in Höhe von 1,05 % des jeweiligen Optionspreises an. Sonstige Transaktionskosten sind nicht zu berücksichtigen.

a) Mit welcher zukünftigen Zinsentwicklung rechnet der Erwerber einer Kaufoption (Käufer eines Call), mit welcher derjenige einer Verkaufsoption (Käufer eines Put)? Begründen Sie Ihre Antwort!

b) Wie hoch muss die Bundesanleihe am Ausübungstag der Option mindestens notieren, so dass der Erwerber einer Kaufoption (Käufer eines Call) insgesamt einen Gewinn realisiert? Bei welcher Kursnotierung wird er die Option trotz eines Verlustes ausüben? Begründen Sie Ihre Antwort!

c) Welche Kursnotierung der Bundesanleihe darf am Ausübungstag der Option nicht überschritten werden, so dass der Erwerber einer Verkaufsoption (Käufer eines Put) insgesamt einen Gewinn realisiert? Bei welcher Kursnotierung wird er die Option trotz eines Verlustes ausüben? Begründen Sie Ihre Antwort!

d) Nehmen Sie an, das Unternehmen habe zur Absicherung der geplanten Anlage 100.000 Zinsoptionsscheine zu den oben genannten Konditionen erworben! Das Marktzinsniveau für 8-jährige Anleihen betrage am 30.09.03 nur noch 3,50 % p. a. Der Kassakurs der 6 %igen Bundesanleihe entspreche ferner dem Barwert der zukünftigen Zahlungen (die Zinsen werden jährlich nachschüssig gezahlt).

   (1) Berechnen Sie den Gewinn, den das Unternehmen bei Ausübung der Optionen am 30.09.03 realisieren kann!

   (2) Nehmen Sie an, die Geschäftsleitung strebe für die geplante Anlage der 10 Mio. EUR unter Berücksichtigung des Erfolgs aus der Absicherung durch den Kauf der Zinsoptionsscheine am 15.02.03 eine Mindestverzinsung in Höhe von 4,60 % p. a. an! Überprüfen Sie, ob dieses Ziel durch den Kauf der Zinsoptionsscheine erreicht wurde! Gehen Sie dabei davon aus, dass der Kauf der Zinsoptionsscheine durch eine Kreditaufnahme (Laufzeit: 15.02.03 bis 30.09.03; Zinssatz 4,60 % p. a., Zinszahlung nachschüssig, zum Jahresende) finanziert wurde und dass am 30.09.03 die dann zur Verfügung stehenden 10 Mio. EUR (unter Annahme beliebiger Teilbarkeit der Anleihestücke) in festverzinsliche Wertpapiere mit einer Restlaufzeit von 8 Jahren und einem Marktzinsniveau von 3,50 % p. a. angelegt werden! Bestimmen Sie – unter Vernachlässigung sonstiger Transaktionskosten – Richtung und Umfang (Barwert) der Zielabweichung zum 30.09.03!

Verwenden Sie bei Ihren Berechnungen folgende Zinsfaktoren (jeweils für 8 Jahre):

Faktor / Zinssatz	Rentenbarwertfaktor	Abzinsungsfaktor
3,50 % p. a.	6,8740	0,7594
4,60 % p. a.	6,5690	0,6978
5,00 % p. a.	6,4632	0,6768

Lösung:

Verwenden Sie für Ihre Berechnungen folgende Symbole:

KA_t: Kassakurs der Anleihe am Ausübungstag;

BP: Basispreis;

OP: Optionspreis;

Sp: Spesen;

C_0: Barwert/Kapitalwert der 6 %igen Bundesanleihe pro 100 EUR Nennwert;

RBF: Rentenbarwertfaktor; $RBF\ (i/n) = \frac{(1+i)^n - 1}{i \cdot (1+i)^n}$;

ABF: Abzinsungsfaktor; $ABF\ (i/t) = (1 + i)^{-t}$;

i: Kalkulationszinssatz;

n: Gesamtlaufzeit;

t: Zeitindex (t = 1, 2, …, n).

Teilaufgabe a)

Der **Erwerber einer Kaufoption (= Käufer eines Call)** rechnet mit fallenden Marktzinsen. Bei einem sinkenden Marktzinsniveau steigt der Kurs der 6 %igen Bundesanleihe von 01. Je weiter der Kassakurs (= Barwert) der Anleihe am Ausübungstag über dem Basispreis von 104 % liegt, desto höher ist die Differenzzahlung:

Ausgleichszahlung = Kassakurs der Anleihe am Ausübungstag (KA_t) – Basispreis (BP)

Der **Erwerber einer Verkaufsoption (= Käufer eines Put)** rechnet mit steigenden Marktzinsen. Mit einem steigenden Marktzinsniveau geht ein Kursverfall der 6 %igen Bundesanleihe von 01 einher. Je weiter der Kassakurs (= Barwert) der Anleihe am Ausübungstag unter dem Basispreis von 104 % liegt, desto höher ist die Differenzzahlung:

Ausgleichszahlung = Basispreis (BP) – Kassakurs der Anleihe am Ausübungstag (KA_t)

Teilaufgabe b)

Der **Erwerber einer Kaufoption (= Käufer eines Call)** realisiert einen Gewinn, wenn die Ausgleichszahlung (= KA_t – BP) größer als der Optionspreis (OP) zzgl. Spesen (Sp) ist, wenn also gilt:

$$KA_t - BP > OP + Sp$$

$$\Leftrightarrow KA_t - 104\ EUR > 2{,}80\ EUR + \underbrace{2{,}80\ EUR \cdot 1{,}05\,\%}_{0{,}03\ EUR}$$

$$\Leftrightarrow KA_t > 2{,}80\ EUR + 0{,}03\ EUR + 104\ EUR$$

$$\Leftrightarrow KA_t > 106{,}83\ EUR$$

Notiert die 6 %ige Bundesanleihe am Ausübungstag der Option höher als 106,83 EUR, realisiert der Erwerber einer Kaufoption einen Gewinn.

Der Erwerber wird aber die Kaufoption trotz eines Verlustes ausüben, sofern der Kurs der 6 %igen Bundesanleihe noch über 104 % liegt, da auf diese Weise zumindest ein Teil des ansonsten gänzlich verlorenen Optionspreises und der beim Erwerb der Kaufoption angefallenen Spesen abgedeckt wird.

Bei Nicht-Ausübung der Kaufoption:

Verlust von OP und Spesen: 2,83 EUR/Schein

Bei Ausübung der Kaufoption und einem Kurs der 6 %igen Bundesanleihe von z. B. 106 EUR/Schein:

	Gewinn aus der Ausübung	2,00 EUR/Schein	(= 106 EUR/Schein – 104 EUR/Schein)
–	Verlust von OP und Spesen	– 2,83 EUR/Schein	
=	Verlust insgesamt	– 0,83 EUR/Schein	

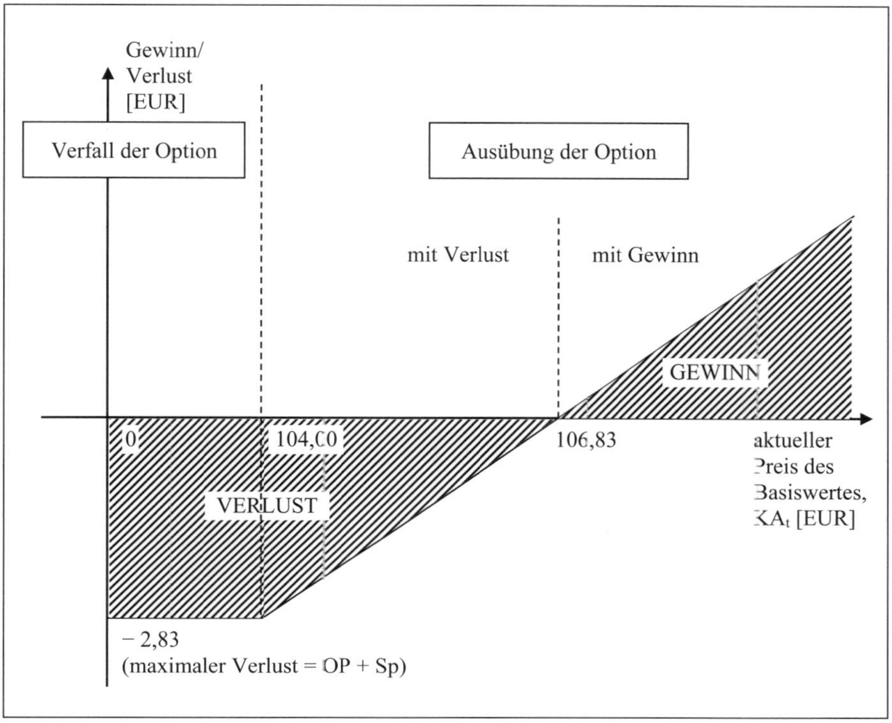

Abbildung 17: Gewinn-/Verlustsituation für den Inhaber einer Kaufoption

Zusammenfassung der Ergebnisse:

KA_t	>			106,83 EUR	Ausübung der Kaufoption mit Gewinn
KA_t	=			106,83 EUR	Gewinn-/Verlustneutralität, d. h. Ausübung mit Gewinn/Verlust = 0
104 EUR	<	KA_t	<	106,83 EUR	Ausübung der Kaufoption mit Verlust (Verlustminimierung)
KA_t	=			104,00 EUR	Indifferenz hinsichtlich der Ausübung der Kaufoption, Verlust = OP + Sp
KA_t	<			104,00 EUR	Kaufoption gelangt nicht zur Ausübung, Verlust = OP + Sp

Teilaufgabe c)

Der **Erwerber einer Verkaufsoption (= Käufer eines Put)** realisiert einen Gewinn, wenn die Ausgleichszahlung (= BP – KA_t) größer als der Optionspreis (OP) zzgl. Spesen (Sp) ist, wenn also gilt:

$$BP - KA_t > OP + Sp$$

$$\Leftrightarrow 104\text{ EUR} - KA_t > 2{,}50\text{ EUR} - \underbrace{2{,}50\text{ EUR} \cdot 1{,}05\,\%}_{0{,}02625\text{ EUR} \approx 0{,}03\text{ EUR}}$$

$\Leftrightarrow \ KA_t < -2{,}50\ EUR - 0{,}03\ EUR + 104\ EUR$

$\Leftrightarrow \ KA_t < 101{,}47\ EUR$

Wird die Kursnotierung von 101,47 EUR am Ausübungstag der Option unterschritten, realisiert der Erwerber einer Verkaufsoption insgesamt einen Gewinn.

Der Erwerber wird aber die Verkaufsoption trotz eines Verlustes ausüben, sofern der Kurs der 6 %igen Bundesanleihe noch unter 104 % liegt, da auf diese Weise zumindest ein Teil des ansonsten gänzlich verlorenen Optionspreises und der beim Erwerb der Verkaufsoption angefallenen Spesen abgedeckt wird.

Bei Nicht-Ausübung der Verkaufsoption:

Verlust von OP und Spesen: 2,53 EUR/Schein

Bei Ausübung der Verkaufsoption und einem Kurs der 6 %igen Bundesanleihe von z. B. 103 EUR/Schein:

	Gewinn aus der Ausübung	1,00 EUR/Schein	(= 104 EUR/Schein – 103 EUR/Schein)
–	Verlust von OP und Spesen	– 2,53 EUR/Schein	
=	Verlust insgesamt	– 1,53 EUR/Schein	

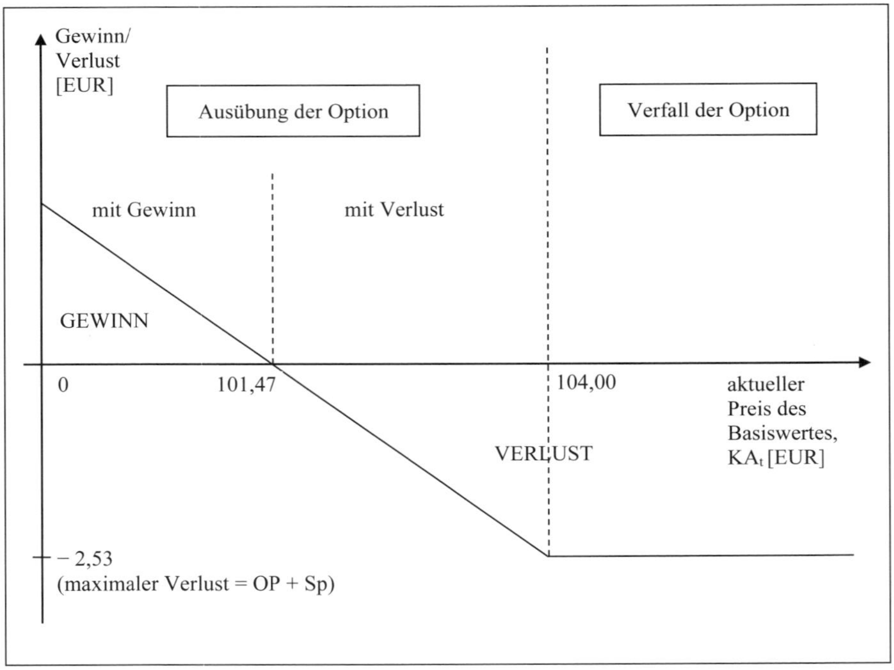

Abbildung 18: Gewinn-/Verlustsituation für den Inhaber einer Verkaufsoption

Zusammenfassung der Ergebnisse:

KA_t	$<$		101,47 EUR	Ausübung der Verkaufsoption mit Gewinn
KA_t	$=$		101,47 EUR	Gewinn-/Verlustneutralität, d. h. Ausübung mit Gewinn/Verlust = 0
101,47 EUR	$<$	KA_t $<$	104,00 EUR	Ausübung der Verkaufsoption mit Verlust (Verlustminimierung)
KA_t	$=$		104,00 EUR	Indifferenz hinsichtlich der Ausübung der Verkaufsoption, Verlust = OP + Sp
KA_t	$>$		104,00 EUR	Verkaufsoption gelangt nicht zur Ausübung, Verlust = OP + Sp

Teilaufgabe d)

(1) Gewinn bei Ausübung der Kaufoptionen

Da das Unternehmen von sinkenden Marktzinsen und damit von steigenden Wertpapierkursen ausgeht, handelt es sich bei dem Kauf der 100.000 Zinsoptionsscheine um Kaufoptionen.

Gewinn je Zinsoptionsschein = KA_t – BP – (OP + Sp)

KA_t = Barwert der 6 %igen Bundesanleihe pro 100 EUR Nennwert (gesuchte Größe)

BP = 104,00 EUR/Stück

OP = 2,80 EUR/Stück

Sp = 2,80 EUR/Stück · 1,05 % = 0,03 EUR/Stück

Aus der 6 %igen Bundesanleihe, die in 8 Jahren fällig ist (Restlaufzeit: 03 bis 11), fließen Zinsen in Höhe von 6 % bezogen auf den Nennwert von 100 EUR (6 % · 100 EUR = 6 EUR) jährlich zu; am Ende der Laufzeit erfolgt die Rückzahlung des Nennwerts.

Damit ergibt sich der Barwert der 6 %igen Bundesanleihe pro 100 EUR Nennwert wie folgt:

KA_0 = 6 EUR · RBF (3,50 %/8 Jahre) + 100 EUR · ABF (3,50 %/8 Jahre)
= 6 EUR · 6,8740 + 100 EUR · 0,7594
= 41,24 EUR + 75,94 EUR = **117,18 EUR/Stück**

Gewinn je Zinsoptionsschein = 117,18 EUR – 104 EUR – (2,80 EUR + 0,03 EUR)
= **10,35 EUR/Stück**

Gesamtgewinn = 10,35 EUR/Stück · 100.000 Stück
= **1.035.000 EUR**

(2) Überprüfung der Zielerreichung

Um Richtung und Umfang der Zielabweichung am 30.09.03 festzustellen, sind folgende Überlegungen anzustellen:

Wie viel Kapital muss am 30.09.03 zu einem Marktzinssatz von 3,50 % p. a. angelegt werden, um nach 8 Jahren denselben Betrag zu erhalten, den eine Anlage von 10 Mio. EUR am 30.09.03 zu einem (gewünschten, angestrebten) Zinssatz von 4,60 % p. a. für 8 Jahre ergeben würde?

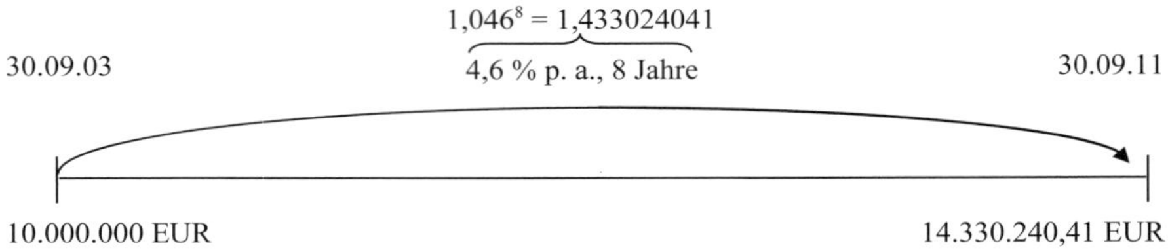

$$10.000.000 \text{ EUR} \cdot 1{,}046^8 = 14.330.240{,}41 \text{ EUR}$$

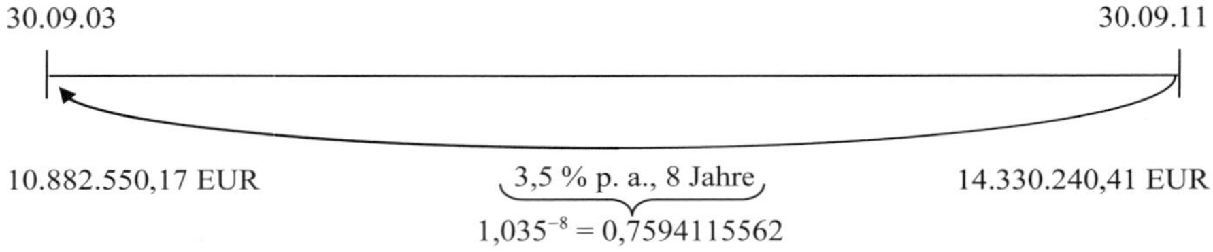

$$14.330.240{,}41 \text{ EUR} \cdot \frac{1}{1{,}035^8} = 10.882.550{,}17 \text{ EUR}$$

Würden 10 Mio. EUR am 30.09.03 zu 4,60 % p. a. 8 Jahre lang angelegt werden, so ergäbe sich ein Endwert von 14.330.240,41 EUR. Um diesen Endwert bei einem Zinsniveau von 3,50 % p. a. zu erzielen, müssen am 30.09.03 10.882.550,17 EUR angelegt werden.

Am 30.09.03 stehen dem Unternehmen folgende Mittel zur Verfügung:

10.000.000,00 EUR	aus dem Verkauf der Beteiligung
+ 1.318.000,00 EUR	aus der Ausübung der Zinsoptionsscheine (siehe Nebenrechnung Nr. 1)
– 291.136,25 EUR	aus der Kredittilgung (einschl. Zinsen) (siehe Nebenrechnung Nr. 2)
= 11.026.863,75 EUR	Gesamtmittel

Somit stehen dem Unternehmen genügend Mittel zur Verfügung, um – wenn diese Mittel zu 3,50 % p. a. für 8 Jahre angelegt werden – mindestens denselben Endwert zu erzielen, der sich ergäbe, wenn 10 Mio. EUR 8 Jahre lang zu 4,60 % p. a. angelegt würden. Das Ziel, eine Mindestverzinsung der 10 Mio. EUR in Höhe von 4,60 % p. a. zu erzielen, ist also erreicht worden. Die Zielabweichung beträgt:

11.026.863,75 EUR	(tatsächliche Mittel)
– 10.882.550,17 EUR	(benötigte Mittel)
= **+ 144.313,58 EUR**	**(Zielabweichung)**

Nebenrechnungen:

1. Barwert der 6 %igen Bundesanleihe pro 100 EUR Nennwert am 30.09.03 (Zinsniveau: 3,50 % p. a.):

$$\begin{aligned} KA_0 &= 6 \text{ EUR} \cdot \text{RBF } (3{,}50\,\%/8 \text{ Jahre}) + 100 \text{ EUR} \cdot \text{ABF } (3{,}50\,\%/8 \text{ Jahre}) \\ &= 6 \text{ EUR} \cdot 6{,}8740 + 100 \text{ EUR} \cdot 0{,}7594 \\ &= 41{,}24 \text{ EUR} + 75{,}94 \text{ EUR} \\ &= \mathbf{117{,}18 \text{ EUR}} \end{aligned}$$

$\Rightarrow$ Zahlung je Optionsschein: 117,18 EUR – 104 EUR = 13,18 EUR

$\Rightarrow$ Einzahlung aus der Ausübung der Optionsscheine am 30.09.03:

13,18 EUR/Stück · 100.000 Stück = **1.318.000 EUR**

2. Tilgungsbetrag des Darlehens (einschließlich Zinsen) für den Kauf der Zinsoptionsscheine:

$$\underbrace{\underbrace{283.000\,\text{EUR}}_{2{,}83 \cdot 100.000}}_{OP + Sp} \cdot \left(1 + 0{,}046 \cdot \frac{7{,}5 \text{ Monate}}{12 \text{ Monate}}\right)$$

$= \mathbf{291.136{,}25 \text{ EUR}}$

Aufgabe 9.8: Gründe für den Abschluss eines Optionskontrakts

Erläutern Sie aus Sicht der beteiligten Vertragspartner die Gründe, die zu dem Abschluss eines Optionskontrakts führen, indem Sie die konkreten Einsatzmöglichkeiten von Optionsgeschäften skizzieren!

Lösung:

Die Motive der Vertragspartner eines Optionskontrakts lassen sich in folgender Übersicht zusammenfassen:

Vertragspartner / Einsatzmöglichkeit	Käufer	Stillhalter
Absicherung	– eines Bestands (Käufer einer Verkaufsoption) – einer zukünftigen Anlage (Käufer einer Kaufoption)	–
Spekulation (d. h. es besteht keine tatsächliche Kauf- bzw. Verkaufsabsicht bezüglich des Basiswertes)	auf veränderte Preise (steigende Preise bei einer Kaufoption, sinkende Preise bei einer Verkaufsoption)	auf unveränderte Preise oder auf veränderte Preise (sinkende Preise bei einer Kaufoption, steigende Preise bei einer Verkaufsoption) (Ziel: Vereinnahmung der Optionsprämie)

Abbildung 19: Einsatzmöglichkeiten von Optionsgeschäften [39]

Aufgabe 9.9: Kurssicherung im Währungsbereich [40]

Die saarländische Winzergenossenschaft Weinanbau eG hat mit einem japanischen Handelshaus einen Vertrag über die Lieferung von 10.000 Flaschen Wein verschiedener Qualitäten und Jahrgänge abgeschlossen. Die Rechnung beläuft sich auf einen Betrag von insgesamt 4.375.000 JPY. Der aktuelle Kassakurs beträgt 138,20 JPY/EUR. Aufgrund der starken Wettbewerbsposition geht das japanische Handelshaus bei den Zahlungsbedingungen keine Kompromisse ein, sondern besteht auf einer 6-monatigen Zahlungsfrist und einer Fakturierung (Rechnungsstellung) in JPY.

Da die saarländische Winzergenossenschaft nur relativ selten größere Mengen an Wein exportiert, verfügt sie nicht über ein institutionalisiertes Risikomanagement. Sie möchte die Forderung in JPY aber auf jeden Fall gegen Wechselkursschwankungen absichern und wendet sich diesbezüglich an ihre Hausbank. Dort werden der Weinanbau eG zwei Alternativen der Kurssicherung angeboten, und zwar zum einen der Verkauf der JPY auf Termin in 6 Monaten zum Kurs von 142,40 JPY/EUR (unbedingtes Termingeschäft) und zum anderen der Kauf einer Putoption zu folgenden Bedingungen:

---

39 Geringfügig modifiziert entnommen aus *Bieg, Hartmut:* Finanzmanagement mit Optionen, in: Der Steuerberater 1998, S. 24; *Bieg, Hartmut; Kußmaul, Heinz; Waschbusch, Gerd:* Finanzierung, 4. Aufl., München 2023, S. 393.

40 Stark modifiziert entnommen aus *Havenstein, Moritz; Bastian, Jonas:* Risikomanagement im Außenhandel: Instrumente der Kurssicherung, in: Fallstudien zum Internationalen Management, Grundlagen – Praxiserfahrungen – Perspektiven, hrsg. von *Joachim Zentes, Bernhard Swoboda* und *Dirk Morschett*, 4. Aufl., Wiesbaden 2011, S. 43–53, hier S. 50–51.

Laufzeit:	6 Monate, Ausübung nur am Ende der Laufzeit (European Style Option),
Strike Price:	140,80 JPY/EUR,
Optionsprämie:	3.070,91 EUR (Diese Prämie ist sofort fällig und müsste deswegen streng genommen um 6 Monate aufgezinst werden. Darauf soll hier aber verzichtet werden.).

Zeigen Sie in Abhängigkeit von den folgenden in 6 Monaten alternativ möglichen Kassakursen auf, ob die Weinanbau eG rückblickend mit dem Abschluss des Devisentermingeschäfts oder mit dem Kauf der Devisenoption ihre Erlöse maximiert hätte:

a) Kassakurs in 6 Monaten: 141,20 JPY/EUR,

b) Kassakurs in 6 Monaten: 139,00 JPY/EUR,

c) Kassakurs in 6 Monaten: 129,46 JPY/EUR,

d) Kassakurs in 6 Monaten: 128,00 JPY/EUR!

Lösung:

Vorbemerkungen:

Änderungen der Wechselkursrelation bis zum Zeitpunkt der Zahlung durch den Vertragspartner beinhalten ein Risiko für den (Lieferanten-)Kreditgeber. Eine Aufwertung des JPY bis zum Zahlungsziel würde im vorliegenden Fall dazu führen, dass die saarländische Winzergenossenschaft (nach Umtausch von JPY in EUR) einen niedrigeren Betrag vereinnahmt als bei sofortiger Zahlung im Zeitpunkt des Vertragsschlusses. Im umgekehrten Fall könnte die Winzergenossenschaft von einem fallenden JPY-Kurs profitieren. Laut Aufgabenstellung möchte sich die Winzergenossenschaft jedoch gegen Kursschwankungen (genauer: Aufwertung des JPY) absichern.

Teilaufgabe a)

Kassakurs in 6 Monaten: 141,20 JPY/EUR

Bei dem Devisentermingeschäft handelt es sich um ein unbedingtes Termingeschäft mit Erfüllungspflicht beider Vertragspartner:

Erlös aus dem Devisentermingeschäft: $\frac{4.375.000 \text{ JPY}}{142{,}40 \text{ JPY/EUR}} = \mathbf{30.723{,}31\ EUR}$

Bei dem Devisenoptionsgeschäft handelt es sich um ein bedingtes Termingeschäft, das der Optionsinhaber nur dann ausüben wird, wenn der aktuelle Kassakurs zum Ausübungszeitpunkt höher als der vereinbarte Terminkurs (Strike Price) ist:

Erlös aus dem Devisenoptionsgeschäft:
Bei einem Kassakurs in 6 Monaten von 141,20 JPY/EUR wird die Verkaufsoption ausgeübt werden.

$$\frac{4.375.000\text{ JPY}}{140{,}80\text{ JPY/EUR}} - 3.070{,}91\text{ EUR (Optionsprämie)}$$

$$= 31.072{,}44\text{ EUR} - 3.070{,}91\text{ EUR}$$

$$= \mathbf{28.001{,}53\ EUR}$$

Fazit: Der Erlös aus dem Devisentermingeschäft ist höher.

Teilaufgabe b)

Kassakurs in 6 Monaten: 139,00 JPY/EUR

Erlös aus dem Devisentermingeschäft: **30.723,31 EUR**

Erlös aus dem Devisenoptionsgeschäft:
Bei einem Kassakurs in 6 Monaten von 139,00 JPY/EUR wird die Verkaufsoption **nicht** ausgeübt werden, da die Weinanbau eG durch die Nichtausübung der Verkaufsoption von der für sie positiven Kassakursentwicklung profitieren kann. Die erhaltenen JPY werden also zum aktuellen Kassakurs von 139,00 JPY/EUR umgetauscht werden, d. h., es wird zum Verfall der Verkaufsoption kommen.

$$\frac{4.375.000\text{ JPY}}{139{,}00\text{ JPY/EUR}} - 3.070{,}91\text{ EUR (Optionsprämie)}$$

$$= 31.474{,}82\text{ EUR} - 3.070{,}91\text{ EUR}$$

$$= \mathbf{28.403{,}91\ EUR}$$

Fazit: Der Erlös aus dem Devisentermingeschäft ist auch hier höher.

Teilaufgabe c)

Kassakurs in 6 Monaten: 129,46 JPY/EUR

Erlös aus dem Devisentermingeschäft: **30.723,31 EUR**

Erlös aus dem Devisenoptionsgeschäft:

Bei einem Kassakurs in 6 Monaten von 129,46 JPY/EUR wird die Verkaufsoption **nicht** ausgeübt werden (d. h. Verfall der Verkaufsoption). Stattdessen werden die JPY zum aktuellen Kassakurs umgetauscht werden.

$$\frac{4.375.000\text{ JPY}}{129{,}46\text{ JPY/EUR}} - 3.070{,}91\text{ EUR (Optionsprämie)}$$

$$= 33.794{,}22\text{ EUR} - 3.070{,}91\text{ EUR}$$

$$= \mathbf{30.723{,}31\ EUR}$$

Fazit: Der Erlös aus dem Devisentermingeschäft entspricht dem Erlös aus dem Devisenoptionsgeschäft.

Teilaufgabe d)

Kassakurs in 6 Monaten: 128,00 JPY/EUR

Erlös aus dem Devisentermingeschäft: **30.723,31 EUR**

Erlös aus dem Devisenoptionsgeschäft:

Bei einem Kassakurs in 6 Monaten von 128,00 JPY/EUR wird auch hier die Verkaufsoption **nicht** ausgeübt werden (d. h. Verfall der Verkaufsoption). Stattdessen werden die JPY zum aktuellen Kassakurs umgetauscht werden.

$$\frac{4.375.000\text{ JPY}}{128{,}00\text{ JPY/EUR}} - 3.070{,}91\text{ EUR (Optionsprämie)}$$

$$= 34.179{,}69\text{ EUR} - 3.070{,}91\text{ EUR}$$

$$= \mathbf{31.108{,}78\text{ EUR}}$$

Fazit: Der Erlös aus dem Devisenoptionsgeschäft ist hier, auch wenn es zum Verfall der Verkaufsoption kommt, höher.

9.3 Finanzmanagement mit Swaps

Aufgabe 9.10: Abschluss eines Zinsswap-Geschäfts

Das Unternehmen A möchte einen variabel verzinslichen Eurokredit in Höhe von 150 Mio. EUR in eine EUR-Festsatzverbindlichkeit mit einer Laufzeit von vier Jahren tauschen. Das Unternehmen B will für die gleiche Laufzeit und den gleichen Betrag eine aus der Emission einer Anleihe vorhandene EUR-Festsatzverbindlichkeit in eine variabel verzinsliche EUR-Verbindlichkeit umwandeln. Für die beiden Unternehmen gelten folgende Finanzierungskonditionen:

in % p. a.	Unternehmen A	Unternehmen B
4-Jahres-Festsatz	7,75	6,25
4-Jahres-Kredit variabel	6-Monats-EURIBOR + 1,0	6-Monats-EURIBOR + 0,5

Unter Zugrundelegung dieser Finanzierungskonditionen bietet das Unternehmen B dem Unternehmen A an, für vier Jahre auf den Kapitalbetrag den 6-Monats-EURIBOR zu vergüten, wenn das Unternehmen A die Festsatzzinsen von B trägt. In welcher Höhe verändert sich die jährliche Zinsbelastung beider Unternehmen durch diese Swapvereinbarung?

Lösung:

Mit Hilfe von Zinsswaps wird versucht, den Umstand, dass bestimmte Marktteilnehmer sich an den Finanzmärkten günstiger als andere refinanzieren können, zum Vorteil von beiden Parteien auszunutzen. Beim reinen Zinsswap tauschen zwei Partner Zinszahlungen in einer Währung, wobei die der Zinsberechnung zugrunde liegenden Kapitalbeträge nicht getauscht werden.

Unternehmen A verschuldet sich variabel: [%]

–	(6-Monats-EURIBOR + 1,0)	Ausgangszinsen aus dem variabel verzinslichen Eurokredit
–	6,25	Ausgleichszahlung an B
+	6-Monats-EURIBOR	Ausgleichszahlung von B
=	– 7,25	
+	7,75	Alternativkondition von A bei eigener festverzinslicher Verschuldung
=	0,50	Finanzierungsvorteil aus dem Zinsswap

Unternehmen B verschuldet sich fest: [%]

–	6,25	Ausgangszinsen aus der Festsatzverbindlichkeit
+	6,25	Ausgleichszahlung von A
–	6-Monats-EURIBOR	Ausgleichszahlung an A
=	– 6-Monats-EURIBOR	
+	(6-Monats-EURIBOR + 0,5)	Alternativkondition von B bei eigener variabler Verschuldung
=	0,50	Finanzierungsvorteil aus dem Zinsswap

Beide Unternehmen können sich jeweils um 0,50 % p. a. günstiger finanzieren. Dies entspricht einem Betrag von 150 Mio. EUR · 0,50 % = **750.000 EUR p. a.**

Aufgabe 9.11: Abschluss eines Zinsswap-Geschäfts

Ein Industrieunternehmen A benötigt 300 Mio. EUR für 6 Jahre, wobei es an einer festen Verzinsung interessiert ist. Eine Bank B benötigt den gleichen Betrag in der gleichen Währung mit der gleichen Laufzeit, aber variabel verzinst. Bei einer Anleiheemission müssten von beiden Unternehmen auf dem Kapitalmarkt folgende Zinssätze gezahlt werden:

Unternehmen \ Alternativen	Festzinsanleihe	Floating Rate Note
Industrieunternehmen A	10 %	EURIBOR + 1 %
Bank B	8 %	EURIBOR

Das Industrieunternehmen A und die Bank B vereinbaren bei dieser Konstellation die Durchführung eines Zinsswaps. Der sich aus diesem Geschäft ergebende Finanzierungsvorteil (Zinsnutzen, Arbitragepotenzial) wird im Verhältnis 40 % (für A) und 60 % (für B) aufgeteilt.

Stellen Sie die Transaktionen der Anleiheemissionen sowie mögliche Transaktionen des Zinsswaps in einem Schaubild grafisch dar und ermitteln Sie für beide Partner die jährliche Zinsersparnis (in EUR)!

Lösung:

Da Bank B aufgrund einer höheren Bonität niedrigere Festzinsen und niedrigere variable Zinsen als das Industrieunternehmen A vereinbaren kann, können sich beide Vertragspartner durch Abschluss eines Zinsswaps günstiger refinanzieren.

Das Industrieunternehmen A emittiert eine Floating Rate Note zu EURIBOR + 1 % und Bank B eine festverzinsliche Anleihe zu 8 %.

Neben diesen beiden am Finanzmarkt abgeschlossenen Geschäften schließen das Industrieunternehmen A und die Bank B miteinander einen Zinsswapvertrag ab, in dem sich das Industrieunternehmen A *beispielsweise* dazu verpflichtet, an die Bank B Festzinsen zu leisten, wohingegen sich die Bank B zu variablen Zinszahlungen an das Industrieunternehmen A verpflichtet (die Höhe der gegenseitig zu zahlenden Swap-Zinsen wird hierbei zwischen den Vertragspartnern frei vereinbart).

Ermittlung des Arbitragepotenzials des Zinsswaps:

Zinsdifferenz aus der variabel verzinslichen Mittelbeschaffung:

	Industrieunternehmen A		EURIBOR + 1 %
–	Bank B	–	EURIBOR
	Zinsvorteil der Bank B	=	1 %

Zinsdifferenz aus der fest verzinslichen Mittelbeschaffung:

	Industrieunternehmen A		10 %
–	Bank B	–	8 %
	Zinsvorteil der Bank B	=	2 %

Differenz der Zinsvorteile = 2 % – 1 % = 1 % (= Arbitragepotenzial)

Dieser Zinsvorteil in Höhe von 1 % ist entsprechend der Aufgabenstellung wie folgt aufzuteilen:

40 % für A = 0,4 %

60 % für B = 0,6 %

Die jährliche Zinsersparnis beträgt 0,4 % · 300 Mio. EUR = 1,2 Mio. EUR für das Industrieunternehmen A und 0,6 % · 300 Mio. EUR = 1,8 Mio. EUR für die Bank B.

Die von dem Industrieunternehmen A und der Bank B getätigten Emissionen sowie die anschließenden Swaptransaktionen lassen sich grafisch wie folgt veranschaulichen:

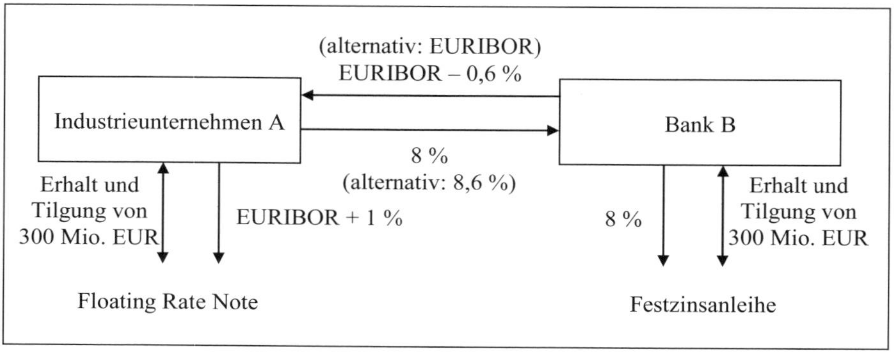

Abbildung 20: Beispiel eines Zinsswaps

Refinanzieren sich das Industrieunternehmen A und die Bank B am Finanzmarkt, ohne einen Zinsswap abzuschließen, so muss das Industrieunternehmen A Zinsen in Höhe von 10 % p. a. zahlen, während der Bank B Zinskosten in Höhe des EURIBOR entstehen.

Industrieunternehmen A

Zinsen **ohne Swap**		
10 %		Zinsen aus der Festzinsanleihe
Zinsen **mit Swap**		
	Alternative	
EURIBOR + 1 %	EURIBOR + 1 %	Zinsen aus der Floating Rate Note
+ 8 %	+ 8,6 %	Zinsen an Bank B
– (EURIBOR – 0,6 %)	– EURIBOR	Zinseinnahmen von Bank B
= 9,6 %	= 9,6 %	Zinsen mit Swap

⇒ **Zinsersparnis p. a. = 10 % – 9,6 % = 0,4 %**

Bank B

Zinsen **ohne Swap**		
EURIBOR		Zinsen aus der Floating Rate Note
Zinsen **mit Swap**		
	Alternative	
8 %	8 %	Zinsen aus der Festzinsanleihe
+ (EURIBOR – 0,6 %)	+ EURIBOR	Zinsen an Industrieunternehmen A
– 8 %	– 8,6 %	Zinseinnahmen von Industrieunternehmen A
= EURIBOR – 0,6 %	= EURIBOR – 0,6 %	Zinsen mit Swap

⇒ **Zinsersparnis p. a. = EURIBOR – (EURIBOR – 0,6 %) = 0,6 %**

Das Industrieunternehmen A kann die von der Bank B erhaltenen variablen Zinszahlungen zur Begleichung der Zinszahlungsverpflichtungen aus der Floating Rate Note verwenden; Bank B kann die von dem Industrieunternehmen A erhaltenen Festzinszahlungen zur Begleichung der Festzinszahlungsverpflichtungen verwenden. Da das Industrieunternehmen A an die Bank B feste Zinszahlungen zu leisten hat, wird aus der ursprünglich variabel verzinslichen Position des Industrieunternehmens A eine festverzinsliche Position. In gleicher Weise wird die ursprünglich festverzinsliche Finanzierung von der Bank B durch den Zinsswap in eine faktisch variabel verzinsliche Finanzierung transformiert.

Aufgabe 9.12: Abschluss eines Währungsswap-Geschäfts

Das deutsche Unternehmen D benötigt zur Finanzierung seiner Investitionen im SAAR-Land fest verzinsliche SAAR-Dollar. Es kann sich jedoch aufgrund seines geringen Bekanntheitsgrades am SAAR-Kapitalmarkt nur zu vergleichsweise ungünstigen Konditionen verschulden. Es findet sich ein Unternehmen S aus dem SAAR-Land, das Zugang zu günstigen SAAR-Geldern hat, seinerseits aber an einer vorteilhaften Finanzierung in EUR interessiert ist. Abgesehen von den entgegengesetzten Währungsbedürfnissen haben die beiden Unternehmen hinsichtlich der Volumina, der Laufzeit und der Zinsberechnungsbasis übereinstimmende Finanzierungsvorstellungen:

	Unternehmen D	Unternehmen S
Mittelbedarf (Kassakurs: 2,00 SAAR-Dollar/EUR)	200 Mio. SAAR-Dollar	100 Mio. EUR
Laufzeit	6 Jahre	6 Jahre
Art der Verbindlichkeit	endfälliges Festzinsdarlehen (jährliche nachschüssige Zinszahlungen zum gleichen Termin)	endfälliges Festzinsdarlehen (jährliche nachschüssige Zinszahlungen zum gleichen Termin)

Die Kosten der Mittelbeschaffung der beiden Unternehmen in EUR und in SAAR-Dollar stellen sich wie folgt dar:

	Mittelbeschaffung in EUR p. a.	Mittelbeschaffung in SAAR-Dollar p. a.
Unternehmen D	5 %	11 %
Unternehmen S	8 %	9 %
Zinsdifferenz	3 %-Punkte	2 %-Punkte

a) Wie können die beiden Unternehmen ihre Standingvorteile, die sie bei der Mittelbeschaffung auf dem jeweiligen heimischen Finanzmarkt besitzen, zum beiderseitigen Nutzen einsetzen? Erläutern Sie hierbei anhand obiger Angaben die verschiedenen Phasen eines Währungsswaps und stellen Sie diese grafisch dar!

b) Vergleichen Sie für beide Unternehmen die jährlichen Kosten einer Mittelaufnahme mit bzw. ohne eine Zusammenarbeit!

Lösung:

Teilaufgabe a)

Aufgrund von Standingvorteilen an den jeweiligen inländischen Finanzmärkten unterscheiden sich für die beiden Unternehmen die Zinskosten für eine Mittelaufnahme. Am deutschen Kapitalmarkt ist die Mittelbeschaffung für das deutsche Unternehmen D, am SAAR-Kapitalmarkt für das Unternehmen S aus dem SAAR-Land günstiger. Die relativen Zinsvorteile können nun durch den Abschluss eines Währungsswaps genutzt werden. Hierzu verschuldet sich zunächst jedes Unternehmen an seinem Heimatmarkt, die aufgenommenen Mittel werden dann zum aktuellen Kassakurs (hier: 2,00 SAAR-Dollar/EUR) getauscht, die entsprechenden Zinsverpflichtungen werden jährlich gegenseitig beglichen und schließlich werden am Laufzeitende die Kapitalbeträge zum ursprünglichen Kassakurs zurückgetauscht.

Die Durchführung eines einfachen Währungsswaps vollzieht sich somit in drei Phasen (vgl. Abbildung 21 auf Seite 153):

Phase 1 (Anfangstransaktion) – Austausch der Kapitalbeträge zum Kassakurs:

Das Unternehmen S aus dem SAAR-Land legt eine 9 %ige Schuldverschreibung in Höhe von 200 Mio. SAAR-Dollar auf und leitet die Devisen an seinen deutschen Swappartner weiter. Das deutsche Unternehmen D gibt im Gegenzug EUR-Mittel aus einer 100 Mio. EUR-Anleihe-Emission zu 5 % an den Kontrahenten aus dem SAAR-Land weiter. Die Kapitalbeträge werden also mit einem Wechselkurs von 2,00 SAAR-Dollar/EUR geswapt.

Phase 2 (Zinstransaktionen) – Austausch der Zinszahlungen:

Die beiden Swappartner übernehmen gegenseitig die jeweiligen Zinsverpflichtungen aus den aufgenommenen Geldern. Das deutsche Unternehmen D zahlt jährlich 9 % von 200 Mio. SAAR-Dollar = 18 Mio. SAAR-Dollar; das Unternehmen S aus dem SAAR-Land zahlt jährlich 5 % von 100 Mio. EUR = 5 Mio. EUR.

Phase 3 (Schlusstransaktion) – Rücktausch der Kapitalbeträge zum ursprünglichen Kassakurs:

Bei Endfälligkeit des Swapvertrags kommt es zum Rücktausch der Valutabeträge zum ursprünglich vereinbarten Kurs von 2,00 SAAR-Dollar/EUR, mit denen beide Unternehmen die dann jeweils fällige Schuldverschreibung tilgen können.

Die Abbildung 22 auf Seite 154 verdeutlicht in einer Gesamtbetrachtung die Abwicklung des einfachen Währungsswaps laut Aufgabenstellung.

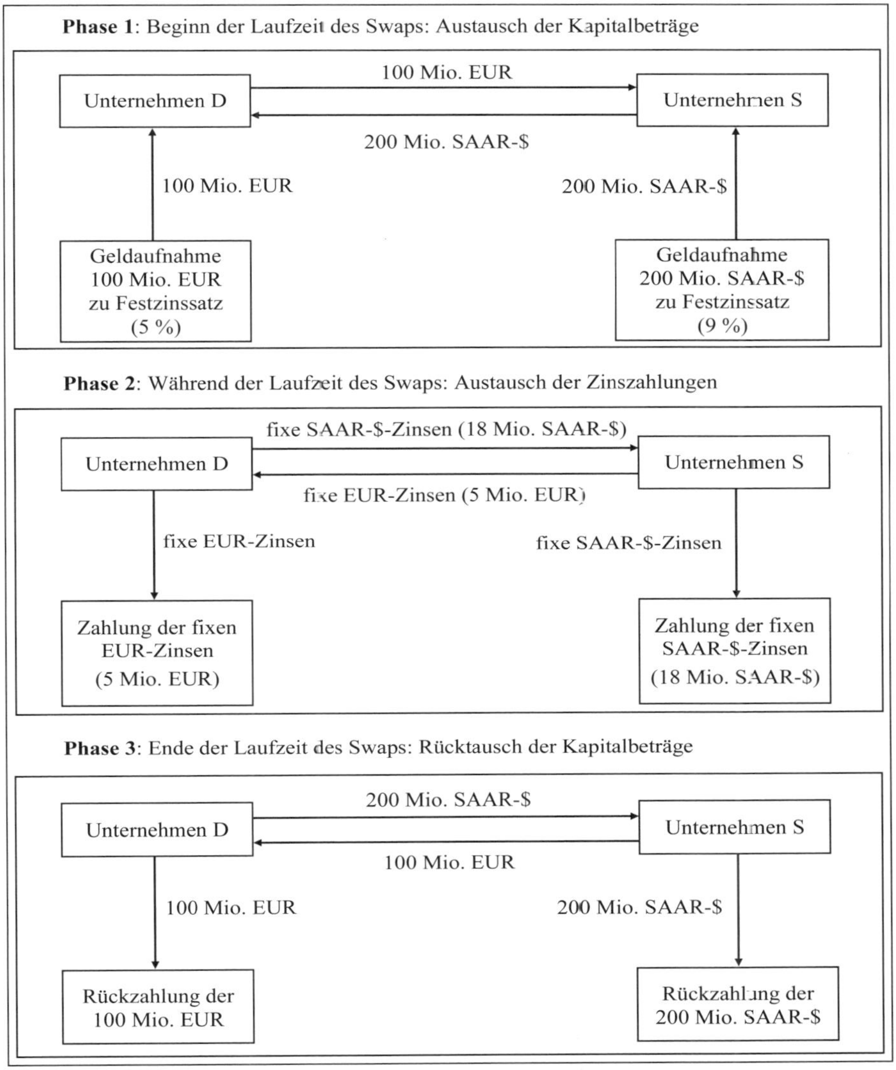

Abbildung 21: Phasen eines Währungsswaps[41]

[41] Modifiziert entnommen aus *Bieg, Hartmut:* Finanzmanagement mit Swaps, in: Der Steuerberater 1998, S. 67–68.

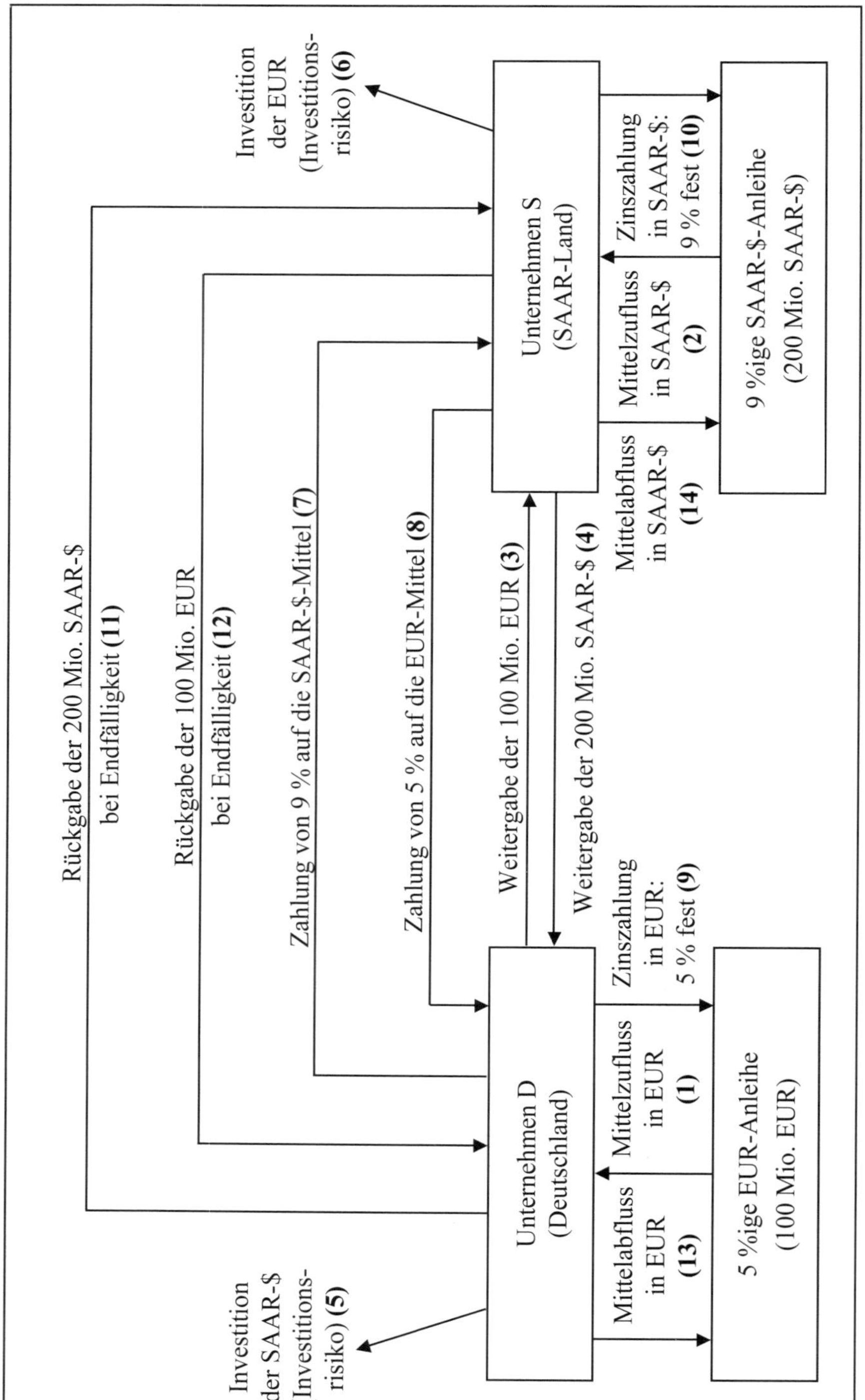

Abbildung 22: Zahlungsströme des Währungsswaps

Teilaufgabe b)

Den Vergleich der Kosten einer Mittelaufnahme mit bzw. ohne eine Swapvereinbarung zeigt die folgende Berechnung:

Unternehmen D

	Zinskosten für die EUR-Mittel		5 %
–	EUR-Zinsen von dem Unternehmen S aus dem SAAR-Land	–	5 %
+	Zinskosten für die SAAR-$-Mittel	+	9 %
=	Nettokosten	=	9 % (= 18 Mio. SAAR-$ bzw. 9 Mio. EUR)
	Marktzins des deutschen Unternehmens D für SAAR-$-Mittel	=	11 % (= 22 Mio. SAAR-$ bzw. 11 Mio. EUR)
⇒	**Vorteil durch den Währungsswap**	=	**2 % (= 4 Mio. SAAR-$ bzw. 2 Mio. EUR)**

Unternehmen S

	Zinskosten für die SAAR-$-Mittel		9 %
–	SAAR-$-Zinsen von dem deutschen Unternehmen D	–	9 %
+	Zinskosten für die EUR-Mittel	+	5 %
=	Nettokosten	=	5 % (= 10 Mio. SAAR-$ bzw. 5 Mio. EUR)
	Marktzins des Unternehmens S aus dem SAAR-Land für EUR-Mittel	=	8 % (= 16 Mio. SAAR-$ bzw. 8 Mio. EUR)
⇒	**Vorteil durch den Währungsswap**	=	**3 % (= 6 Mio. SAAR-$ bzw. 3 Mio. EUR)**

Die Swapparteien nutzen somit die komparativen Kostenvorteile, die beide im Hinblick auf den Zugang zu ihren jeweiligen heimischen Kapitalmärkten haben. So kann der EUR-Inländer (Unternehmen D) zu weitaus günstigeren Konditionen Heimatwährung aufnehmen als das am SAAR-Kapitalmarkt bonitätsstarke, aber am deutschen Kapitalmarkt unbekannte Unternehmen S aus dem SAAR-Land. Wirtschaftlich betrachtet handelt es sich somit bei der geschilderten Swaptransaktion um nichts anderes als um gegenseitig gewährte Fremdwährungsdarlehen. Das deutsche Unternehmen D kann durch die Kombination der EUR-Verbindlichkeit mit einem Währungsswap mit günstigen SAAR-Dollar-Mitteln arbeiten, ohne einem Währungsrisiko aus dem Kapitalgrundbetrag ausgesetzt zu sein (jedoch ist die Gefahr des Ausfalls des Unternehmens S aus dem SAAR-Land zu beachten). Sofern die jährlichen Zinskosten für die SAAR-Dollar-Mittel aus den im SAAR-Land erwirtschafteten Mitteln abgedeckt werden, sind auch diese Fremdwährungskosten gegen Wechselkursschwankungen abgesichert. Ist die Rendite aus dem im SAAR-Land investierten Kapital allerdings niedriger als der zu zahlende Schuldzins, so entsteht in Höhe des Differenzbetrags ein Währungsrisiko.

9.4 Finanzmanagement mit Futures

Aufgabe 9.13: Erwartungshaltungen beim Eingehen eines Future-Kontrakts

Erläutern Sie die Position des Käufers sowie des Verkäufers eines Futures! Welche Erwartungshaltung besitzt der Käufer bzw. Verkäufer eines Futures hinsichtlich der Kursentwicklung des einem Future-Kontrakt zugrunde liegenden Basiswerts?

Lösung:

Bei einem Future-Kontrakt handelt es sich um ein unbedingtes Termingeschäft, bei dem für zwei anonyme Kontraktpartner eine unbedingte Verpflichtung zur Leistung und Gegenleistung des Geschäftsgegenstandes besteht; d. h., ein **Future** stellt für beide Vertragspartner – den Käufer wie den Verkäufer – eine **unbedingt verpflichtende Vereinbarung** dar.

- **Kauf eines Futures (Future-Long-Position)**

  Durch den Kauf eines Future-Kontrakts verpflichtet sich der Käufer, zu einem bestimmten in der Zukunft liegenden vereinbarten Zeitpunkt (Liefertag) eine festgelegte Menge des zugrunde liegenden Handelsobjekts (Basiswert, Underlying) zu einem im Voraus vereinbarten Preis (Future-Preis) zu übernehmen. Durch den Kauf des Futures entsteht eine Future-Long-Position. Der Käufer erwartet, dass der Kurs des Basiswerts während der Laufzeit des Future-Kontrakts steigt.

- **Verkauf eines Futures (Future-Short-Position)**

  Durch den Verkauf eines Future-Kontrakts verpflichtet sich der Verkäufer, zu einem bestimmten in der Zukunft liegenden vereinbarten Zeitpunkt (Liefertag) eine festgelegte Menge des zugrunde liegenden Handelsobjekts (Basiswert, Underlying) zu einem im Voraus vereinbarten Preis (Future-Preis) zu liefern. Aus dem Verkauf des Futures ergibt sich eine Future-Short-Position. Der Verkäufer erwartet, dass der Kurs des Basiswerts während der Laufzeit des Future-Kontrakts fällt.

Aufgabe 9.14: Closing-transaction

Beschreiben Sie die Vorgehensweise der Glattstellung einer Future-Position (Closing-transaction)!

Lösung:

Die Effizienz der Future-Märkte und damit die hohe Fungibilität der Futures liegen sowohl in der Standardisierung als auch in der besonderen Organisationsform der Terminbörse begründet. Die hohe Fungibilität der Futures äußert sich auch darin, dass Futures im Allgemeinen nicht auf die tatsächliche Erfüllung des Vertrags angelegt sind: Zweck ist es in aller Regel nicht, zu einem künftigen Zeitpunkt zu heute festgelegten Konditionen einen Basiswert tatsächlich zu erwerben oder zu veräußern. Die einzelnen Marktteilnehmer beabsichtigen vielmehr, ihre jeweilige Verpflichtung noch vor Fristablauf des Vertrags (vor Fälligkeit) durch ein entsprechendes Gegengeschäft mit identischen Vertragsbedingungen zu dem dann gültigen Terminkurs mit einem beliebigen anderen Marktteilnehmer aufzuheben (glattzustellen, zu schließen). Dabei kann der Käufer eines Future-Kontraktes (Long Position) sein Termingeschäft durch eine äquivalente Verkaufsposition (Short Position) glattstellen. Eine Short Position wird hingegen durch eine entsprechende Long Position glattgestellt. Die Möglichkeit, die ursprünglich eingegangene Position jederzeit (börsentäglich) vor Vertragsende auflösen zu können, wird durch den zentralisierten Handel der standardisierten Futures an einer Terminbörse gewährleistet. Die Möglichkeit der Glattstellung eines offenen Kontraktes ergibt sich daraus, dass sich die Ansprüche des Markteilnehmers und der Clearing-Stelle, die als Vertragspartner in den Vertrag eingetreten ist, nach Abschluss des Gegengeschäftes gegenseitig aufheben. Nach der Glattstellung hat der Marktteilnehmer keine Verpflichtung mehr.

Vorgehensweise der Glattstellung aus Sicht des Käufers bzw. Verkäufers eines Future-Kontrakts:

- Der Käufer eines Future-Kontrakts stellt seine Long-Position durch eine Short-Position glatt, indem er einen Future-Kontrakt in gleicher Höhe und mit gleicher Kontraktfälligkeit verkauft.
- Der Verkäufer eines Future-Kontrakts schließt seine Short-Position durch den Kauf eines Future-Kontrakts in gleicher Höhe und mit gleicher Kontraktfälligkeit.

Gewinne und Verluste aus der Glattstellung eines Future-Kontrakts:

Durch die Glattstellung wird in der Regel ein Differenzgewinn bzw. ein Differenzverlust realisiert, der dadurch entsteht, dass sich der Kurs des gehandelten Futures während seiner Laufzeit verändert. Die Differenz zwischen Kauf- und Verkaufskurs des Futures, d. h. zwischen dem Terminkurs bei Abschluss und dem Terminkurs bei Glattstellung des Futures, entscheidet über Gewinne und Verluste aus dem Engagement, wobei weitere Kosten (z. B Transaktionskosten) zu berücksichtigen sind.

Aufgabe 9.15: Cost of Carry

Was versteht man im Rahmen der Preisbildung von Financial Futures unter den sog. Bestandshaltekosten (Cost of Carry)?

Lösung:

Der Future-Preis (Terminkurs) hängt zum einen vom Preis des zugrunde liegenden Basiswerts (Kassakurs) sowie zum anderen von der sogenannten Basis ab. Als Basis bezeichnet man den Unterschied zwischen Kassa- und Terminkurs, der auf zwei Gruppen von Einflussfaktoren zurückzuführen ist: Die **Value Basis** ergibt sich aus den nicht messbaren Faktoren (z. B. Erwartungen der Marktteilnehmer, Tagesereignisse, Angebots- und Nachfragestrukturen und Marktliquidität). Die **Carry Basis** beinhaltet dagegen die (messbaren) Faktoren, die durch das Halten des entsprechenden Basiswerts verursacht werden, z. B. Finanzierungs- oder Lagerkosten. Der Käufer eines Future-Kontrakts benötigt nämlich – abgesehen von den Margins [42] – keine Finanzmittel. Er könnte indessen – alternativ zum Erwerb des Future-Kontrakts – den Basiswert erwerben und über den entsprechenden Zeitraum im Bestand halten, müsste für den Kauf allerdings Barmittel aufbringen. Dadurch entstünden ihm einerseits Finanzierungskosten aufgrund einer Kreditaufnahme oder aber Opportunitätskosten wegen entgangener Erträge aus einer alternativen Anlage seiner Barmittel. Andererseits fielen dann aber auch Einnahmen in Form von Dividenden und/oder Bezugsrechtserlösen an, wenn seine Position aus Aktien besteht, oder in Form von Zinsen, wenn es sich um Anleihen handelt. Diese **Nettofinanzierungskosten** (Differenz aus Finanzierungskosten bzw. Opportunitätskosten und Erträgen) **einer dem Future-Kontrakt äquivalenten Kassaposition** bezeichnet man als **Bestandshaltekosten (Cost of Carry)**. Diese Kosten müssen im fairen (theoretischen) Terminkurs (Future-Preis) berücksichtigt werden.

9.5 Finanzmanagement mit Forward Rate Agreements

Aufgabe 9.16: Grundstruktur eines Forward Rate Agreements

Was versteht man unter einem Forward Rate Agreement (FRA)? Erläutern Sie in diesem Zusammenhang auch, wann der Käufer bzw. der Verkäufer eines FRA zu einer Ausgleichszahlung am sog. Settlement Date verpflichtet ist!

Lösung:

Das **Forward Rate Agreement (FRA)** ist ein **außerbörsliches unbedingtes Zinstermingeschäft**. Zwei Vertragsparteien vereinbaren, an einem in der Zukunft liegenden Zeitpunkt einen Betrag zu zahlen. Dieser Betrag errechnet sich aus der Differenz zweier Zinssätze – dem heute vereinbarten Vertragszinssatz (FRA-Satz) und dem zukünftigen Marktzinssatz (Referenzzinssatz) –, bezogen auf einen bestimmten Nominalbetrag und eine festgelegte

---

[42] Bei Vertragsabschluss ist ein Betrag als „Verlustpuffer" zu zahlen (Initial Margin). Während der Laufzeit des Futures sind bei Unterschreitung der Maintenance Margin Verlustausgleichszahlungen fällig (Margin Calls). Die Maintenance Margin bezeichnet einen Kontostand, der mindestens von dem Clearing-Mitglied auf seinem Margin Account gehalten werden muss. Er beträgt regelmäßig 75 % der Initial Margin. Die Eurex kennt keine Maintenance Margin. Vgl. *Anstett, Christof Werner:* Financial Futures im Jahresabschluss deutscher Kreditinstitute, Wiesbaden 1997, S. 34; *Bieg, Hartmut; Kußmaul, Heinz; Waschbusch, Gerd:* Finanzierung, 4. Aufl., München 2023, S. 448.

zukünftige Periode (Absicherungsperiode). Ein Austausch des Nominalbetrags findet nicht statt.

Der **Käufer eines FRA** (quasi (zukünftiger) Kreditnehmer) ist zu einer Ausgleichszahlung am Settlement Date verpflichtet, wenn der aktuelle Referenzzinssatz unter dem vereinbarten FRA-Satz liegt.

Der **Verkäufer eines FRA** (quasi (zukünftiger) Kreditgeber bzw. Anleger) ist zu einer Ausgleichszahlung am Settlement Date verpflichtet, wenn der aktuelle Referenzzinssatz über dem vereinbarten FRA-Satz festgestellt wird.

Aufgabe 9.17: Vorlaufzeit, Gesamtlaufzeit sowie Laufzeit eines Forward Rate Agreements

Erläutern Sie am Beispiel eines FRA 3–9 die Begriffe „Vorlaufzeit", „Gesamtlaufzeit" sowie „Laufzeit" eines Forward Rate Agreements!

Lösung:

Bei einem FRA 3–9 (gesprochen Forward Rate Agreement 3 gegen 9 Monate) beschreibt die erste Zahl die **Vorlaufzeit** des FRA, im Beispiel 3 Monate, sowie die zweite Zahl die **Gesamtlaufzeit** dieses Finanzinstruments, hier 9 Monate. Mit dem Ende der Vorlaufzeit beginnt die eigentliche FRA-Laufzeit (Zinsperiode, Absicherungsperiode), die sich aus der Differenz zwischen der Gesamtlaufzeit und der Vorlaufzeit ergibt, hier 6 Monate.

Aufgabe 9.18: Kauf eines Forward Rate Agreements

Ein Unternehmen möchte in zwei Monaten einen 6-Monats-Eurokredit in Höhe von 20 Mio. EUR aufnehmen. Da das Unternehmen steigende Zinsen erwartet, will es sich für seinen zukünftigen Kredit den aktuellen aus seiner Sicht relativ niedrigen Marktzinssatz sichern. Daher entschließt es sich zum Kauf eines Forward Rate Agreement „2 gegen 8 Monate" zu folgenden Konditionen:

• Betrag:	20 Mio. EUR
• FRA-Festzinssatz:	9 % p. a.
• Abschlussdatum:	19.02.01
• Laufzeit des FRA (Referenzperiode):	21.04.01 – 21.10.01 (183 Tage)
• Referenzzinssatz:	6-Monats-EUR-EURIBOR

Am 19.04.01 liegt der 6-Monats-EUR-EURIBOR mit 9,5 % p. a. über dem FRA-Festzinssatz von 9 % p. a. Berechnen Sie die Ausgleichszahlung, die das Unternehmen als Käufer des FRA erhält!

Lösung:

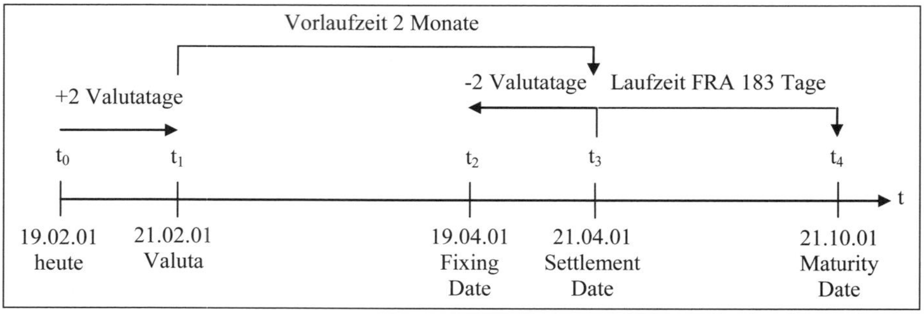

Abbildung 23: Zeitplan eines Euro-Forward Rate Agreements FRA 2–8 [43]

Da der aktuelle Marktzinssatz (6-Monats-EUR-EURIBOR) über dem FRA-Festzinssatz liegt (9,5 % > 9 %), erhält der Käufer des FRA vom Verkäufer des FRA für die Dauer der Laufzeit des FRA (183 Tage) die Zinsdifferenz zwischen dem aktuellen Marktzinssatz und dem FRA-Festzinssatz in Höhe von 0,5 % p. a. bezogen auf den Nominalbetrag in Höhe von 20 Mio. EUR. Dieser Zinsbetrag wird – unter Zugrundelegung des aktuellen Marktzinssatzes – auf den Beginn der Laufzeit des FRA, den 21.04.01, abdiskontiert und bezahlt. Den **Ausgleichsbetrag** errechnet man wie folgt:

$$A \cdot \left(1 + i_R \cdot \frac{T_{FRA}}{360}\right) = K \cdot (i_R - i_{FRA}) \cdot \frac{T_{FRA}}{360}$$

$$\Leftrightarrow A = \frac{K \cdot (i_R - i_{FRA}) \cdot \frac{T_{FRA}}{360}}{1 + i_R \cdot \frac{T_{FRA}}{360}}$$

$$A = \frac{20.000.000 \text{ EUR} \cdot (0{,}095 - 0{,}09) \cdot \frac{183}{360}}{1 + \left(0{,}095 \cdot \frac{183}{360}\right)}$$

$$= \frac{50.833{,}33 \text{ EUR}}{1{,}0482916667}$$

$= \mathbf{48.491{,}59\ EUR}$ (= Barwert der Zinsdifferenz)

Das Unternehmen erhält somit als Käufer des FRA vom Verkäufer des FRA eine Ausgleichszahlung in Höhe von 48.491,59 EUR.

---

[43] Modifiziert entnommen aus *Bieg, Hartmut:* Finanzmanagement mit Forward Rate Agreements, in: Der Steuerberater 1998, S. 142.

Dabei gilt:

A: Ausgleichszahlung;

K: Kapitalbetrag;

i_R: aktueller Marktzinssatz am Fixing Date;

i_{FRA}: FRA-Festzinssatz;

T_{FRA}: Laufzeit des FRA.

Konsequenz der von dem Unternehmen getroffenen Sicherungsmaßnahme:

Annahmegemäß angelegt zum 6-Monats-EUR-EURIBOR der Referenzperiode in Höhe von 9,5 % p. a. wächst die Ausgleichszahlung auf

$$48.491{,}59 \text{ EUR} \cdot \left[1 + \left(0{,}095 \cdot \frac{183}{360}\right)\right]$$

$$= 48.491{,}59 \text{ EUR} \cdot 1{,}0482916667$$

$$= \mathbf{50.833{,}33\ EUR}$$

an. Dieser Betrag entspricht der Zinsdifferenz für 183 Tage zwischen dem vereinbarten FRA-Festzinssatz von 9 % p. a. und dem tatsächlichen Marktzinssatz von 9,5 % p. a. bezogen auf den in Anspruch genommenen Kredit von 20.000.000 EUR, also:

$$K \cdot (i_R - i_{FRA}) \cdot \frac{183}{360}$$

$$= 20.000.000 \text{ EUR} \cdot (0{,}095 - 0{,}09) \cdot \frac{183}{360}$$

$$= 50.833{,}33 \text{ EUR}$$

Ohne Abschluss des FRA wären folgende Kosten entstanden:

$$20.000.000 \text{ EUR} \cdot \left(0{,}095 \cdot \frac{183}{360}\right)$$

$$= 20.000.000 \text{ EUR} \cdot 0{,}0482916667$$

$$= \mathbf{965.833{,}33\ EUR}$$

Mit Abschluss des FRA betragen die Kosten:

$$965.833{,}33 \text{ EUR} - 50.833{,}33 \text{ EUR}$$

$$= \mathbf{915.000\ EUR}$$

Probe:

$$20.000.000 \text{ EUR} \cdot \left(0{,}09 \cdot \frac{183}{360}\right)$$

$$= 20.000.000 \text{ EUR} \cdot 0{,}04575$$

$$= \mathbf{915.000\ EUR}$$

Dies sind die gewünschten Finanzierungskosten.

Das Unternehmen hat sich durch den Abschluss des FRA gegen steigende Zinsen abgesichert. Der geplante 6-Monats-Eurokredit kann zu den im Februar 01 geltenden Konditionen in Anspruch genommen werden. Die tatsächlich gestiegenen Finanzierungskosten werden unter der Annahme, dass der Barwert der Ausgleichszahlung zum aktuellen Marktzinssatz angelegt werden kann, durch die Einzahlung aus dem FRA ausgeglichen.

Aufgabe 9.19: Abschluss eines Forward Rate Agreements [44]

Ein Unternehmen bekommt in 8 Monaten 10.000.000 EUR, die es dann als 3-Monats-Geld anlegen möchte. Da das Unternehmen einen Zinsrückgang für möglich hält, schließt es mit einem Kreditinstitut zum Zeitpunkt t_0 ein Forward Rate Agreement über 10.000.000 EUR mit einem Beginn in 8 Monaten (t_8) und einer Laufzeit von 3 Monaten (t_{11}) ab. Der mit dem Kreditinstitut vereinbarte Zinssatz beträgt 5 % p. a. Als Referenzzinssatz dient der 3-Monats-EUR-EURIBOR. Dieser beträgt 8 Monate später zum Fixingtag (t_8 minus 2 Tage) 4,5 % p. a.

Welcher der beiden Vertragspartner ist der Käufer bzw. Verkäufer des FRA? Gegen welche Zinsentwicklung sichert sich der Käufer bzw. Verkäufer eines FRA ab? Welcher der beiden Vertragspartner ist bei den hier zugrunde gelegten Daten zur Ausgleichszahlung verpflichtet? Berechnen Sie die Höhe der Ausgleichszahlung! (Annahme: 1 Monat = 30 Tage; grundsätzlich liegt der Zinsberechnung die 365/360-Tage-Methode zugrunde; diese Methode beinhaltet die taggenaue, kalendermäßige Berechnung der Laufzeit und bezieht diese auf 360 Zinstage im Jahr.)

Lösung:

Der **Käufer eines FRA** ist derjenige, der im Bewusstsein eines zukünftigen Mittelbedarfs eine Absicherung gegen steigende Zinsen eingehen will (hier: das Kreditinstitut).

Der **Verkäufer eines FRA** ist derjenige, der sich in Kenntnis einer zukünftigen Mittelanlage gegen fallende Zinsen absichern will (hier: das Unternehmen).

Da in der vorliegenden Aufgabenstellung die Zinsen gefallen sind, ist das Kreditinstitut als Käufer des FRA dem Unternehmen gegenüber als Verkäufer des FRA zur **Ausgleichszahlung** verpflichtet.

$$A = \frac{K \cdot (i_R - i_{FRA}) \cdot \frac{T_{FRA}}{360}}{1 + i_R \cdot \frac{T_{FRA}}{360}}$$

[44] Modifiziert entnommen aus *Binkowski, Peter; Beeck, Helmut:* Finanzinnovationen, 3. Aufl., Bonn 1995, S. 78–79.

$$\Rightarrow A = \frac{10.000.000 \text{ EUR} \cdot (0{,}045 - 0{,}05) \cdot \frac{90}{360}}{1 + 0{,}045 \cdot \frac{90}{360}}$$

$$= \frac{10.000.000 \text{ EUR} \cdot (-0{,}00125)}{1{,}01125}$$

$$= \frac{-12.500 \text{ EUR}}{1{,}01125}$$

$$= \mathbf{-12.360{,}94\ EUR}$$

Der von dem Kreditinstitut an das Unternehmen zu zahlende Ausgleichsbetrag beläuft sich auf 12.360,94 EUR.

Dabei gilt:

A: Ausgleichszahlung;

K: Kapitalbetrag;

i_R: aktueller Marktzinssatz am Fixing Date;

i_{FRA}: FRA-Festzinssatz;

T_{FRA}: Laufzeit des FRA.

9.6 Finanzmanagement mit Kreditderivaten

Aufgabe 9.20: Begriff der Kreditderivate

Erläutern Sie den Begriff der Kreditderivate!

Lösung:

Kreditderivate sind derivative Finanzinstrumente, die es dem Risikoverkäufer (Sicherungsnehmer, protection buyer) ermöglichen, die mit Darlehen, Anleihen oder anderen Risikoaktiva verbundenen Bonitätsrisiken von dem zugrunde liegenden Risikoaktivum und dessen anderen Risiken zu trennen und gegen Zahlung einer Prämie auf den Risikokäufer (Sicherungsgeber, protection seller) zu übertragen. Dabei werden die ursprünglichen Kreditbeziehungen des Risikoverkäufers weder verändert noch neu begründet (Erhalt der originären Gläubiger-Schuldner-Beziehungen).

Aufgabe 9.21: Funktionsweise von Credit-Default-Swaps

Stellen Sie die Grundstruktur eines Credit-Default-Swaps dar, indem Sie die nachfolgende Grafik beschriften!

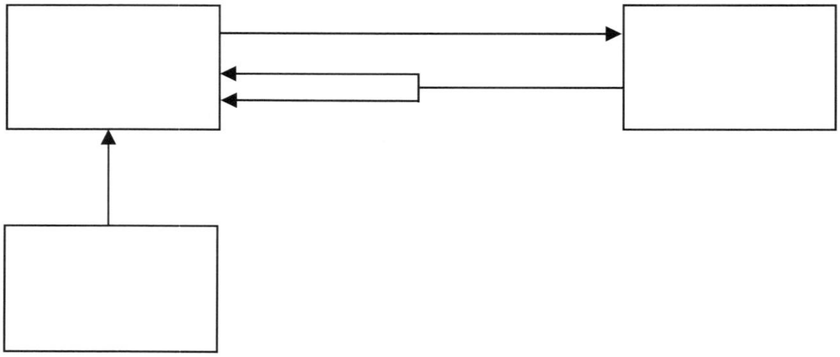

Lösung:

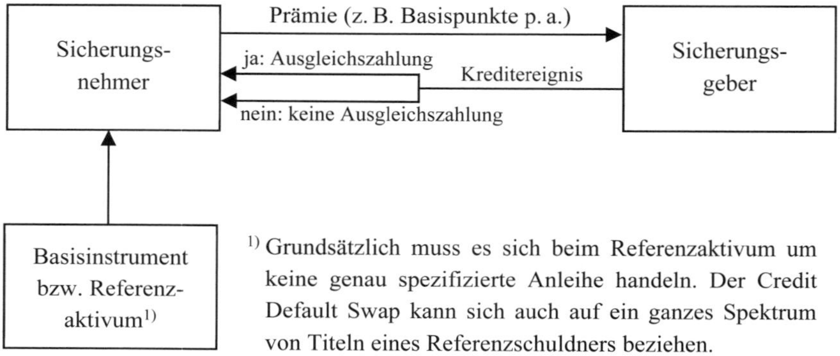

[1)] Grundsätzlich muss es sich beim Referenzaktivum um keine genau spezifizierte Anleihe handeln. Der Credit Default Swap kann sich auch auf ein ganzes Spektrum von Titeln eines Referenzschuldners beziehen.

10 Börsenwesen

10.1 Grundlagen

Aufgabe 10.1: Begriff „Börse“

Was versteht man unter einer Börse?

Lösung:

Unter einer **Börse** versteht man einen **hochgradig organisierten** sowie **zeitlich und örtlich zentralisierten Markt** für fungible (vertretbare) Sachen oder Rechte. Sachen oder Rechte sind dann vertretbar (fungibel), wenn sie im Verkehr üblicherweise nach Zahl, Maß oder Gewicht bestimmt werden können.

Aufgabe 10.2: Börsenarten

Wie lassen sich Börsen klassifizieren?

Lösung:

Börsen lassen sich anhand verschiedener Merkmale systematisieren. Mögliche Klassifizierungskriterien sind hierbei

- die **Art der gehandelten Gegenstände** (Handelsobjekte),

  sowie

- der **Zeitpunkt der Erfüllung der abgeschlossenen Geschäfte** bzw. die **Geschäftsart der Börse.** [45]

Die nachfolgende Abbildung gibt diesbezüglich einen Überblick.

---

[45] Vgl. *Bieg, Hartmut; Kußmaul, Heinz; Waschbusch, Gerd:* Finanzierung, 4. Aufl., München 2023, S. 437; *Deutsche Börse AG:* Stichwort „Börse“, www.deutsche-boerse.de (Stand: 01.11.2023), Rubrik: Unternehmen → Wissen und Prüfungen → Börsenlexikon.

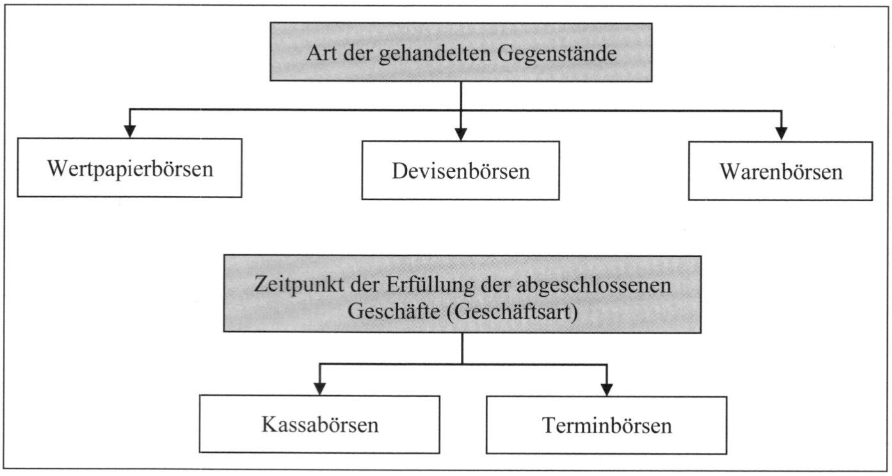

Abbildung 24: Börsenarten

Aufgabe 10.3: Unterschied zwischen einer Kassabörse und einer Terminbörse

Erläutern Sie den grundlegenden Unterschied zwischen einer Kassabörse und einer Terminbörse!

Lösung:

An **Kassabörsen** stehen bei dem Abschluss eines Geschäfts der Zeitpunkt der Konditionenfestlegung (Vertragsabschluss) und der Zeitpunkt der Vertragserfüllung (Lieferung und Bezahlung) in einem unmittelbaren zeitlichen Zusammenhang. Dagegen erfolgt die Vertragserfüllung von an **Terminbörsen** abgeschlossenen Geschäften erst zu einem bei Vertragsabschluss festgelegten späteren Zeitpunkt. Aus diesem Grund wird in diesem Zusammenhang auch von Kassa- bzw. Termingeschäften gesprochen.

Aufgabe 10.4: Volkswirtschaftliche Funktionen der Wertpapierbörsen

Erläutern Sie wichtige volkswirtschaftliche Funktionen, die Wertpapierbörsen erfüllen!

Lösung:

Wertpapierbörsen erfüllen insbesondere folgende **volkswirtschaftliche Funktionen**:

- Wertpapierbörsen nehmen primär eine **Finanzierungsfunktion für Investitionen** wahr, indem Kapitalgeber den Kapitalnehmern Mittel in Form von Eigen- und Fremdkapital zur Verfügung stellen. Das Eigen- und Fremdkapital soll hierbei über die einzelnen Wertpapierbörsen in diejenigen Investitionen gelenkt werden, die – unter Berücksichtigung der unterschiedlich eingeschätzten Risikosituation – am renditestärksten eingeschätzt werden **(Selektionsfunktion)**.

- Die jederzeitige Veräußerungsmöglichkeit von Wertpapieren über die Wertpapierbörsen stellt sicher, dass die unterschiedlichen Interessen von Kapitalnehmern und Kapitalgebern hinsichtlich der Kapitalverfügungsdauer bzw. der Kapitalüberlassungsdauer in Einklang gebracht werden können **(Fristentransformationsfunktion)**.
- Große Kapitalbeträge, welche die Kapital suchenden Unternehmen für ihre Investitionen benötigen, lassen sich über die Ausgabe sehr vieler Wertpapiere zu vergleichsweise niedrigen Emissionskursen (Kapitalbeträgen) aufnehmen **(Losgrößentransformationsfunktion)**.

Aufgabe 10.5: Börsenstruktur in Deutschland

Geben Sie einen Überblick über die Börsenstruktur in Deutschland!

Lösung:

- Kassahandel mit Wertpapieren:

  7 Börsenplätze, 7 Regionalbörsen: Berlin, Düsseldorf, Frankfurt a. M., Hamburg, Hannover, München, Stuttgart;
- Handel mit Terminkontrakten und Optionen:

  vollelektronische Terminbörse Eurex (European Exchange)[46];
- Kassahandel mit Waren:

  nur regionale Bedeutung (z. B. Rheinische Warenbörse, Mannheimer Produktenbörse, Stuttgarter Waren- und Produktenbörse, Frankfurter Getreide- und Produktenbörse);
- Kassa- und Terminhandel für Energie und energienahe Produkte, wie bspw. Strom- und CO_2-Zertifikate:

  EEX (European Energy Exchange) Leipzig.

Aufgabe 10.6: Bedeutung der Börsenaufsicht

Worin liegt die Bedeutung der Börsenaufsicht?

Lösung:

Die Börsenaufsicht hat sicherzustellen, dass Wertpapierbörsen ihre wichtigen volkswirtschaftlichen Funktionen erfüllen können. Zu diesem Zweck ist es notwendig, dass die potenziellen Anleger Vertrauen in eine faire Abwicklung ihrer Börsenaufträge haben und nicht wegen unfairer Praktiken vor einem Engagement an den Wertpapierbörsen zurückschrecken. Es muss daher seitens der Börsenaufsicht gewährleistet sein, dass alle Anleger gleich behandelt werden, gegen die Verwendung von (Insider-)Informationen geschützt sind und dass Manipulationen der Börsenkurse ausgeschlossen sind. Die Schaffung derartiger staatlicher bzw.

---

[46] Eurex ist eine Aktiengesellschaft im vollständigen Besitz der Deutsche Börse AG.

institutioneller Rahmenbedingungen trägt entscheidend zur Reputation und somit zur – vor allem auch internationalen – Wettbewerbsfähigkeit und Attraktivität eines Finanzplatzes bei.

10.2 Organisation von Börsen

Aufgabe 10.7: Aufgaben eines Börsenträgers

Welche Aufgaben obliegen dem Träger einer Börse?

Lösung:

Die **Aufgabe eines Börsenträgers** liegt zum einen in der **Bereitstellung von Mitteln und Ressourcen**, damit der Börsenhandel überhaupt stattfinden kann (Schaffung der materiellen Voraussetzungen für die Existenz einer Börse). Zum anderen besitzt ein Börsenträger Verwaltungs- und Organisationskompetenzen, die ihn in die Lage versetzen, den organisatorischen Rahmen für den Börsenhandel zu schaffen. Er ist somit zuständig für den **Aufbau einer Börsenverwaltung** sowie für die **personelle und sachliche Ausstattung einer Börse**.

10.3 Börsenhandel

Aufgabe 10.8: Zugänge zum Kapitalmarkt

Unternehmen stehen für die Eigenkapitalaufnahme verschiedene Zugangsmöglichkeiten zum Kapitalmarkt (gesetzliche Marktsegmente) zur Verfügung. Erläutern Sie kurz und stellen Sie grafisch dar,

a) welche Zugänge in Deutschland zum Kapitalmarkt bestehen und

b) wie sich ein Zugang an der Frankfurter Wertpapierbörse (FWB) mittels der Deutschen Börse AG vollziehen kann!

Lösung: [47]

Teilaufgabe a)

Börsenwillige und börsenfähige Unternehmen können in Deutschland im Hinblick auf die Beschaffung von Eigenkapital am Kapitalmarkt zwischen zwei Arten von Märkten wählen, und zwar zwischen dem **regulierten Markt** als einem öffentlich-rechtlich organisierten Markt und dem **Freiverkehr**, also dem von einer Börse privatrechtlich organisierten Markt. Während die Zulassung zu einem regulierten Markt insbesondere von den Zulassungsvoraussetzungen des Börsengesetzes (BörsG), der Börsenzulassungsverordnung (BörsZulV), des Wertpapierprospektgesetzes (WpPG), des Wertpapierhandelsgesetzes (WpHG) sowie von der jeweiligen Börsenordnung abhängig ist, überlässt der Gesetzgeber die detaillierte Gestaltung

---

[47] Vgl. *Deutsche Börse AG:* Unsere Märkte, www.deutsche-boerse-cash-market.com (Stand: 01.11.2023), Rubrik: Primary Market → Going Public / Wachstumsfinanzierung → Unsere Märkte.

der Zulassungsbedingungen im Freiverkehr den einzelnen Börsen selbst. In § 48 Abs. 1 Satz 1 BörsG wird vom Börsenträger für den Freiverkehr lediglich verlangt, dass die ordnungsmäßige Durchführung sowohl des Handels als auch der Geschäftsabwicklung durch eine Handelsordnung sowie durch Geschäftsbedingungen des Börsenträgers, die von der Geschäftsführung gebilligt wurden, gewährleistet erscheint.

Abbildung 25: Zugänge zum Kapitalmarkt zur Beschaffung von Eigenkapital

Teilaufgabe b)

Ergänzend zum gewählten Zugangsmarkt optieren die Emittenten an der Frankfurter Wertpapierbörse im Rahmen des Going Public für einen **Transparenzstandard bei der Börsennotierung**. Dieser ist entscheidend für die zu erfüllenden Zulassungsfolge- respektive Veröffentlichungspflichten nach der Börsennotierung, welche die Markttransparenz für die Investoren sichern sollen. Emittenten im regulierten Markt können hierbei den Prime Standard oder den General Standard wählen, Emittenten im Open Market (Bezeichnung des Freiverkehrs an der Frankfurter Wertpapierbörse) den Scale oder das Quotation Board

1. Gesellschaften, die die hohen Transparenzanforderungen des gesetzlich geregelten regulierten Markts erfüllen, werden bei einem Going Public über die Frankfurter Wertpapierbörse direkt in den General Standard einbezogen (gesetzliche Mindestanforderungen an Zulassungsfolgepflichten).

   ⇒ **General Standard** = regulierter Markt

2. Wenn neben den Transparenzanforderungen des regulierten Markts bestimmte zusätzliche Transparenzanforderungen eingehalten werden, kann ein Aufstieg in den Prime Standard erfolgen (hohen internationalen Standards genügende Transparenzanforderungen).

   ⇒ **Prime Standard** = regulierter Markt + zusätzliche Transparenzanforderungen

   Dieser Transparenzstandard eignet sich primär für Unternehmen, die sich international aufstellen möchten und/oder die Aufnahme in einen der Auswahlindizes anstreben.

3. Unternehmen, die grundsätzlich nur wenige Informationen zur Verfügung stellen möchten, können eine Notierungsaufnahme im Open Market, also dem „Freiverkehr" der Frankfurter Wertpapierbörse, anstreben (grundsätzlich wenige formale Einbeziehungsvoraussetzungen, kaum Folgepflichten für Emittenten sowie geringe Transparenzanforderungen).

   ⇒ **Open Market** = „Freiverkehr" an der Frankfurter Wertpapierbörse

   Im **Open Market** stehen den emittierenden Unternehmen zwei Marktsegmente zur Verfügung: der Scale und das Quotation Board. Einem dritten Segement, dem **Basic Board**, werden zum einen alle Unternehmen zugeordnet, die dem 2017 durch den Scale ersetzten Entry Standard angehörten, aber in den Scale nicht aufgenommen wurden. Zum anderen werden in diesem Segment diejenigen Emittenten im Scale erfasst, die die Einbeziehungsfolgepflichten oder die Mindestmarktkapitalisierung nicht erfüllen. Das Basic Board wird jedoch nicht als gesondertes Börsensegment ausgewiesen.

   Der **Scale** ermöglicht insbesondere kleinen und mittleren Unternehmen (KMU) eine einfache und kostengünstige Einbeziehung in den Börsenhandel. Um auch im Freiverkehr dem Kapitalmarkt ein bestimmtes Maß an Transparenz zu gewährleisten, formuliert die Deutsche Börse AG in ihren allgemeinen Geschäftsbedingungen weitere – im Gegensatz zum regulierten Markt jedoch überschaubare – Folgepflichten für eine Aufnahme in den Scale.

   Neben dem Scale stellt das **Quotation Board** das zweite Teilsegment des Open Market („Freiverkehr" der Frankfurter Wertpapierbörse) dar. In das Quotation Board werden alle Unternehmen einbezogen, deren Aktien bereits an einem anderen inländischen oder ausländischen Handelsplatz zugelassen oder einbezogen wurden und zusätzlich eine Notierung im Open Market anstreben.

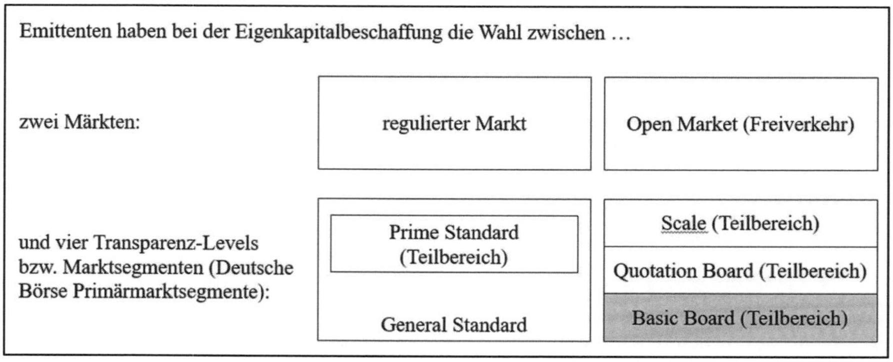

Abbildung 26: Zugänge zum Kapitalmarkt zur Beschaffung von Eigenkapital am Beispiel der FWB[48]

[48] Modifiziert entnommen aus *Waschbusch, Gerd; Staub, Nadine; Horváth, Thomas:* Mittelstandsfinanzierung: Der Entry Standard – Das Börseneinstiegssegment für mittelständische Unternehmen, in: Der Steuerberater 2009, S. 228.

Aufgabe 10.9: Voraussetzungen der Zulassung zum Börsenhandel im regulierten Markt

Welche wesentlichen Voraussetzungen müssen erfüllt sein, damit Wertpapiere zum Börsenhandel im regulierten Markt zugelassen werden?

Lösung:

Folgende wesentliche **Voraussetzungen** müssen grundsätzlich erfüllt sein, damit Wertpapiere **zum Börsenhandel im regulierten Markt** zugelassen werden:

- Der Wertpapieremittent muss die Zulassung von Wertpapieren zum Börsenhandel im regulierten Markt zusammen mit einem Kreditinstitut, einem Finanzdienstleistungsinstitut, einem Wertpapierinstitut oder einem Unternehmen, das nach § 53 Abs. 1 Satz 1 KWG oder § 53b Abs. 1 Satz 1 KWG tätig ist, beantragen. Ferner müssen die den Wertpapieremittenten begleitenden Unternehmen
  - selbst an einer inländischen Wertpapierbörse zum Handel zugelassen sein

    und
  - ein haftendes Eigenkapital in Höhe von 730.000 EUR nachweisen (§ 32 Abs. 2 Satz 2 BörsG).

  Ist der Wertpapieremittent ein Institut (oder ein Unternehmen i. S. d. § 32 Abs. 2 Satz 1 BörsG) und erfüllt er diese Voraussetzungen selbst, kann er den Zulassungsantrag alleine stellen (§ 32 Abs. 2 Satz 3 BörsG).
- Ein Börsenzulassungsprospekt muss sämtliche Angaben enthalten, die im Hinblick auf den Emittenten und die Wertpapiere notwendig sind, um ein zutreffendes Urteil über die Vermögens-, Finanz- und Ertragslage sowie die Zukunftsaussichten des Emittenten und jedes Garantiegebers sowie über die mit diesen Wertpapieren verbundenen Rechte zu ermöglichen (Art. 6 Abs. 1 EU-Prospektverordnung).
- Das Börsenzulassungsprospekt ist nach der erforderlichen Prüfung und Billigung durch die zuständige Behörde zu veröffentlichen (Art. 20–21 EU-Prospektverordnung).
- Der Gesamtkurs der zuzulassenden Aktien muss mindestens 1.250.000 EUR bzw. der Gesamtnennwert anderer Wertpapiere mindestens 250.000 EUR betragen; der Mindestgesamtkurs der zuzulassenden Aktien gilt jedoch nicht, wenn Aktien derselben Gattung an dieser Börse bereits zum regulierten Markt zugelassen sind (§ 2 BörsZulV).
- Der Antrag auf Zulassung von Aktien muss sich grundsätzlich auf alle Aktien derselben Gattung beziehen (§ 7 BörsZulV).
- Der Wertpapieremittent muss mindestens drei Jahre lang als Unternehmen bestanden und seine handelsrechtlichen Jahresabschlüsse für die drei dem Zulassungsantrag vorangegangenen Geschäftsjahre offen gelegt haben (§ 3 BörsZulV).
- Die Wertpapiere müssen frei handelbar sein, in einer den Bedürfnissen des Börsenhandels Rechnung tragenden Stückelung emittiert werden und, sofern es sich um Aktien handelt, im Publikum breit gestreut werden. Aktien gelten i. d. R. dann als ausreichend gestreut,

wenn mindestens 25 % des Gesamtnennbetrages, bei nennwertlosen Aktien der Stückzahl, der zuzulassenden Aktien vom Publikum erworben wurden (vgl. hierzu § 5 Abs. 1, § 6 und § 9 BörsZulV).

Aufgabe 10.10: Abgrenzung der Marktsegmente an der Frankfurter Wertpapierbörse

Ein Unternehmen möchte an der Frankfurter Wertpapierbörse vom General Standard in den Prime Standard wechseln. Wie unterscheiden sich diese Segmente und welche zusätzlichen Voraussetzungen muss das Unternehmen für einen Wechsel erfüllen? Stellen Sie ihr Ergebnis grafisch dar!

Lösung:

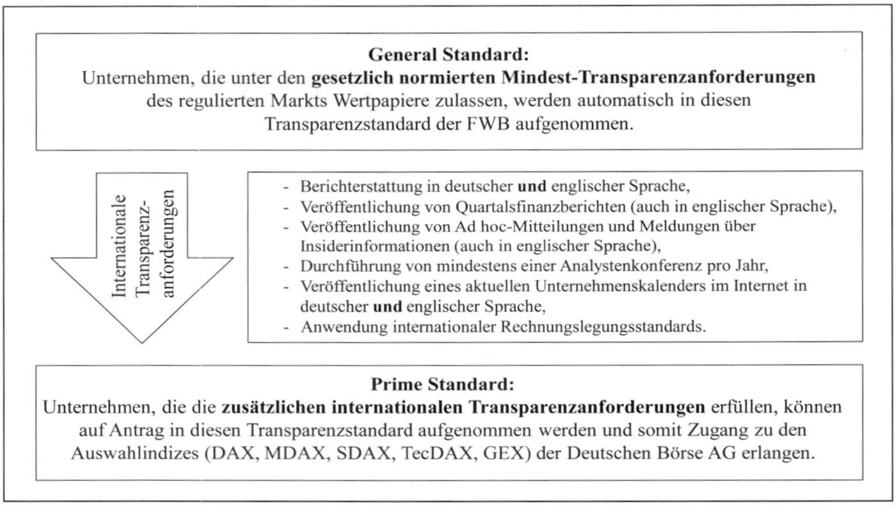

Abbildung 27: Marktsegmente an der FWB [49]

Aufgabe 10.11: Börsensegmente für den Mittelstand

a) Geben Sie einen Überblick über die derzeit in Deutschland existierenden Börsensegmente für mittelständische Unternehmen!

b) Nennen Sie mögliche positive wie negative Aspekte der kapitalmarktorientierten Finanzierung mittelständischer Unternehmen über die Börse!

---

49 Geringfügig modifiziert entnommen aus *Waschbusch, Gerd; Staub, Nadine; Karmann, Oliver:* Die Zukunftsfähigkeit der kapitalmarktorientierten Mittelstandsfinanzierung über die Börse, in: FINANZ BETRIEB 2009, S. 693.

Lösung:

Teilaufgabe a)

Im Vergleich zu den Transparenzstandards des regulierten Markts zeichnen sich die Anforderungen der speziell auf mittelständische Unternehmen zugeschnittenen Börsensegmente durch **niedrigere Zugangshürden und Folgepflichten** aus. Aus diesem Grund eignen sich die Mittelstandsbörsen besonders für die Eigen- und Fremdkapitalaufnahme kleiner und mittlerer Unternehmen.

Schon seit 2005 gibt es mit „M:access“ in München und dem „Scale“ (vor 2017: „Entry Standard“) an der Frankfurter Wertpapierbörse zwei Segmente, die sich mit ihren Anforderungen explizit an mittelständischen Unternehmen orientieren. Im Jahr 2011 wurde durch die Börsen Hamburg und Hannover die „Mittelstandsbörse Deutschland“ ins Leben gerufen. Auch hier können sich kleine und mittlere Unternehmen sowohl Fremd- als auch Eigenkapital beschaffen.

Teilaufgabe b)

Die Beschaffung von Fremd- und Eigenkapital über den Kapitalmarkt stellt für mittelständische Unternehmen eine **zusätzliche Finanzierungsalternative** dar.[50] Mittels einer kapitalmarktorientierten Finanzierung ist es den Unternehmen möglich, die Struktur der Passivseite ihrer Bilanz, d. h. ihre Finanzierungsstruktur zu diversifizieren. Neben die herkömmlichen Finanzierungsinstrumente von Mittelständlern in Form der traditionellen Kreditvergabe durch eine Hausbank tritt eine Aufnahme von Fremd- oder Eigenkapital – beispielsweise in Form einer Anleihe- oder Aktienemission – über den Kapitalmarkt. Gerade kapitalschwachen mittelständischen Unternehmen eröffnen sich durch einen Börsengang neue Finanzierungsmöglichkeiten, was zu einer vermehrten Unabhängigkeit von der Kreditvergabepolitik der Kreditinstitute führt. Auch die Möglichkeit, ein Betreuungsangebot der Kapitalmarktpartner in Anspruch nehmen zu können, steigert für mittelständische Unternehmen die Attraktivität einer Kapitalbeschaffung über die Börse. Ein negativer Aspekt der Aufnahme von Eigenkapital durch die Emission von Aktien ist gerade für die häufig traditionell eigentümergeführten Familienunternehmen in der – von der jeweiligen Ausgestaltung der Aktien abhängigen – möglichen Einflussnahme neuer Eigentümer auf das Unternehmensgeschehen zu sehen. Weiterhin entstehen aufgrund der Zugangsvoraussetzungen und Folgepflichten einer Börsennotierung erhebliche Kosten, da die Anforderungen der jeweiligen Börsensegmente in Form von Berichterstattungen, Ratings o. Ä. zur Börsenzulassung erfüllt werden müssen. Diese Mehrkosten können z. B. einen Einfluss auf den Effektivzins bei einer Anleiheemission haben. Daher lohnt sich eine Kapitalaufnahme für die Unternehmen oft erst ab größeren Volumina.

---

[50] Vgl. zur Bedeutung der Börsen für den Mittelstand *Bohnert Group of Partners:* Mittelstand und Börse – die Unternehmerperspektive – empirische Analyse von Börsensegmenten für den Mittelstand, Düsseldorf o. J.

Aufgabe 10.12: Voraussetzungen der Zulassung zum Börsenhandel im Scale

Mit Scale hat die Deutsche Börse AG einen auf mittelständische Unternehmen zugeschnittenen Kapitalmarktzugang geschaffen. Welche wesentlichen Voraussetzungen und Folgepflichten müssen Emittenten erfüllen, damit ihre Wertpapiere zum Handel in diesem Segment zugelassen werden?

Lösung:

Damit die Aufnahme in Scale erfolgen kann, müssen die entsprechenden Einbeziehungsvoraussetzungen erfüllt werden. Diese sind ausführlich in den Allgemeinen Geschäftsbedingungen für den „Freiverkehr" an der Frankfurter Wertpapierbörse geregelt. [51] Wesentliche **Einbeziehungskriterien für die Notierungsaufnahme von Aktien** [52] in den Scale sind:

- ein Vertrag mit einem Deutsche Börse Capital Market Partner (ein Capital Market Partner kann ein Kreditinstitut, ein Finanzdienstleistungsinstitut oder ein nach § 53 Abs. 1 Satz 1 KWG bzw. § 53b Abs. 1 Satz 1 KWG tätiges Unternehmen sein),
- der schriftliche Antrag auf Einbeziehung des Emittenten zusammen mit einem anerkannten Capital Market Partner als Mitantragsteller,
- im Falle eines öffentlichen Angebots die Einreichung eines gültigen und von der Aufsichtsbehörde gebilligten Wertpapierprospekts sowie etwaiger Nachträge zu dem Prospekt (inklusive Bewilligungsbescheinigung),
- der Nachweis, dass der Emittent als Unternehmen mindestens zwei Jahre besteht,
- eine voraussichtliche Marktkapitalisierung von 30 Mio. EUR zum Zeitpunkt der Einbeziehung der Aktien in den Handel,
- der Nachweis, dass mindestens 20 % oder 1 Mio. Stück der einzubeziehenden Aktien im Publikum gestreut sind,
- die Erfüllung von mindestens drei der nachfolgenden Kriterien/Kennzahlen für Aktien:
    - Umsatz von mindestens 10 Mio. EUR,
    - Jahresüberschuss von mindestens 0 EUR,
    - bilanzielles Eigenkapital größer als 0 EUR,
    - Mitarbeiterzahl von mindestens 20 Personen,

---

[51] Vgl. hierzu *Deutsche Börse AG:* Allgemeine Geschäftsbedingungen der Deutsche Börse AG für den Freiverkehr an der Frankfurter Wertpapierbörse, www.deutsche-boerse-cash-market.com (Stand: 01.11.2023), Rubrik: Regelwerke der FWB; *Deutsche Börse AG:* Unsere Märkte, www.deutsche-boerse-cash-market.com (Stand: 01.11.2023), Rubrik: Primary Market → Going Public / Wachstumsfinanzierung → Unsere Märkte.

[52] Vgl. zur Lösung dieser Aufgabe und den weitgehend mit den Kriterien für Aktien übereinstimmenden Kriterien für Anleihen *Waschbusch, Gerd; Blaß, Robin:* Scale – gelingt der mittelständischen Anleihefinanzierung an der Frankfurter Wertpapierbörse die Auferstehung?, in: Der Steuerberater 2017, S. 385–389.

  - kumuliertes eingesammeltes Eigenkapital vor dem Börsengang von mindestens 5 Mio. EUR,
- das Vorliegen einer Bestätigung des Mitantragstellers über die Geeignetheit des Emittenten für den Scale (d. h., der Emittent betreibt operatives Geschäft, erfüllt die Kennzahlenkriterien (s. o.), hat Vorkehrungen hinsichtlich des internen Risikomanagements, seiner Publizitäts- und Berichtpflichten sowie internen Compliance-Bestimmungen getroffen und sowohl Vorstand als auch Aufsichtsrat des Emittenten verfügen über eine hinreichende Sachkunde oder Erfahrung zur Ausübung ihrer jeweiligen Funktionen),
- das Vorliegen einer Bestätigung, die einen Capital Market Partner benennt, der hinsichtlich der einzubeziehenden Aktien eine Finanzanalye erstellen wird und die den Emittenten zur Veröffentichung der Analyse auf seiner Unternehmenswebseite verpflichtet,
- die Einreichung eines aktuellen Handelsregister-Auszugs (maximal 4 Wochen alt) sowie der zum Zeitpunkt der Einreichung gültigen Satzung oder des gültigen Gesellschaftsvertrags des Emittenten,
- die Einreichung der Jahresabschlüsse und Lageberichte der letzten beiden Geschäftsjahre (Prüfung und Bestätigungsvermerk nur für das letzte Geschäftsjahr obligatorisch),
- die Benennung von mindestens zwei Personen (inkl. Kontaktdaten), die der Deutschen Börse AG als Ansprechpartner für die Einhaltung der Folgepflichten zur Verfügung stehen,
- die Einreichung und Veröffentlichung eines Unternehmenskurzporträts sowie eines Unternehmenskalenders.

Wesentliche **Folgepflichten der Einbeziehung** sind u. a. die Pflicht

- zur Veröffentlichung und Übermittlung von Jahresabschluss und Lagebericht sowie Halbjahresabschluss und Zwischenlagebericht (in deutscher oder englischer Sprache möglich),
- zur unverzüglichen Mitteilung, Veröffentlichung und Übermittlung von Informationen, die geeignet sind, den Börsenkurs wesentlich zu beeinflussen (z. B. Informationen über Kapitalmaßnahmen oder die Herabsetzung des Aktiennennwerts),
- zur mindestens einmal jährlichen Abhaltung einer Analysten- und Investorenveranstaltung,
- zur Veröffentlichung einer ersten Finanzanalyse spätestens sechs Wochen nach der Einbeziehung in den Scale (Initial Research) und zur regelmäßigen Veröffentlichung von Research Updates,
- zur fortlaufenden Aktualisierung und Übermittlung des Unternehmenskurzportraits und des Unternehmenskalenders (in deutscher oder englischer Sprache möglich).

Aufgabe 10.13: Bedeutung der Clearingstelle im Terminhandel

Welche Bedeutung kommt der Clearingstelle einer Terminbörse zu?

Lösung:

Bei einem **Handelssystem mit einer Clearingstelle** werden die Verträge zwischen den Marktpartnern nicht direkt abgeschlossen. Kommt es zu einem Geschäftsabschluss zwischen zwei Handelsteilnehmern, so tritt vielmehr die Clearingstelle als Vertragspartner zwischen den Käufer und Verkäufer des Kontrakts, so dass Rechte und Pflichten eines Handelsteilnehmers aus einem Termingeschäft nur gegenüber der Clearingstelle bestehen. Die Kontraktpartner bleiben dabei anonym. Die Clearingstelle wickelt die Geschäfte ab, sorgt für eine adäquate Besicherung, regelt gegebenenfalls die Lieferungs- und Ausgleichsverpflichtungen aus den Kontrakten und trägt so zur Senkung der Sach-, Verhandlungs- und Prüfungskosten der Kontraktpartner bei. Darüber hinaus spricht die Clearingstelle eine Erfüllungsgarantie für alle an der Terminbörse gehandelten Kontrakte aus, so dass die Marktteilnehmer praktisch keinem Erfüllungsrisiko ausgesetzt sind.

Aufgabe 10.14: Aktienindizes

a) Erläutern Sie die Unterschiede zwischen Auswahl- und All Share-Indizes und geben Sie jeweils ein Beispiel an!

b) Wodurch unterscheiden sich Kursindizes und Performance-Indizes?

Lösung:

Teilaufgabe a)

In einem **Auswahlindex** wird die Anzahl der zugehörigen Werte anhand verschiedener Kriterien wie z. B. Börsenumsatz und Marktkapitalisierung begrenzt, wodurch ein hoher Grad an Handelbarkeit sichergestellt werden soll. Zum bekanntesten deutschen Auswahlindex zählt der DAX. In einem **All Share-Index** ist dagegen die Anzahl der enthaltenen Werte im Vergleich zu einem Auswahlindex unbeschränkt. All Share-Indizes sind daher breiter angelegt und werden insbesondere von Kapitalanlagegesellschaften genutzt, die den Anlageerfolg ihrer Portfolios anhand der Entwicklung dieser Indizes messen. Ein bekannter deutscher All Share-Index ist der Prime All Share-Index, der alle im Prime Standard notierten Werte umfasst.

Teilaufgabe b)

Kursindizes stellen ausschließlich die um Bezugsrechtsabschläge und Aktienkapitalveränderungen bereinigten Kursveränderungen eines Aktienportfolios dar, während **Performance-Indizes** sämtliche Renditekomponenten, d. h. Kursveränderungen und Ausschüttungen – wie z. B. Dividenden- und Bonuszahlungen – berücksichtigen.

11 Innenfinanzierung

11.1 Überblick über die Innenfinanzierung

Aufgabe 11.1: Finanzierungswirkungen von Ein- und Auszahlungen

In den beiden nachfolgenden Abbildungen sollen die Finanzierungswirkungen von Einzahlungen und Auszahlungen dargestellt werden. Kennzeichnen Sie **innerhalb der Abbildungen** an den dafür vorgesehenen Stellen, d.h. innerhalb der Kreise, die einzelnen Finanzierungswirkungen:

\+ für Erhöhung der liquiden Mittel des Unternehmens;

= für keine Veränderung der liquiden Mittel des Unternehmens;

– für Verminderung der liquiden Mittel des Unternehmens.

Geben Sie außerdem jeweils in den grau unterlegten Feldern mit den Buchstaben a, b und c den Umfang der Gesamtwirkung für die Fälle 1 bis 3 an! Um welche Formen der Innenfinanzierung handelt es sich bei den einzelnen Fällen (bitte in die grau unterlegten Felder mit den Buchstaben d und/oder e eintragen)?

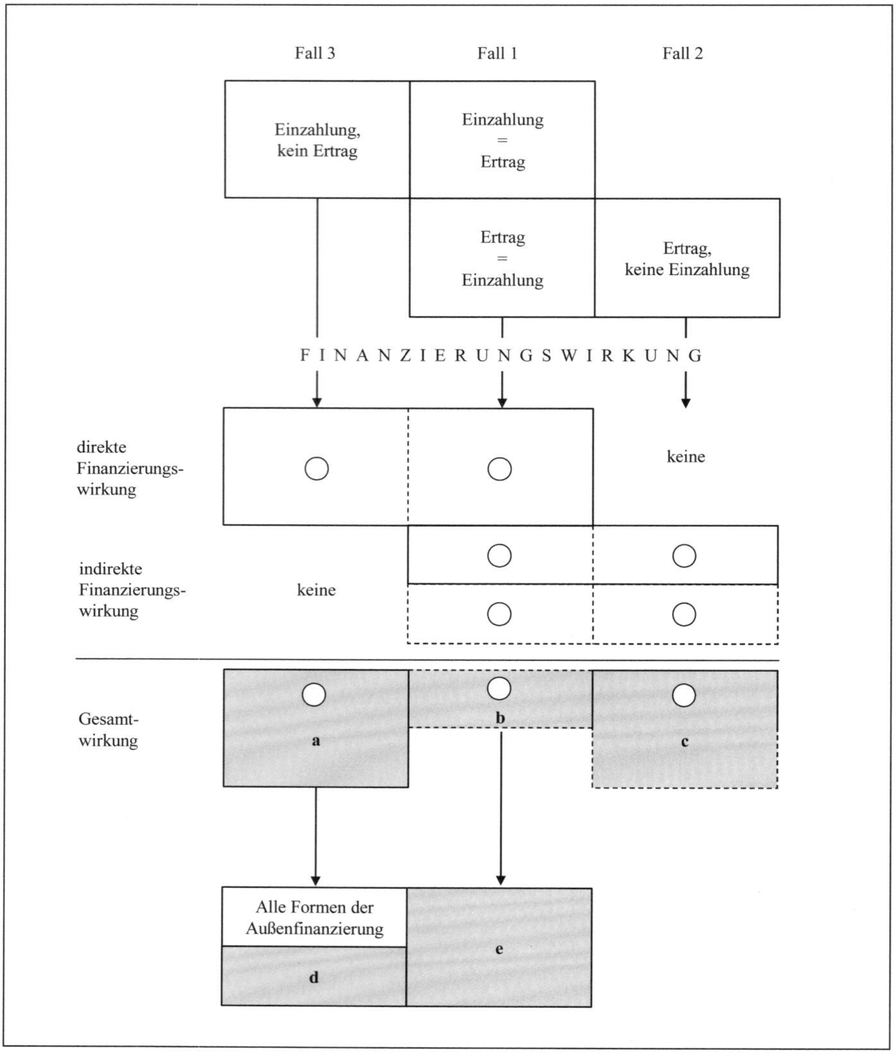

Abbildung 28: Finanzierungswirkung von Einzahlungen

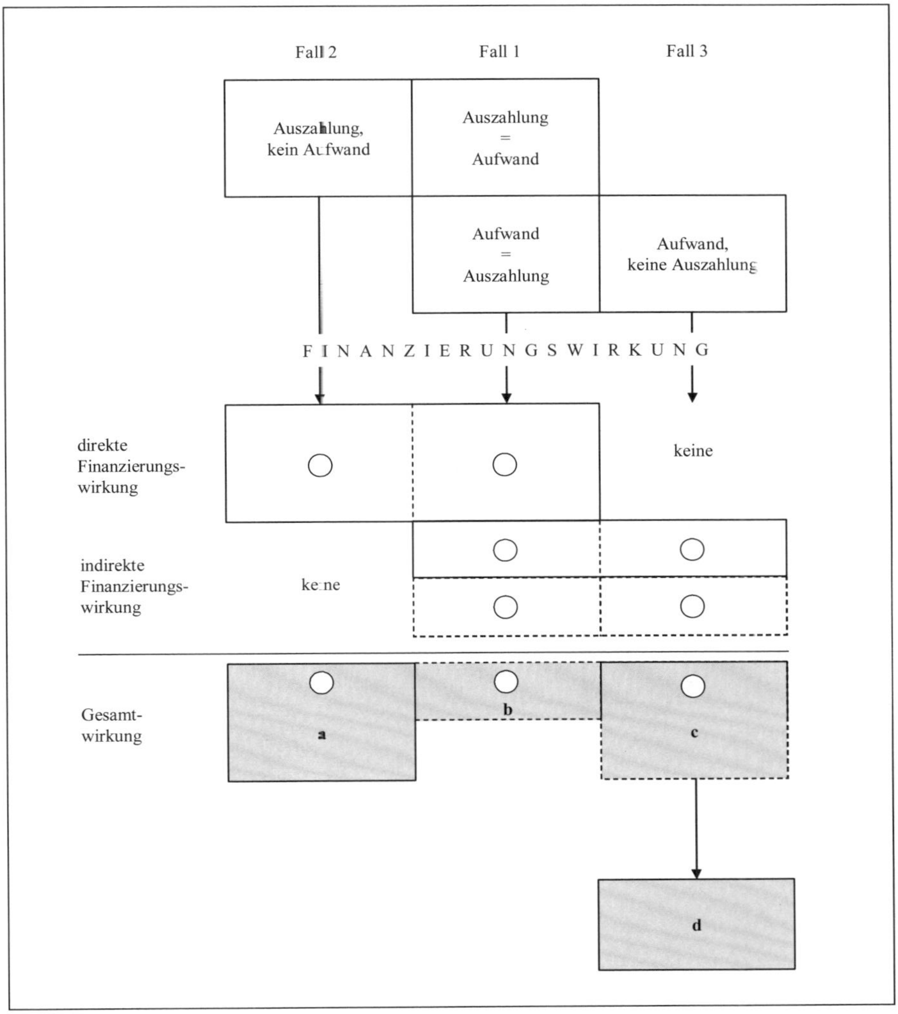

Abbildung 29: Finanzierungswirkung von Auszahlungen

Lösung:

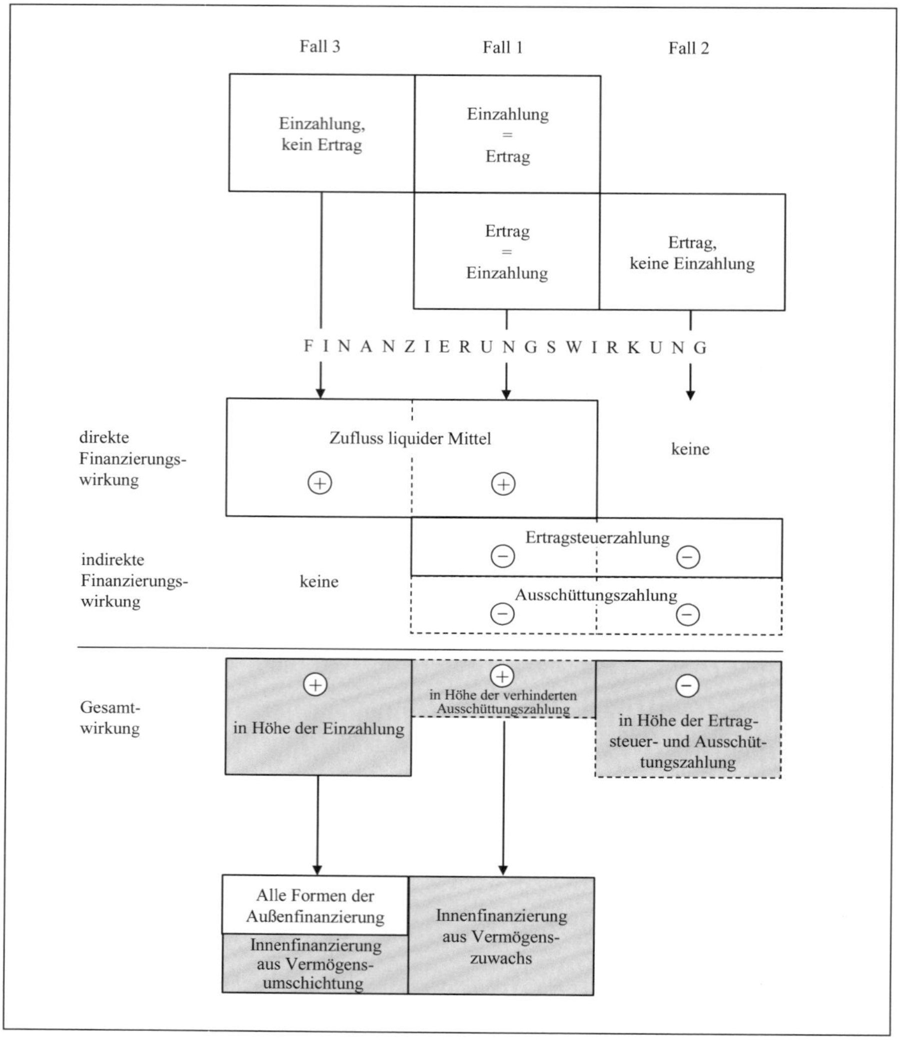

Abbildung 30: Finanzierungswirkung von Einzahlungen[53]

[53] Modifiziert entnommen aus *Bieg, Hartmut:* Die Selbstfinanzierung – zugleich ein Überblick über die Innenfinanzierung, in: Der Steuerberater 1998, S. 187.

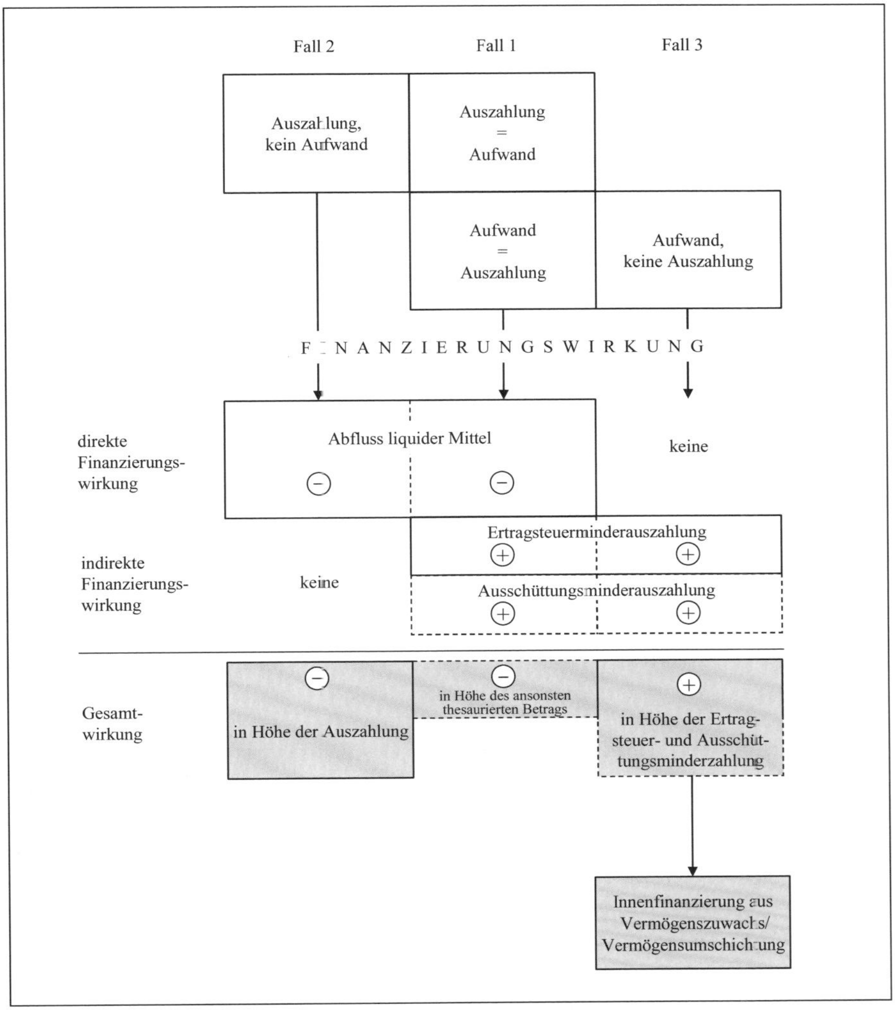

Abbildung 31: Finanzierungswirkung von Auszahlungen [54]

Aufgabe 11.2: Möglichkeiten der Finanzierung aus dem betrieblichen Umsatzprozess

Nennen Sie drei verschiedene Möglichkeiten, die ein Unternehmen hat, um seine Finanzierung aus dem betrieblichen Umsatzprozess heraus zu betreiben!

---

54 Modifiziert entnommen aus *Bieg, Hartmut:* Die Selbstfinanzierung – zugleich ein Überblick über die Innenfinanzierung, in: Der Steuerberater 1998, S. 189.

Lösung:

Ein Unternehmen hat folgende **Möglichkeiten**, um seine **Finanzierung aus dem betrieblichen Umsatzprozess** heraus zu betreiben:

- Einbehaltung von erwirtschafteten Gewinnen (offene bzw. stille Selbstfinanzierung),
- Finanzierung aus Abschreibungsgegenwerten (Kapitalfreisetzung durch den Rückfluss von Abschreibungsgegenwerten),
- Finanzierung aus Rückstellungsgegenwerten („verdiente" Rückstellungen).

11.2 Selbstfinanzierung

Aufgabe 11.3: Finanzierungswirkungen stiller Reserven

Für die voraussichtlichen Kosten eines schwebenden Prozesses wird im Geschäftsjahr t_1 eine Rückstellung in Höhe von 125.000 EUR gebildet. Im darauf folgenden Geschäftsjahr t_2 werden die tatsächlich entstandenen Prozesskosten in Höhe von 87.500 EUR bezahlt. Welche Finanzierungswirkung wurde im Geschäftsjahr t_1 mit Hilfe der Bildung der auch steuerlich anerkannten stillen Reserven erzielt? Welche Finanzierungswirkung ergibt sich aus der Auflösung der stillen Reserven im Geschäftsjahr t_2?

Lösung:

Finanzierungswirkung der stillen Reserven in den Geschäftsjahren t_1 und t_2:

Verglichen mit einer Aufwandsverrechnung von 87.500 EUR erfolgt im Geschäftsjahr t_1 eine Gewinnverschiebung in Höhe von 37.500 EUR in das darauf folgende Geschäftsjahr t_2. Hieraus ergibt sich im Geschäftsjahr t_1 eine positive indirekte Finanzierungswirkung in Höhe der Ertragsteuer- und eventuell Ausschüttungsminderauszahlung (Steuerstundungseffekt). Dieser positiven indirekten Finanzierungswirkung im Geschäftsjahr t_1 steht eine negative indirekte Finanzierungswirkung im Geschäftsjahr t_2 gegenüber, weil die aufgelösten stillen Reserven der Ertragsbesteuerung unterliegen und eventuell ausgeschüttet werden.

Aufgabe 11.4: Stille Selbstfinanzierung[55]

Die Anschaffungskosten (= Wiederbeschaffungskosten) eines langlebigen Wirtschaftsgutes betragen 120.000 EUR. Jährlich werden bilanziell 15.000 EUR, kalkulatorisch 10.000 EUR linear abgeschrieben.

Zeigen Sie mit Hilfe der nachfolgenden Tabelle die Entwicklung der bilanziellen Restwerte, der kalkulatorischen Restwerte und der stillen Reserven auf! R_i stellt dabei den Restwert der Periode i und a_i die Abschreibung der Periode i dar.

---

[55] Modifiziert entnommen aus *Mühlbauer, Klaus:* Betriebswirtschaft – Übungsheft 3./4. Semester, Frankfurt am Main 2001, S. 32–33.

Periode	Bilanzielle Abschreibung	Kalkulatorische Abschreibung	Stille Reserven
R_0			
a_1			
R_1			
a_2			
R_2			
a_3			
R_3			
a_4			
R_4			
a_5			
R_5			
a_6			
R_6			
a_7			
R_7			
a_8			
R_8			
a_9			
R_9			
a_{10}			
R_{10}			
a_{11}			
R_{11}			
a_{12}			
R_{12}			

Lösung:

Periode	Bilanzielle Abschreibung	Kalkulatorische Abschreibung	Stille Reserven
R_0	120.000 EUR	120.000 EUR	–
a_1	15.000 EUR	10.000 EUR	+ 5.000 EUR
R_1	105.000 EUR	110.000 EUR	5.000 EUR
a_2	15.000 EUR	10.000 EUR	+ 5.000 EUR
R_2	90.000 EUR	100.000 EUR	10.000 EUR
a_3	15.000 EUR	10.000 EUR	+ 5.000 EUR
R_3	75.000 EUR	90.000 EUR	15.000 EUR
a_4	15.000 EUR	10.000 EUR	+ 5.000 EUR
R_4	60.000 EUR	80.000 EUR	20.000 EUR
a_5	15.000 EUR	10.000 EUR	+ 5.000 EUR
R_5	45.000 EUR	70.000 EUR	25.000 EUR
a_6	15.000 EUR	10.000 EUR	+ 5.000 EUR
R_6	30.000 EUR	60.000 EUR	30.000 EUR
a_7	15.000 EUR	10.000 EUR	+ 5.000 EUR
R_7	15.000 EUR	50.000 EUR	35.000 EUR
a_8	15.000 EUR	10.000 EUR	+ 5.000 EUR
R_8	0 EUR	40.000 EUR	40.000 EUR
a_9		10.000 EUR	– 10.000 EUR
R_9		30.000 EUR	30.000 EUR
a_{10}		10.000 EUR	– 10.000 EUR
R_{10}		20.000 EUR	20.000 EUR
a_{11}		10.000 EUR	– 10.000 EUR
R_{11}		10.000 EUR	10.000 EUR
a_{12}		10.000 EUR	– 10.000 EUR
R_{12}		0 EUR	0 EUR

Aufgabe 11.5: Vor- und Nachteile der Selbstfinanzierung[56]

Aufgrund Ihrer guten Kontakte werden Sie in den Beraterbeirat der Opti GmbH, eines mittelständischen Fertigungsunternehmens, berufen. Ihre erste Aufgabe ist es, einen Vortrag zu dem Thema „Selbstfinanzierung ist Eigenkapitalbeschaffung von innen" zu halten. Man erwartet von Ihnen, dass Sie dabei auf die folgenden Aspekte eingehen:

a) Vor- und Nachteile dieser Finanzierungsmöglichkeit,

b) Konsequenzen einer starken Selbstfinanzierung für:

- die Eigenkapitalgeber,
- die Gläubiger,
- die Mitarbeiter sowie
- den Fiskus.

Lösung:

Teilaufgabe a)

Vorteile der Selbstfinanzierung:

- keine Beanspruchung des Privatvermögens der bisherigen Gesellschafter,
- keine Aufnahme neuer Gesellschafter notwendig (damit verbunden ist eine Beibehaltung der bisherigen Machtsituation),
- Einsparung der Beschaffungskosten extern bereitgestellten Eigenkapitals (z. B. Emissionskosten im Rahmen einer Kapitalerhöhung),
- leichter durchsetzbar als eine externe Erhöhung des Eigenkapitals (insbesondere bei stiller Selbstfinanzierung),
- keine spätere zusätzliche Liquiditätsbelastung durch insgesamt höhere Ausschüttungen,
- häufig einziger Weg der Eigenkapitalbeschaffung,
- Erhöhung der Kreditwürdigkeit durch Erhöhung der Eigenkapitalbasis,
- keine Zweckbindung für bestimmte Investitionsvorhaben des Unternehmens.

Nachteile der Selbstfinanzierung:

- abhängig von der jeweiligen Gewinnsituation des Unternehmens,
- bei generell hoher Selbstfinanzierung besteht langfristig die Gefahr einer Verärgerung der Gesellschafter,
- Gefahr der Kapitalfehlleitung,
- Gefahr der falschen Beurteilung der Rentabilitätssituation des Unternehmens, wenn eine stille Selbstfinanzierung erfolgt.

---

56 Modifiziert entnommen aus *Mühlbauer, Klaus:* Betriebswirtschaft – Übungsheft 3./4. Semester, Frankfurt am Main 2001, S. 31.

Teilaufgabe b)

Konsequenzen für die Eigenkapitalgeber:

- Verzicht auf einen Teil des ausschüttbaren Gewinns,
- zeitliche Verlagerung der Gewinnausschüttung,
- Möglichkeit der Dividendenkontinuität,
- Stärkung der Haftungsbasis der Gesellschaft.

Konsequenzen für die Gläubiger:

- Stärkung der Verlustausgleichs- und Haftungsfunktion des Eigenkapitals (damit eventuell verbunden die Bereitschaft zu einer höheren Kreditgewährung),
- bei stiller Selbstfinanzierung Gefahr einer falschen Beurteilung der Vermögens-, Finanz- und Ertragslage des Unternehmens (Verschleierung der wahren Unternehmenssituation).

Konsequenzen für die Mitarbeiter:

- durch eine hohe Selbstfinanzierung wird die Arbeitsplatzsicherheit der Mitarbeiter grundsätzlich gestärkt (Schutz in Krisenzeiten).

Konsequenzen für den Fiskus:

- bei steuerlicher Anerkennung stiller Selbstfinanzierungsmaßnahmen zunächst geringere Steuereinnahmen durch einen geringeren Gewinnausweis (zeitliche Verlagerung der Steuereinnahmen),
- eventuell besteht aber auch die Möglichkeit einer endgültigen Steuerersparnis, wenn es gelingt, die Gewinne in eine Phase niedrigerer Ertragsteuersätze zu verlagern.

Aufgabe 11.6: Gewinnverteilung/Gewinnthesaurierung bei der OHG sowie der KG

Die Kapitalanteile der Gesellschafter A, B und C einer OHG belaufen sich auf 800.000 EUR, 600.000 EUR und 400.000 EUR. Die Höhe der Kapitalanteile entsprechen den vereinbarten Beiträgen in Form von Kapitaleinlagen zur Gesellschaft. A und C beziehen ein Arbeitsentgelt (Unternehmerlohn) von jeweils 70.000 EUR, B arbeitet im Betrieb nicht mit.

Das Privatvermögen von A beträgt 400.000 EUR, das von B 1,8 Mio. EUR, das von C 800.000 EUR. Der Gewinn des Jahres 2024 vor Abzug der Entgelte für A und C beläuft sich auf 500.000 EUR. Der durchschnittliche Referenzzinssatz der EZB des Jahres beträgt 3 %.

a) Wie hoch sind die Gewinnanteile von A, B und C sowie der in dem Unternehmen zurückbehaltene Gewinn, wenn im Gesellschaftsvertrag Folgendes vereinbart ist:

   „Aus dem Gewinn des Jahres ist zunächst der Unternehmerlohn zu speisen, sodann ist eine Eigenkapitalverzinsung in Höhe des durchschnittlichen Referenzzinssatzes der EZB plus 4 % vorzunehmen, ein verbleibender Rest ist zur Abdeckung des unterschiedlichen Risikos der Gesellschafter im Verhältnis des Gesamtvermögens (Eigenkapital + Privatvermögen) zu verteilen. Nach erfolgter Gewinnverteilung belässt jeder Gesellschafter lediglich den Teil des ihm zugeteilten Gewinns, der den Betrag von 125.000 EUR übersteigt, zur Hälfte auf seinem Kapitalkonto; die andere Hälfte wird ebenso wie der Betrag von 125.000 EUR entnommen."

b) Wie hoch sind die Gewinnanteile von A, B und C sowie der in dem Unternehmen zurückbehaltene Gewinn, wenn der Gewinn des Jahres 2024 nach der im Handelsgesetzbuch vorgesehenen Regelung zu verteilen ist und ergänzend dazu im Gesellschaftsvertrag Folgendes vereinbart ist:

„Vom Gewinn des Jahres sind zunächst die Arbeitsentgelte (Unternehmerlohn) der im Betrieb arbeitenden Gesellschafter abzuziehen. Nach erfolgter Gewinnverteilung belässt jeder Gesellschafter den Teil des ihm zugeteilten Gewinns, der den Betrag von 140.000 EUR übersteigt, zu drei Vierteln auf seinem Kapitalkonto; das restliche Viertel wird entnommen."

c) Wie wäre im vorliegenden Fall der Gesamtgewinn zu verteilen, wenn es sich statt um eine OHG um eine KG mit den Komplementären A und C und dem Kommanditisten B handeln würde, es sich bei dem Kapitalanteil von B um voll eingezahlte vereinbarte Einlagen handeln würde und im Gesellschaftsvertrag folgende Reihenfolge der Gewinnverteilung vereinbart worden wäre:

- Berücksichtigung des Unternehmerlohns,
- 30 % des Restgewinns im Verhältnis des haftenden Gesamtvermögens de Gesellschafter,
- Restgewinn nach Köpfen?

Wie hoch ist der vor diesem Hintergrund in dem Unternehmen zurückbehaltene Gewinn, wenn sich die Komplementäre A und C bereit erklären, 20 % des ihnen zugeteilten Gewinns auf ihren Kapitalkonten zu belassen, wohingegen der Restbetrag entnommen wird?

Der Lösung dieser Aufgabe ist das neue Personengesellschaftsrecht zugrunde zu legen. Dieses wurde durch das Personengesellschaftsrechtsmodernisierungsgesetz (MoPeG) mit Wirkung zum 1. Januar 2024 umfassend reformiert.

Lösung:

Teilaufgabe a)

Gewinnverteilung:

Gesellschafter	Kapitalanteil [in EUR]	Unternehmerlohn [in EUR]	7 % EK-Verzinsung [in EUR]	Risikoprämie (siehe Nebenrechnung) [in EUR]	zugeteilter Gewinn [in EUR]
A	800.000	70.000	56.000	58.500	184.500
B	600.000	–	42.000	117.000	159.000
C	400.000	70.000	28.000	58.500	156.500
Σ	**1.800.000**	**140.000**	**126.000**	**234.000**	**500.000**

Nebenrechnung:

Risikoprämie = Gewinn – Unternehmerlohn – EK-Verzinsung
= 500.000 EUR – 140.000 EUR – 126.000 EUR
= 234.000 EUR

	Kapitalanteil (Betriebsvermögen) [in EUR]	sonstiges Privatvermögen [in EUR]	Gesamtvermögen		Risikoprämie [in EUR]
			absolut [in EUR]	in %	
A	800.000	400.000	1.200.000	25 %	234.000 · 0,25 = 58.500
B	600.000	1.800.000	2.400.000	50 %	234.000 · 0,50 = 117.000
C	400.000	800.000	1.200.000	25 %	234.000 · 0,25 = 58.500
Σ	**1.800.000**	**3.000.000**	**4.800.000**	**100 %**	**234.000**

Auf den Kapitalkonten der einzelnen Gesellschafter verbleiben folgende Beträge:

Gesellschafter	zugeteilter Gewinn [in EUR]	Gewinnthesaurierungsbetrag [in EUR]
A	184.500	(184.500 – 125.000) · 0,50 = 29.750
B	159.000	(159.000 – 125.000) · 0,50 = 17.000
C	156.500	(156.500 – 125.000) · 0,50 = 15.750
∑	**500.000**	**62.500**

Teilaufgabe b)

Gewinnverteilung:

Gesellschafter	Kapitalanteil [in EUR]	Unter-nehmerlohn [in EUR]	Restgewinnverteilung nach vereinbartem Beitragsverhältnis (siehe Nebenrechnung) [in EUR]	zugeteilter Gewinn [in EUR]
A	800.000	70.000	160.000	230.000
B	600.000	–	120.000	120.000
C	400.000	70.000	80.000	150.000
∑	**1.800.000**	**140.000**	**360.000**	**500.000**

Nebenrechnung:

Gesellschafter	Kapitalanteil [in EUR]	vereinbartes Beitragsverhältnis
A	800.000	$\frac{800.000 \text{ EUR}}{1.800.000 \text{ EUR}} = \frac{4}{9}$
B	600.000	$\frac{600.000 \text{ EUR}}{1.800.000 \text{ EUR}} = \frac{3}{9}$
C	400.000	$\frac{400.000 \text{ EUR}}{1.800.000 \text{ EUR}} = \frac{2}{9}$
∑	**1.800.000**	**1**

Restgewinn = Gewinn – Unternehmerlohn

= 500.000 EUR – 140.000 EUR

= 360.000 EUR

Auf den Kapitalkonten der einzelnen Gesellschafter verbleiben folgende Beträge:

Gesellschafter	zugeteilter Gewinn [in EUR]	Gewinnthesaurierungsbetrag [in EUR]
A	230.000	(230.000 − 140.000) · 0,75 = 67.500
B	120.000	–
C	150.000	(150.000 − 140.000) · 0,75 = 7.500
Σ	**500.000**	**75.000**

Teilaufgabe c)

Gewinnverteilung:

Gesell-schafter	haftendes Vermögen (Eigenkapital + Privatvermögen) [in EUR]	Unter-nehmer-lohn [in EUR]	Risikoprämie (siehe Nebenrechnung) [in EUR]	Rest nach Köpfen [in EUR]	zugeteilter Gewinn [in EUR]
A	1.200.000	70.000	43.200	84.000	197.200
B	600.000 *	–	21.600	84.000	105.600
C	1.200.000	70.000	43.200	84.000	197.200
Σ	**3.000.000**	**140.000**	**86.400**	**252.000**	**500.000**

* Der Kommanditist B haftet nur mit seiner Einlage und nicht mit seinem Privatvermögen.

Nebenrechnung:

Restgewinn = Gewinn – Unternehmerlohn
= 500.000 EUR − 140.000 EUR
= 360.000 EUR

davon: 360.000 EUR · 0,30 = 108.000 EUR (Risikoprämie)

360.000 EUR · 0,70 = 252.000 EUR (Verteilung nach Köpfen, d. h. pro Kopf 84.000 EUR)

	haftendes Vermögen (Eigenkapital + Privatvermögen)		Risikoprämie [in EUR]
	absolut [in EUR]	in %	
A	1.200.000	40 %	108.000 · 0,40 = 43.200
B	600.000	20 %	108.000 · 0,20 = 21.600
C	1.200.000	40 %	108.000 · 0,40 = 43.200
Σ	**3.000.000**	**100 %**	**108.000**

Auf den Kapitalkonten der einzelnen Gesellschafter verbleiben folgende Beträge:

Gesellschafter	zugeteilter Gewinn [in EUR]	Gewinnthesaurierungsbetrag [in EUR]
A	197.200	197.200 · 0,20 = 39.440
B	105.600	–
C	197.200	197.200 · 0,20 = 39.440
Σ	**500.000**	**78.880**

Aufgabe 11.7: Gewinnverteilung/Gewinnthesaurierung bei der AG [57]

Eine Aktiengesellschaft verfügt über ein Grundkapital von 100.000 EUR. Die gesetzliche Rücklage beläuft sich auf 5.000 EUR, die anderen Gewinnrücklagen auf 60.000 EUR. Der Jahresüberschuss beträgt 30.000 EUR. Es besteht kein Verlustvortrag. Eine Kapitalrücklage wurde bisher nicht dotiert.

a) Welche Dividende in Prozent vom Grundkapital kann der Vorstand den Aktionären maximal anbieten? Welche Dividende muss der Vorstand den Aktionären mindestens anbieten, wenn die Satzung zu dieser Frage keine besonderen Regelungen enthält? Wie hoch ist jeweils der Gewinnthesaurierungsbetrag?

b) Welchen Beschluss kann die Hauptversammlung über die Verwendung der ihr angebotenen Dividende (Bilanzgewinn) mit einfacher Mehrheit fassen?

---

[57] Modifiziert entnommen aus *Wöhe, Günter; Kaiser, Hans; Döring, Ulrich:* Übungsbuch zur Einführung in die Allgemeine Betriebswirtschaftslehre, 11. Aufl., München 2005, S. 72–73 (in den nachfolgenden Auflagen nicht mehr enthalten).

Lösung:

Teilaufgabe a)

Aus dem Jahresüberschuss in Höhe von 30.000 EUR sind zunächst 5 %, also 1.500 EUR, der gesetzlichen Rücklage zuzuführen, da diese zusammen mit der Kapitalrücklage (hier: 0 EUR) noch nicht die erforderlichen 10 % des Grundkapitals erreicht hat. Über die Hälfte des verbleibenden Betrags von 28.500 EUR kann der Vorstand verfügen (Einstellung in die anderen Gewinnrücklagen). Verzichtet der Vorstand hierauf, beträgt der Bilanzgewinn 28.500 EUR (= 28,5 % des Grundkapitals). Schöpft der Vorstand seinen gesamten Spielraum zur Bildung der anderen Gewinnrücklagen aus, kann den Aktionären nur eine Dividende von 14,25 % des Grundkapitals (absolut: 14.250 EUR) gezahlt werden. Im ersten Fall beträgt der Gewinnthesaurierungsbetrag 1.500 EUR, im zweiten Fall 15.750 EUR.

Teilaufgabe b)

Die Hauptversammlung kann mit einfacher Mehrheit beschließen, dass

- der gesamte Bilanzgewinn ausgeschüttet wird,
- nur ein Teil des Bilanzgewinns ausgeschüttet wird,
- auf eine Ausschüttung überhaupt verzichtet und der Bilanzgewinn teilweise bzw. voll den offenen Rücklagen zugewiesen wird (ein eventuell verbleibender Rest ist Gewinnvortrag).

11.3 Fremdfinanzierung aus Rückstellungen

Aufgabe 11.8: Finanzierungswirkung von Rückstellungen

Erläutern Sie die Finanzierungswirkung von Rückstellungen! Welche Faktoren beeinflussen diesen Effekt?

Lösung:

Die Finanzierungswirkung von Rückstellungen resultiert aus der Tatsache, dass bei der Bildung von Rückstellungen Aufwandsposten verbucht werden, denen nicht gleichzeitig Auszahlungen gegenüberstehen. Die Bildung von Rückstellungsaufwendungen führt damit zu einer Verringerung des Gewinns und der Ausschüttungen sowie zu einer niedrigeren Steuerbelastung, soweit die Rückstellungen auch steuerlich zulässig sind. Diese Finanzierungswirkung von Rückstellungen wird neben dem Ertragsteuersatz insbesondere von der Höhe und der Fristigkeit der Rückstellungen sowie der grundlegenden Ausschüttungsentscheidung eines Unternehmens beeinflusst.

Aufgabe 11.9: Finanzierung aus Pensionsrückstellungen[58]

Die nachfolgende Grafik zeigt eine Finanzierungsart, die für Unternehmen eine erhebliche Bedeutung erlangen kann: die Finanzierung aus Pensionsrückstellungen.

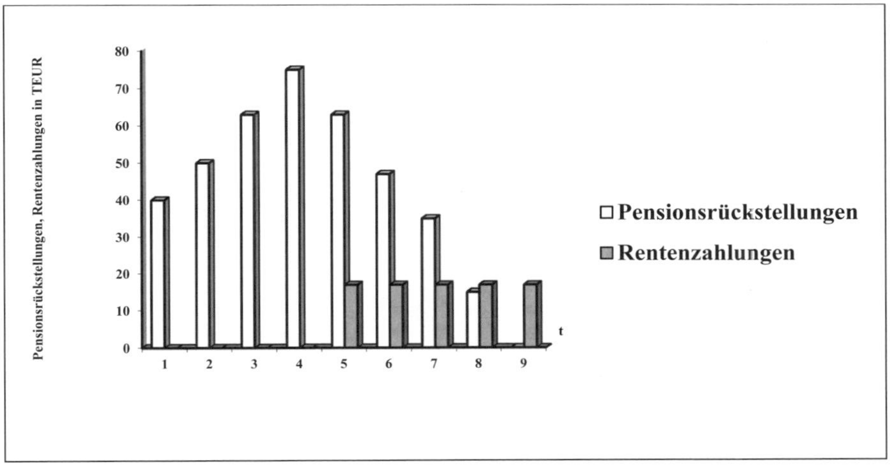

a) Welchem Oberbegriff ist diese Finanzierungsart zuzurechnen?

b) Erläutern Sie den Finanzierungseffekt aus Pensionsrückstellungen anhand der obigen Abbildung!

c) Welche Voraussetzungen müssen erfüllt sein, damit dieser Finanzierungseffekt auch eintritt?

d) Warum entspricht die Höhe der Pensionsrückstellungen in t_7 nicht der Summe der Rentenzahlungen in t_8 und t_9?

e) Berechnen Sie die Höhe der Pensionsrückstellungen für das Jahr t_6, wenn in den Jahren t_7 bis t_9 Rentenzahlungen von jeweils 18.000 EUR anfallen und ein versicherungsmathematischer Zinssatz von 6 % zugrunde gelegt wird!

f) Welche Auswirkungen hätte die Wahl eines versicherungsmathematischen Zinssatzes von 20 %?

g) Sind Gefahren mit der Verwendung eines so hohen Zinssatzes verbunden?

Lösung:

Teilaufgabe a)

Die Finanzierung aus Pensionsrückstellungen ist der **Finanzierung aus dem betrieblichen Umsatzprozess** zuzurechnen.

---

[58] Modifiziert entnommen aus *Rüsberg, Lars:* Allgemeine Betriebswirtschaftslehre – Übungsheft 3./4. Semester, Frankfurt am Main 1991, S. 32.

Teilaufgabe b)

In Höhe der weißen Felder bestehen in den einzelnen Perioden Pensionsrückstellungen, denen zunächst keine Auszahlungen gegenüberstehen. Die Beträge stehen daher zur Finanzierung anderer Verwendungen zur Verfügung. Es erfolgt also zuerst ein Aufbau über Zuführungen zu den Pensionsrückstellungen, dann – mit Beginn der Pensionszahlungen – ein Abbau durch Auszahlungen.

Teilaufgabe c)

In der Kalkulation der Selbstkosten müssen die Zuführungen zu den Pensionsrückstellungen als Kosten enthalten sein. Die am Markt erzielbaren Preise müssen sodann mindestens die ermittelten Selbstkosten decken und zu entsprechenden Mittelzuflüssen führen. Auf diese Weise werden die Gegenwerte der Pensionsrückstellungen am Markt verdient.

Teilaufgabe d)

Durch die (zusätzliche) Verzinsung der Pensionsrückstellungen können die Auszahlungen in t_8 und t_9 geleistet werden.

Pensionsrückstellungen in t_7 = Barwert der Pensionszahlungen in t_8 und t_9.

Teilaufgabe e)

Pensionsrückstellungen in t_6

$$= \frac{18.000 \text{ EUR}}{1{,}06^1} + \frac{18.000 \text{ EUR}}{1{,}06^2} + \frac{18.000 \text{ EUR}}{1{,}06^3}$$

$= \mathbf{48.114{,}22\ EUR}$

Teilaufgabe f)

Der Barwert der Pensionsrückstellungen sinkt mit einem steigenden versicherungsmathematischen Zinssatz; damit sinkt zugleich der entsprechende Rückstellungsaufwand. Bei einem versicherungsmathematischen Zinssatz von 20 % betragen z. B. die Pensionsrückstellungen in t_6 = 37.916,67 EUR.

Teilaufgabe g)

Wenn sich herausstellt, dass sich die Pensionsrückstellungen nicht in der unterstellten Höhe (hier 20 %) in dem Unternehmen verzinsen, können aus den Pensionsrückstellungen nicht die Auszahlungen für die zugesagten Pensionsverpflichtungen geleistet werden. Die Folge sind eventuelle Liquiditätsschwierigkeiten.

Aufgabe 11.10: Bildung und Verlauf einer Pensionsrückstellung

Die Ruhestand AG möchte ihrem Mitarbeiter Wohlgeruh auch im Rentenalter ein angemessenes Einkommen sichern. Sie gibt ihm daher im laufenden Jahr 2023 eine unmittelbare Pensionszusage über eine jährlich nachschüssig zu zahlende Rente in Höhe von 12.000 EUR und eine Laufzeit von 10 Jahren. Die erste Rentenzahlung soll am 31.12.2031, ein Jahr nach seinem Ausscheiden aus dem Unternehmen, gezahlt werden. Wohlgeruh ist bereits seit dem 01.01.2011 Mitarbeiter der Ruhestand AG.

a) Ermitteln Sie die steuerliche Höhe der am 31.12.2023 erstmals zu bildenden Pensionsrückstellung für den Mitarbeiter Wohlgeruh unter Beachtung der gesetzlichen Vorschriften des § 6a EStG!

b) Zeigen Sie für den Mitarbeiter Wohlgeruh den Verlauf der Pensionsrückstellung für die Jahresabschlussstichtage 2023 bis 2025!

Lösung:

Teilaufgabe a)

Hinweis: Gemäß § 6a Abs. 3 Satz 3 EStG finden bei der Berechnung des Teilwertes der Pensionsverpflichtung ein Rechnungszinsfuß von 6 % p. a. und die anerkannten Regeln der Versicherungsmathematik Anwendung.

1. Schritt: Ermittlung des Barwerts der zukünftig zu leistenden Pensionszahlungen zum 31.12.2030 = 01.01.2031 (= Pensionsbeginn)

$$C_0 = \text{Rente} \cdot \text{RBF } (6\ \%/10 \text{ Jahre})$$

$$= 12.000 \text{ EUR} \cdot \frac{(1+0{,}06)^{10} - 1}{0{,}06 \cdot (1+0{,}06)^{10}}$$

$$= 12.000 \text{ EUR} \cdot 7{,}360087$$

$$= \mathbf{88.321{,}04\ EUR}$$

2. Schritt: Abzinsung des Barwerts der zukünftig zu leistenden Pensionszahlungen auf den Zeitpunkt des Beschäftigungsbeginns zum 31.12.2010 (= 01.01.2011)

$$C_0 \text{ (Beschäftigungsbeginn)} = 88.321{,}04 \text{ EUR} \cdot 1{,}06^{-20}$$

$$= 88.321{,}04 \text{ EUR} \cdot 0{,}311805$$

$$= \mathbf{27.538{,}94\ EUR}$$

3. Schritt: Ermittlung der Annuitäten

$$\text{Annuität} = C_0 \text{ (Beschäftigungsbeginn)} \cdot \text{KWF } (6\ \%/20 \text{ Jahre})$$

$$= 27.538{,}94 \text{ EUR} \cdot \frac{0{,}06 \cdot (1+0{,}06)^{20}}{(1+0{,}06)^{20} - 1}$$

$$= 27.538{,}94 \text{ EUR} \cdot 0{,}087185$$

$$= \mathbf{2.400{,}98\ EUR}$$

4. Schritt: Ermittlung der Pensionsrückstellung zum 31.12.2023

$$\text{Pensionsrückstellung}_{2017} = \text{Annuität} \cdot \text{REF (6 \%/13 Jahre)}$$

$$= 2.400{,}98 \text{ EUR} \cdot \frac{(1+0{,}06)^{13}-1}{0{,}06}$$

$$= 2.400{,}98 \text{ EUR} \cdot 18{,}882138$$

$$= \mathbf{45.335{,}64 \text{ EUR}}$$

Dabei gilt:

RBF: Rentenbarwertfaktor $= \dfrac{(1+i)^n - 1}{i \cdot (1+i)^n}$;

KWF: Kapitalwiedergewinnungsfaktor $= \dfrac{i \cdot (1+i)^n}{(1+i)^n - 1}$;

REF: Rentenendwertfaktor $= \dfrac{(1+i)^n - 1}{i}$.

Teilaufgabe b)

Periodenende (Stichtag)	Annuität (Zuführung) [in EUR]	Summe der bis zum Vorjahr t−1 aufgelaufenen Annuitäten und Zinsen = Teilwert in t−1 (TW_{t-1}) [in EUR]	Verzinsung von TW_{t-1} zu 6 % [in EUR]	Summe der bis zum Ende des Jahres t aufgelaufenen Annuitäten und Zinsen = Bilanzansatz der Pensionsrückstellung in t = Teilwert in t (TW_t) [in EUR]
(1)	(2)	(3)	(4) = (3) · 0,06	(5) = (2) + (3) + (4)
31.12.2023	–	–	–	45.335,64
31.12.2024	2.400,98	45.335,64	2.720,14	50.456,76
31.12.2025	2.400,98	50.456,76	3.027,41	55.885,15

Aufgabe 11.11: Ermittlung von Pensionszahlungen

Ein Unternehmen hat einem Mitarbeiter, der am 01.01.2018 eingestellt wurde, am 01.01.2019 eine unmittelbare Pensionszusage erteilt. Die Pension hat eine Laufzeit von 5 Jahren; Pensionsbeginn ist der 01.01.2023. Am 31.12.2020 beträgt der Barwert der zukünftig noch anzusammelnden Annuitäten 47.950,70 EUR. Es ist von einem Zinssatz in Höhe von 6 % p. a. auszugehen. Ermitteln Sie die steuerliche Höhe der jährlich nachschüssig (d. h. am 31.12. eines jeden Jahres) zu zahlenden Pension!

Lösung:

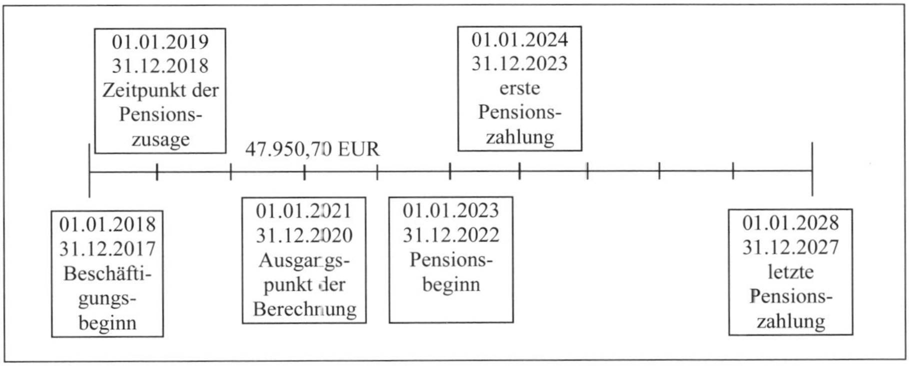

1. Schritt: Berechnung der Annuität

47.950,70 EUR · KWF (6 %/2 Jahre)

$$= 47.950,70 \text{ EUR} \cdot \frac{0,06 \cdot (1 + 0,06)^2}{(1 + 0,06)^2 - 1}$$

= 47.950,70 EUR · 0,545437

= **26.154,09 EUR**

2. Schritt: Berechnung des steuerbilanziellen Ansatzes der Pensionsrückstellungen am 31.12.2022 (= 01.01.2023); Barwert der zukünftigen Pensionsverpflichtungen

26.154,09 EUR · REF (6 %/5 Jahre)

$$= 26.154,09 \text{ EUR} \cdot \frac{(1 + 0,06)^5 - 1}{0,06}$$

= 26.154,09 EUR · 5,637093

= **147.433,04 EUR**

3. Schritt: Berechnung der jährlichen Pensionszahlung zu den Zeitpunkten 31.12.2023, 31.12.2024, 31.12 2025, 31.12.2026 und 31.12.2027

147.433,04 EUR · KWF (6 %/5 Jahre)

$$= 147.433,04 \text{ EUR} \cdot \frac{0,06 \cdot (1 + 0,06)^5}{(1 + 0,06)^5 - 1}$$

= 147.433,04 EUR · 0,237396

= **35.000,01 EUR**

Aufgabe 11.12: Der Einfluss der Besteuerung auf die Innenfinanzierung am Beispiel von Pensionsrückstellungen

Ermitteln Sie, inwieweit die Clever & Smart GmbH bei einem Gewinn vor Ertragsteuern in Höhe von 300.000 EUR durch die Bildung einer steuerlich anerkannten Pensionsrückstellung in Höhe von 120.000 EUR einen Finanzierungseffekt erzielen kann, wenn diese in vollem Umfang im Unternehmen verbleibt! Als Ertragsteuern sind die Körperschaftsteuer, der Solidaritätszuschlag und die Gewerbesteuer zu berücksichtigen. Gehen Sie dabei von der Annahme aus, dass der gewerbesteuerliche Hebesatz 400 % beträgt. Maßgebend für Ihre Überlegungen ist der Rechtsstand des Jahres 2023.

Lösung:

Berechnung des Ertragsteuersatzes:

Zur Ermittlung des Ertragsteuersatzes s_{er} muss bei firmenbezogenen Unternehmen neben dem Körperschaftsteuersatz s_k zum einen der Gewerbeertragsteuersatz s_{ge} und zum anderen der Solidaritätszuschlagssatz s_{SolZ} berücksichtigt werden.

Somit errechnet sich der Ertragsteuersatz s_{er} gemäß nachstehender Formel:

$$s_{er} = s_k \cdot (1 + s_{SolZ}) + s_{ge}$$

Den Gewerbeertragsteuersatz s_{ge} berechnet man wie folgt:

$$s_{ge} = m \cdot h$$

Dabei gilt:

m: Steuermesszahl für den Gewerbeertrag;

h: gewerbesteuerlicher Hebesatz.

Die Steuermesszahl für den Gewerbeertrag beträgt nach § 11 Abs. 2 GewStG stets 3,5 %. Bei Zugrundelegung eines gewerbesteuerlichen Hebesatzes von 400 % errechnet man den effektiven Gewerbeertragsteuersatz s_{ge} wie folgt:

$$s_{ge} = 0{,}035 \cdot 4{,}0 = 0{,}14 = 14\ \%$$

Für den Ertragsteuersatz s_{er} gilt somit unter Einbeziehung des Körperschaftsteuersatzes (15 % gemäß § 23 Abs. 1 KStG) sowie des Solidaritätszuschlagssatzes (5,5 % der Körperschaftsteuer gemäß § 4 SolZG) Nachstehendes:

$$\begin{aligned} s_{er} &= 0{,}15 \cdot (1 + 0{,}055) + 0{,}14 \\ &= 0{,}15 \cdot 1{,}055 + 0{,}14 \\ &= 0{,}29825 \\ &= \mathbf{29{,}825\ \%} \end{aligned}$$

Durch die Bildung einer steuerlich anerkannten Pensionsrückstellung in Höhe von 120.000 EUR ergibt sich somit bei dem Unternehmen folgender Finanzierungseffekt:

Ertragsteuern ohne Bildung einer steuerlich anerkannten Pensionsrückstellung:

	Gewinn vor Ertragsteuern		300.000 EUR
–	Pensionsrückstellung	–	0 EUR
=	ertragsteuerpflichtiger Gewinn	=	300.000 EUR

Die Ertragsteuern betragen demnach ohne Bildung einer steuerlich anerkannten Pensionsrückstellung 300.000 EUR · 0,29825 = 89.475 EUR.

Ertragsteuern nach Bildung einer steuerlich anerkannten Pensionsrückstellung:

	Gewinn vor Ertragsteuern		300.000 EUR
–	Pensionsrückstellung	–	120.000 EUR
=	ertragsteuerpflichtiger Gewinn	=	180.000 EUR

Nach Bildung einer steuerlich anerkannten Pensionsrückstellung belaufen sich die Ertragsteuern über 180.000 EUR · 0,29825 = 53.685 EUR.

Finanzierungseffekt im Sinne einer Ertragsteuerminderauszahlung:

	Ertragsteuern ohne Pensionsrückstellung		89.475 EUR
–	Ertragsteuern mit Pensionsrückstellung	–	53.685 EUR
=	Finanzierungseffekt (= 120.000 EUR · 0,29825)	=	**35.790 EUR**

Aus Finanzierungsgesichtspunkten sind darüber hinaus noch zwei weitere Effekte zu berücksichtigen:

Durch die Bildung einer steuerlich anerkannten Pensionsrückstellung und der damit einhergehenden Verminderung des Jahresüberschusses sinken zum einen nicht nur die Ertragsteuerzahlungen, sondern zum anderen auch das Ausschüttungspotenzial und somit grundsätzlich auch die Ausschüttungshöhe. Der Ausschüttungsbetrag könnte allerdings auch durch einen entsprechenden Gewinnverwendungsbeschluss gesenkt werden.

Zum anderen stellt eine Pensionsrückstellung zwar keine Auszahlung, jedoch einen Aufwand dar, der in die Preiskalkulation einbezogen wird. Wenn die so kalkulierten Preise am Absatzmarkt erzielt werden, fließen zahlungswirksame Umsätze ins Unternehmen zurück. Dem generierten Ertrag stehen Einzahlungen in identischer Höhe gegenüber. Durch die Bildung einer Pensionsrückstellung kann demnach letztlich ein Einzahlungsüberschuss erwirtschaftet werden.

11.4 Finanzierung durch Vermögensumschichtung und Umfinanzierung

Aufgabe 11.13: Kapazitätserweiterungseffekt

Was versteht man im Rahmen der Finanzierung aus Abschreibungsgegenwerten unter dem Kapazitätserweiterungseffekt?

Lösung:

Der Kapazitätserweiterungseffekt beruht auf der Tatsache, dass in den Verkaufspreisen der hergestellten Erzeugnisse der Abschreibungsgegenwert für die Anlagennutzung vergütet wird und somit früher zur Verfügung steht, als er für die Reinvestition gebraucht wird. Werden diese zufließenden Abschreibungsbeträge laufend in weitere Anlagen identischer Art investiert, so führt dies zu einer (theoretischen) Anlagenverdoppelung, ohne dass es der Zuführung neuer Mittel bedarf (Möglichkeit der Erweiterung der Periodenbearbeitungskapazität).

Aufgabe 11.14: Finanzierung aus Abschreibungsgegenwerten

Der Baggerfahrer Willibald plant für das Jahr 00 den Aufbau einer privaten Gesellschaft zur Errichtung von Schwimmanstalten. Hierzu möchte er aus seinem angesparten Vermögen zu Beginn des ersten Jahres (01.01.00) einen Bagger, zu Beginn des zweiten Jahres zwei Bagger sowie zu Beginn des dritten Jahres drei Bagger zu jeweils 200.000 EUR erwerben. Jeder Bagger besitzt eine Gesamtgrabkapazität von 1 Mio. cbm. Die jährliche Grableistung eines Baggers beträgt 250.000 cbm. Da Willibald mit einer hohen Nachfrage nach Schwimmanstalten rechnet, möchte er die Grabkapazität seiner Gesellschaft über die Finanzierungswirkung von Abschreibungsgegenwerten (lineare Berechnung über die Nutzungsdauer) soweit wie möglich vergrößern, indem die durch die Umsätze „freigesetzten Beträge" am Ende eines Jahres – sobald sie ausreichen – in Bagger mit gleicher Technik, gleicher Grabkapazität sowie gleichen Wiederbeschaffungskosten reinvestiert werden.

Ermitteln Sie anhand eines Abschreibungsplans für die nächsten 8 Jahre, in welchem Jahr Willibalds Gesellschaft über die **größte Grableistung** (in cbm) verfügt!

Lösung:

Ermittlung der Abschreibungsdauer:

$$\frac{1 \text{ Mio. cbm}}{250.000 \text{ cbm/Jahr}} = \mathbf{4\ Jahre}$$

Ermittlung der jährlichen Abschreibung:

$$\frac{200.000 \text{ EUR}}{4 \text{ Jahre}} = \mathbf{50.000\ EUR/Jahr}$$

Abschreibungsplan für die Jahre 00 bis 07 (Beträge in EUR)

Bagger \ Jahresende	00	01	02	03	04	05	06	07
1	50.000	50.000	50.000	50.000	50.000*	50.000	50.000	50.000
2		50.000	50.000	50.000	50.000	50.000*	50.000	50.000
3		50.000	50.000	50.000	50.000	50.000*	50.000	50.000
4			50.000	50.000	50.000	50.000	50.000*	50.000
5			50.000	50.000	50.000	50.000	50.000*	50.000
6			50.000	50.000	50.000	50.000	–	50.000*
7			50.000*	50.000	50.000	50.000	–	50.000*
8				50.000*	50.000	50.000	50.000	–
9					50.000*	50.000	50.000	50.000
10						50.000*	50.000	50.000
Abschreibung pro Jahr = Σ liquide Gegenwerte	50.000	150.000	350.000	400.000	450.000	500.000	400.000	450.000
gesamte liquide Mittel vor Neuanschaffungen	50.000	200.000	350.000	550.000	600.000	500.000	500.000	550.000
Auszahlungen für Neuanschaffungen (Baggernummer)	0	– 200.000 (7)	– 200.000 (8)	– 400.000 (1 + 9)	– 600.000 (2 + 3 + 10)	– 400.000 (4 + 5)	– 400.000 (6 + 7)	– 400.000 (1 + 8)
verbleibende liquide Mittel nach Neuanschaffungen	50.000	0	150.000	150.000	0	100.000	100.000	150.000
Grableistung (in cbm/Jahr) (= Anzahl der zur Verfügung stehenden Bagger · Grableistung/Jahr)	250.000	750.000	1.750.000	2.000.000	2.250.000	2.500.000	2.000.000	2.250.000

* Die erste Abschreibung eines neu beschafften Baggers, der durch den Rückfluss von Abschreibungsgegenwerten finanziert wurde.

Ergebnis:

Die maximale Grableistung wird im Jahr 05 mit 2.500.000 cbm erreicht.

Erläuterungen zum Abschreibungsplan für die Jahre 01 bis 07:

Geschäftsjahr 01:

Baggerfahrer Willibald schafft zu Beginn des Geschäftsjahrs 01 Bagger 2 und Bagger 3 an. Bagger 1, Bagger 2 und Bagger 3 werden am Jahresende um jeweils 50.000 EUR abgeschrieben. Die Rückflüsse der Abschreibungsgegenwerte der Geschäftsjahre 00 und 01 belaufen sich mittlerweile auf 200.000 EUR. Aufgrund dieser Tatsache kann für das nächste Jahr – neben den ohnehin vorgesehenen Neuanschaffungen – ein weiterer Bagger (Bagger 7) angeschafft werden.

Geschäftsjahr 02:

Zu Beginn des Geschäftsjahrs 02 schafft der Baggerfahrer Willibald – unter Einsatz seiner Ersparnisse – wie geplant drei weitere Bagger (Bagger 4 bis Bagger 6) an. Die Abschreibungsrückflüsse belaufen sich im aktuellen Jahr auf 350.000 EUR. Am Ende des Geschäftsjahrs 02 kann somit ein weiterer Bagger (Bagger 8) angeschafft werden.

Geschäftsjahr 03:

Zu Beginn des Geschäftsjahrs 03 stehen dem Baggerfahrer Willibald acht Bagger (Bagger 1 bis Bagger 8) zur Verfügung, von denen noch kein Bagger zum Geschäftsjahresende 02 vollständig abgeschrieben wurde. Am Ende des Geschäftsjahrs 03 wird Bagger 1 vollständig abgeschrieben und kann durch liquide Mittel aus dem Rückfluss von Abschreibungsgegenwerten aus dem Geschäftsjahr 03 ersetzt werden. Darüber hinaus sind noch genügend liquide Mittel aus Abschreibungsrückflüssen vorhanden, um einen weiteren Bagger (Bagger 9) am Geschäftsjahresende anzuschaffen.

Geschäftsjahr 04:

Zu Beginn des Geschäftsjahrs 04 stehen dem Baggerfahrer Willibald neun Bagger (Bagger 1 bis Bagger 9; wobei Bagger 1 mittlerweile voll abgeschrieben und ersetzt wurde) zur Verfügung. Am Ende des Geschäftsjahrs 04 werden Bagger 2 und Bagger 3 vollständig abgeschrieben und sodann durch liquide Mittel aus dem Rückfluss von Abschreibungsgegenwerten aus dem Geschäftsjahr 04 ersetzt. Darüber hinaus sind noch genügend liquide Mittel aus Abschreibungsrückflüssen vorhanden, um einen weiteren Bagger (Bagger 10) am Geschäftsjahresende anzuschaffen.

Geschäftsjahr 05:

Zu Beginn des Geschäftsjahrs 05 stehen dem Baggerfahrer Willibald zehn Bagger (Bagger 1 bis Bagger 10; wobei Bagger 2 und Bagger 3 mittlerweile voll abgeschrieben und ersetzt wurden) zur Verfügung. Am Ende des Geschäftsjahrs 05 werden Bagger 4 bis Bagger 7 vollständig abgeschrieben. Die liquiden Mittel aus dem Rückfluss von Abschreibungsgegenwerten aus dem Geschäftsjahr 05 reichen jedoch nur aus, um Bagger 4 und Bagger 5 zu ersetzen. Bagger 6 und Bagger 7 können im Geschäftsjahr 05 nicht ersetzt werden.

Geschäftsjahr 06:

Zu Beginn des Geschäftsjahrs 06 stehen dem Baggerfahrer Willibald acht Bagger (Bagger 1 bis Bagger 5 und Bagger 8 bis Bagger 10; wobei Bagger 4 und Bagger 5 mittlerweile voll abgeschrieben und ersetzt wurden) zur Verfügung. Am Ende des Geschäftsjahrs 06 wird Bagger 8 vollständig abgeschrieben. Die liquiden Mittel aus dem Rückfluss von Abschreibungsgegenwerten aus dem Geschäftsjahr 06 reichen jedoch nur aus, um Bagger 6 und Bagger 7 zu ersetzen. Bagger 8 kann im Geschäftsjahr 06 nicht ersetzt werden.

Geschäftsjahr 07:

Zu Beginn des Geschäftsjahrs 07 stehen dem Baggerfahrer Willibald neun Bagger (Bagger 1 bis Bagger 7 und Bagger 9 bis Bagger 10; wobei Bagger 6 und Bagger 7 mittlerweile voll abgeschrieben und ersetzt wurden) zur Verfügung. Am Ende des Geschäftsjahrs 07 wird Bagger 1 vollständig abgeschrieben und kann durch liquide Mittel aus dem Rückfluss von Abschreibungsgegenwerten aus dem Geschäftsjahr 07 ersetzt werden. Darüber hinaus sind noch genügend liquide Mittel aus Abschreibungsrückflüssen vorhanden, um am Geschäftsjahresende die im Geschäftsjahr 06 unterlassene Anschaffung des Baggers 8 nachzuholen.

Aufgabe 11.15: Finanzierung aus Abschreibungsgegenwerten [59]

a) Der neu gegründeten Agro-Technik AG fließen zu Beginn des Jahres 01 Mittel in Höhe von 80.000 EUR zu, die zum Erwerb von 4 motorgetriebenen Entastungsgeräten dienen, mit deren Hilfe die Agro-Technik AG als forstwirtschaftliches Lohnunternehmen Fuß fassen möchte. Die Entastungsgeräte gleichen Typs werden nach und nach (jeweils **ein** Exemplar) zu Beginn der ersten 4 Jahre der Unternehmenstätigkeit erworben und über 5 Jahre linear abgeschrieben. Abschreibungsgegenwerte werden am Ende eines Jahres – soweit sie ausreichen – in Entastungsgeräte gleicher Technik, gleicher Nutzungsdauer und gleicher Wiederbeschaffungskosten reinvestiert. Zeigen Sie anhand eines Abschreibungsplans (Ende 01 bis Ende 10), wie sich die Periodenkapazität der Agro-Technik AG in den einzelnen Jahren verändert! Wie hoch ist der Bestand an Entastungsgeräten am Ende des Jahres 10?

b) Der Kapazitätserweiterungseffekt tritt in der Praxis nur ein, wenn bestimmte allgemeine Prämissen erfüllt sind. Nennen und erläutern Sie diese kurz!

Lösung:

Teilaufgabe a)

$$\text{Anschaffungskosten AK} = \frac{80.000 \text{ EUR}}{4 \text{ Maschinen}}$$

$$= \mathbf{20.000\ EUR/Maschine}$$

[59] Stark modifiziert entnommen aus *Däumler, Klaus-Dieter; Grabe, Jürgen:* Betriebliche Finanzwirtschaft, 10. Aufl., Herne 2013, S. 423–426.

$$\Rightarrow \text{jährliche Abschreibung} = \frac{20.000 \text{ EUR}}{5 \text{ Jahre}}$$

$$= \mathbf{4.000\ EUR/Jahr}$$

Kapazitätserweiterungseffekt:

- Die durch Abschreibungsgegenwerte zufließenden Mittel werden sofort wieder in identische Maschinen reinvestiert.
- Der Rückfluss der freigewordenen Mittel durch verdiente Abschreibungen erfolgt weit **vor** dem Ersatzzeitpunkt der abgeschriebenen Anlagegüter (Möglichkeit der Kapazitätserweiterung; Erhöhung der Periodenkapazität).

Jahresende / Entastungs-geräte (Beträge in EUR)	01	02	03	04	05	06	07	08	09	10
A (Ende 00 = Anfang 01)	4.000	4.000	4.000	4.000	4.000*	4.000	4.000	4.000	4.000	4.000*
B (Ende 01 = Anfang 02)	–	4.000	4.000	4.000	4.000	4.000*	4.000	4.000	4.000	4.000
C (Ende 02 = Anfang 03)	–	–	4.000	4.000	4.000	4.000	4.000*	4.000	4.000	4.000
D (Ende 03 = Anfang 04)	–	–	–	4.000	4.000	4.000	4.000	4.000*	4.000	4.000
Abschreibungen pro Jahr = ∑ liquide Gegenwerte	4.000	8.000	12.000	16.000	16.000	16.000	16.000	16.000	16.000	16.000
Ersatzinvestitionen (Grundausstattung)	–	–	–	–	von A – 20.000	von B – 20.000	von C – 20.000	von D – 20.000	–	von A' – 20.000
∑ Überschüssige Mittel I	4.000	12.000	24.000							
Zusatzinvestition E	–	–	– 20.000 (1)	(1) Ende 03 = Anfang 04						
zusätzliche Abschreibungs-gegenwerte E			–	4.000	4.000	4.000	4.000	4.000*	4.000	4.000
Ersatzinvestition E								von E – 20.000		
∑ Überschüssige Mittel II			4.000	24.000						
Zusatzinvestition F				– 20.000 (2)	(2) Ende 04 = Anfang 05					
zusätzliche Abschreibungs-gegenwerte F				–	4.000	4.000	4.000	4.000	4.000*	4.000
Ersatzinvestition F									von F – 20.000	
∑ Überschüssige Mittel III				4.000	8.000	12.000	16.000	0	4.000	8.000

* = letzte Abschreibung des Entastungsgeräts X, zugleich Ersatz durch das Entastungsgerät X'

Ausmaß des Kapazitätserweiterungseffekts:

$$\text{Kapazitätserweiterungsmultiplikator} = \frac{2}{1+\frac{1}{n}} = \frac{2}{1+\frac{1}{5}} = \mathbf{1{,}67}$$

Dabei gilt:

n: Nutzungsdauer in Jahren

$\Rightarrow$ Bestand am Ende des Jahres 10

= Grundausstattung · 1,67

= 4 Stück · 1,67

= **6,68 Stück** (abgerundet auf 6 Stück)

Der Bestand an Entastungsgeräten beläuft sich am Ende des Jahres 10 auf 6 Stück.

Teilaufgabe b)

Allgemeine Prämissen für das Eintreten des Kapazitätserweiterungseffekts:

- alle Abschreibungen erfolgen in gleichen Jahresraten; sie entsprechen genau der Minderung der Nutzungsfähigkeit;
- die Periodenabschreibungen werden immer verdient, d. h., sie fließen dem Unternehmen im Rahmen des betrieblichen Umsatzprozesses zu und stehen am Ende der Periode jeweils in liquider Form zur Verfügung; sie werden, wenn sie zur Beschaffung neuer Anlagen ausreichen, sofort wieder investiert;
- die Periodenkapazität jeder einzelnen Anlage bleibt bis zum Ende der Nutzungsdauer konstant;
- eine Mehrzahl homogener Anlagen wird angeschafft;
- Technik und Wiederbeschaffungskosten jeder neuen Anlage entsprechen der alten;
- die Mehrproduktion führt nicht zu einem Verfall der am Absatzmarkt erzielten Preise;
- die Kapazitätserweiterung führt nicht zu einer Ausweitung des Umlaufvermögens.

Aufgabe 11.16: Praxisrelevanz des Kapazitätserweiterungseffekts

Kann unterstellt werden, dass der Kapazitätserweiterungseffekt (Lohmann-Ruchti-Effekt) in der Realität uneingeschränkt Gültigkeit besitzt? Begründen Sie Ihre Antwort!

Lösung:

Der **Kapazitätserweiterungseffekt** (Lohmann-Ruchti-Effekt) besitzt in der Realität **keine uneingeschränkte Gültigkeit**, da eine wesentliche allgemeine Prämisse (nämlich die revolvierende Reinvestition und Erweiterungsinvestition der freigesetzten Mittel immer in den gleichen Anlagentyp) im Regelfall nicht erfüllt wird. Wird die Investition beispielsweise völlig mit Fremdkapital finanziert, so kommt es im Zeitpunkt der vertraglich vereinbarten Tilgungen zu Liquiditätsabflüssen. Darüber hinaus bleiben a) die Anlagengüter realistischerweise nicht auf dem gleichen technischen Niveau, ist b) eine Konstanz der Preise bzw. der Wiederbeschaffungskosten über einen längeren Zeitraum nicht gegeben, sind c) die Märkte im Regelfall nicht unbegrenzt aufnahmefähig und unterliegen zudem konjunkturellen Schwankungen, wodurch die erhöhte Periodenkapazität teilweise nicht abgesetzt werden kann. Dies vermindert aber eine geplante Kapitalfreisetzung und lässt damit eine Erweiterung der Periodenkapazität im gewünschten Umfang nicht zu.

Aufgabe 11.17: Vor- und Nachteile des offenen echten Factorings

Schildern Sie aus Sicht des Klienten die Vor- und Nachteile des offenen echten Factorings!

Lösung:

Vorteile des offenen echten Factorings aus Sicht des Klienten:

- Möglichkeit zur Einräumung von Zahlungszielen an die Abnehmer ohne eigenes Eingehen einer liquiditätsmäßigen Belastung oder von Ausfallrisiken (Verringerung der Kapitalbindung, Schutz vor Forderungsausfällen),
- Möglichkeit der Realisierung von Kosteneinsparungen durch die Inanspruchnahme von Diensten des Factors (Einsparungen von Personal- und Sachkosten im Bereich zuvor selbst erstellter Leistungen),
- Möglichkeit der Verbesserung von Bilanzrelationen (damit verbunden eine eventuelle Verbesserung der Kreditwürdigkeit des Klienten).

Nachteile des offenen echten Factorings aus Sicht des Klienten:

- Kosten des Factorings,
- etwaige Abhängigkeiten gegenüber dem Factor, insbesondere für den Fall, dass dieser zusätzliche Dienstleistungen übernimmt,
- möglicher Reputationsverlust des Klienten bei seinen Abnehmern, falls diese den ihnen angezeigten Forderungsverkauf als Signal für finanzielle Schwierigkeiten bzw. Liquiditätsengpässe beim Geschäftspartner deuten,
- Anpassungsschwierigkeiten bei Wegfall des Factoringvertrags.

Aufgabe 11.18: Factoring-Geschäft

Die verkürzte Jahresbilanz eines Unternehmens K hätte ohne Abschluss eines Factoring-Vertrags folgendes Aussehen:

Aktiva	Bilanz zum 31.12.00 (in TEUR)		Passiva
Anlagevermögen	936	Gezeichnetes Kapital	273
Vorräte	776	Jahresüberschuss	77
Forderungen aus Lieferungen und Leistungen	875	Bankverbindlichkeiten	583
Sonstige Forderungen	44	Verbindlichkeiten aus Lieferungen und Leistungen	1.098
Barvermögen	10	Sonstige Verbindlichkeiten	610
	2.641		2.641

Durch den Abschluss eines Factoring-Vertrags im Dezember 00 übernimmt eine Factoring-Bank den gesamten Forderungsbestand des Unternehmens K aus Lieferungen und Leistungen unter der Vereinbarung einer 20 %igen Sperre. Die Zahlung des Factors erfolgt auf das Bankkonto des Unternehmens K. Durch diese Maßnahme gelingt es dem Unternehmen K, bereits im Dezember 00 Aufwendungen in Höhe von 13.000 EUR einzusparen, wodurch Barauszahlungen in gleicher Höhe entfallen. Die Umsatzerlöse des Unternehmens K im Geschäftsjahr 00 belaufen sich auf 4,5 Mio. EUR.

a) Untersuchen Sie die Auswirkungen des Abschlusses des Factoring-Vertrags auf die Jahresbilanz des Unternehmens K, wobei dieses 50 % des ihm vom Factor zur Verfügung gestellten Bankguthabens noch im Dezember 00 zum Abbau von Verbindlichkeiten aus Lieferungen und Leistungen nutzt! Von den Kosten des Factorings wird aus Vereinfachungsgründen abgesehen.

b) Stellen Sie ausgehend von den Ergebnissen der Teilaufgabe a) die Auswirkungen des Factoring-Vertrags auf die einzelnen Komponenten des Return on Investment (ROI) des Unternehmens K dar!

Lösung:

Teilaufgabe a)

Buchungssätze (in TEUR):

Bankguthaben	700	Forderungen aus Lieferungen und Leistungen	875
sonstige Forderungen (Sperrbetrag)	175		

Barvermögen (Kasse)	13	diverse Aufwendungen	13

Durch diesen Buchungssatz erhöht sich ceteris paribus der Jahresüberschuss.

Verbindlichkeiten aus Lieferungen und Leistungen	350	Bankguthaben	350

Bilanz nach Abschluss des Factoring-Vertrags:

Aktiva	Bilanz zum 31.12.00 (in TEUR)		Passiva
Anlagevermögen	936	Gezeichnetes Kapital	273
Vorräte	776	Jahresüberschuss	90
Forderungen aus Lieferungen und Leistungen	0	Bankverbindlichkeiten	583
Sonstige Forderungen (einschl. Sperrbetrag)	219	Verbindlichkeiten aus Lieferungen und Leistungen	748
Bankguthaben	350	Sonstige Verbindlichkeiten	610
Barvermögen	23		
	2.304		2.304

Erhöhung des Jahresüberschusses infolge des Abschlusses des Factoring-Vertrags:

$$\text{Jahresüberschuss}_{\text{vor Factoring}} = 77.000 \text{ EUR}$$

$$\text{Jahresüberschuss}_{\text{nach Factoring}} = 90.000 \text{ EUR}$$

$$\text{ROI} = \text{Umsatzrentabilität} \cdot \text{Kapitalumschlagshäufigkeit}$$

$$= \frac{\text{Jahresüberschuss}}{\text{Umsatzerlöse}} \cdot \frac{\text{Umsatzerlöse}}{\text{Gesamtkapital}}$$

$$\text{ROI}_{\text{vor Factoring}} = \frac{77.000 \text{ EUR}}{4.500.000 \text{ EUR}} \cdot \frac{4.500.000 \text{ EUR}}{2.641.000 \text{ EUR}}$$

$$= 0{,}0171111 \cdot 1{,}7039$$

$$= 0{,}0292 = \mathbf{2{,}92\ \%\ p.\ a.}$$

$$\text{ROI}_{\text{nach Factoring}} = \frac{99.000 \text{ EUR}}{4.500.000 \text{ EUR}} \cdot \frac{4.500.000 \text{ EUR}}{2.304.000 \text{ EUR}}$$

$$= 0{,}02 \cdot 1{,}9531$$

$$= 0{,}0391 = \mathbf{3{,}91\ \%\ p.\ a.}$$

Fazit:

- Die Umsatzrentabilität des Unternehmens K steigt von 1,71 % p. a. auf 2 % p. a., da sich bei gleichbleibenden Umsatzerlösen der Jahresüberschuss erhöht.
- Bedingt durch die Kapitalfreisetzung steigt die Kapitalumschlagshäufigkeit des Unternehmens K von 1,7039 auf 1,9531.

⇒ Der Return on Investment des Unternehmens K erhöht sich infolge des Abschlusses des Factoring-Vertrags von 2,92 % p. a. auf 3,91 % p. a.

Aufgabe 11.19: Grundstruktur einer ABS-Transaktion

Stellen Sie anhand einer Abbildung die Grundstruktur einer ABS-Transaktion dar!

Lösung:

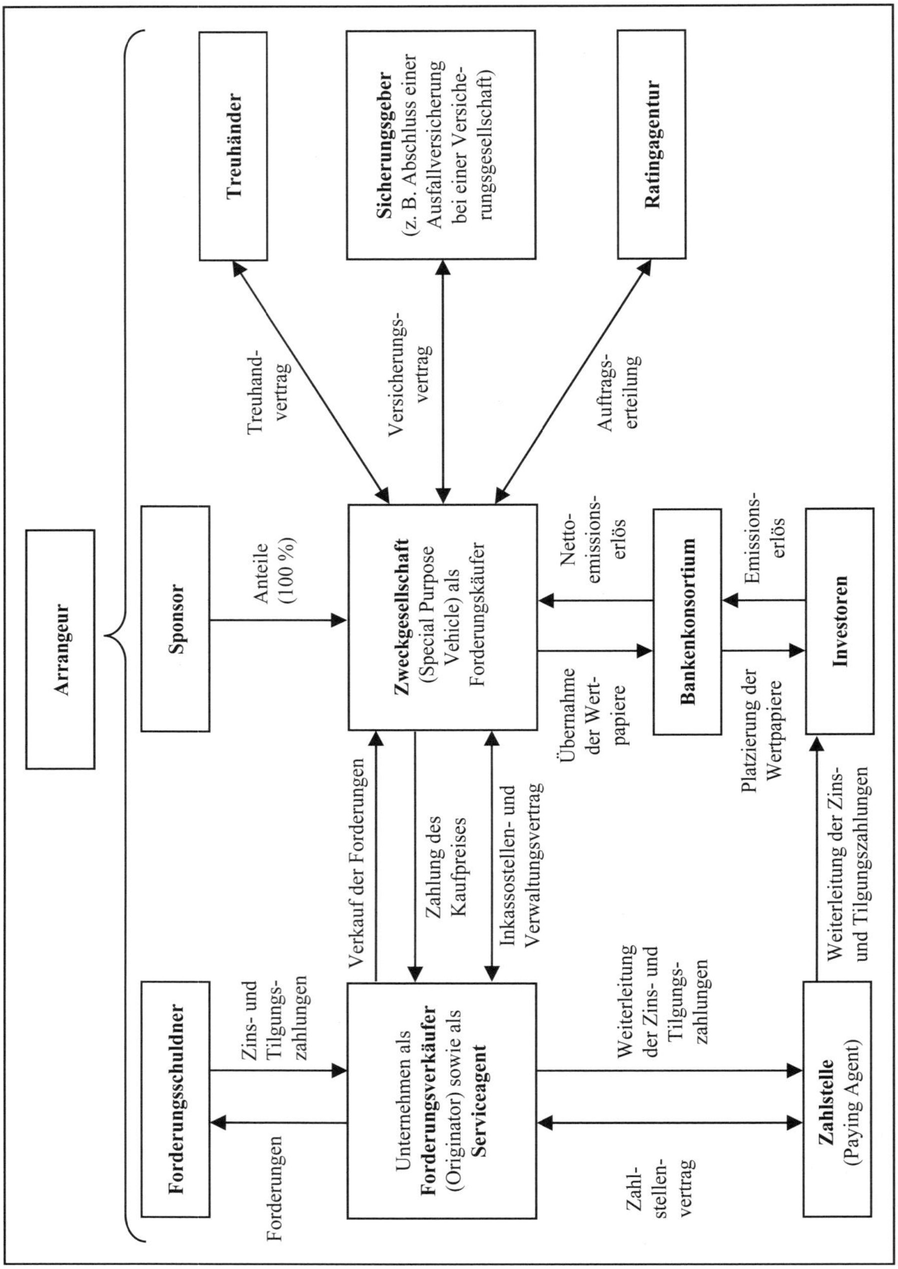

Abbildung 32: Grundstruktur einer ABS-Transaktion [60]

[60] Modifiziert entnommen aus *Waschbusch, Gerd:* Asset Backed Securities – eine moderne Form der Unternehmungsfinanzierung, in: Zeitschrift für Bankrecht und Bankwirtschaft 1998, S. 410.

Aufgabe 11.20: Vor- und Nachteile einer ABS-Transaktion

Schildern Sie aus der Sicht des Forderungsverkäufers die Vor- und Nachteile, die mit der Durchführung einer ABS-Transaktion verbunden sein können!

Lösung:

Vorteile einer ABS-Transaktion:

- Erschließung zusätzlicher, bisher unausgeschöpfter Finanzierungsquellen,
- niedrigeres Niveau der unmittelbaren Geldbeschaffungskosten (Marktkonditionen in der Nähe von Triple A-Anleihen),
- die vorzeitig gewonnene Liquidität kann dazu genutzt werden, Verbindlichkeiten abzubauen,
- die zusätzlich gewonnene Liquidität kann aber auch dazu genutzt werden, in ertragreichere Aktiva als bisher zu reinvestieren,
- sofern der Forderungsverkäufer ein Kreditinstitut ist, besteht die Möglichkeit der Entlastung bankenaufsichtsrechtlicher Strukturnormen.

Nachteile einer ABS-Transaktion:

- hohe Kosten der Durchführung einer ABS-Transaktion,
- zumeist langwierige Vorbereitungsphase einer ABS-Transaktion,
- die Verbriefung von Forderungen kann von Außenstehenden als letzter finanzieller Rettungsanker aufgefasst werden (Bonitätseinbußen).

Aufgabe 11.21: Kapitalfreisetzung durch den Verkauf nicht betriebsnotwendiger Vermögensgegenstände[61]

Das Unternehmen A beabsichtigt, für weitere Investitionsvorhaben liquide Mittel aus dem Verkauf von nicht betriebsnotwendigen Vermögensgegenständen zu gewinnen. Alternativ könnte Unternehmen A dazu ein Grundstück für 250.000 EUR (Buchwert 200.000 EUR) oder Wertpapiere für 250.000 EUR (Buchwert 280.000 EUR) verkaufen. Für welche Alternative entscheidet sich Unternehmen A bei einem Ertragsteuersatz von 30 %, wenn allein der Finanzierungseffekt als Entscheidungskriterium ausschlaggebend ist?

Lösung:

Bei dem Verkauf des Grundstücks verbleibt dem Unternehmen A nach Versteuerung des Differenzgewinns zwischen Verkaufserlös und Buchwert 235.000 EUR (= 250.000 EUR

---

61 Modifiziert entnommen aus *Gräfer, Horst; Schiller, Bettina; Rösner, Sabrina:* Finanzierung – Grundlagen, Institutionen, Instrumente und Kapitalmarkttheorie, 8. Aufl., Berlin 2014, S. 307 und S. 369.

– 50.000 EUR · 0,30). Für die Wertpapiere erzielt das Unternehmen A den Verkaufserlös von 250.000 EUR sowie – einen ausreichend hohen Gewinn des Unternehmens vorausgesetzt – eine Steuerersparnis von 9.000 EUR (= 30.000 EUR · 0,30). Die Entscheidung fällt somit zugunsten des Verkaufs der Wertpapiere.

Aufgabe 11.22: Kapitalfreisetzung durch den Verkauf (nicht) betriebsnotwendiger Vermögensgegenstände [62]

Zum 31.12.00 hat die Bilanz des Großhändlers KRÄMER folgendes Aussehen:

Aktiva	Bilanz zum 31.12.00 (in EUR)		Passiva
Waren Sorte A	90.000	Eigenkapital	100.000
Waren Sorte B	90.000	Kontokorrentkredit	80.000
	180.000		180.000

Zu Beginn des Jahres 01 verlangt die Hausbank einen Ausgleich des Kontokorrentkontos. KRÄMER hat weder die Möglichkeit, seinem Unternehmen weiteres Eigenkapital in Form von Bareinlagen zuzuführen, noch sieht er eine Gelegenheit, zur Umschuldung bei anderen Banken Kredite aufzunehmen.

a) Wie kann KRÄMER die an die Hausbank fällig werdende Zahlung in Höhe von 80.000 EUR finanzieren? Wie nennt man diese Form der Finanzierung?

b) KRÄMER findet sowohl für die Warengruppe A als auch für die Warengruppe B einen Käufer. Für den gesamten Posten der Sorte A will man ihm 90.000 EUR – KRÄMERS Einstandspreis – bezahlen. Der Interessent für die Sorte B bietet dagegen nur 80.000 EUR. Im Falle eines Verkaufs der Sorte B würde KRÄMER also 10.000 EUR Verlust erleiden. Raten Sie KRÄMER zum Verkauf der Sorte A oder der Sorte B, wenn Sie gleichzeitig erfahren, dass KRÄMER die Sorte A im Falle eines Verkaufs sofort und in gleichem Umfang wiederbeschaffen müsste, während die Wiederbeschaffung der Sorte B – es handelt sich um einen „Herbstartikel“ – erst in sechs Monaten zu erfolgen hätte?

c) Welche der folgenden Behauptungen sind zutreffend, wenn eine Vermögensumschichtung ein wirksames Finanzierungsinstrument sein soll:

   (1) Jeder Aktivtausch hat den beschriebenen Finanzierungseffekt.

   (2) Nur der Verkauf, nicht jedoch der Kauf von Vermögensgegenständen hat den gewünschten Finanzierungseffekt.

   (3) Der Verkauf kann sowohl auf Ziel als auch gegen bar erfolgen.

   (4) Beim Verkauf darf kein Verlust auftreten.

---

[62] Modifiziert entnommen aus *Wöhe, Günter; Kaiser, Hans; Döring, Ulrich:* Übungsbuch zur Einführung in die Allgemeine Betriebswirtschaftslehre, 11. Aufl., München 2005, S. 343–344 (in den nachfolgenden Auflagen nicht mehr enthalten).

(5) Bei den verkauften Gegenständen muss es sich um Güter handeln, die nicht sofort wiederbeschafft werden müssen.

d) Entgegen den Angaben aus Teilaufgabe b) hat KRÄMER jetzt die Möglichkeit, alternativ folgende Geschäfte am 01.02.01 mit der Sorte B zu tätigen:

(1) Barverkauf für 90.000 EUR,

(2) Barverkauf für 120.000 EUR,

(3) Barverkauf für 70.000 EUR,

(4) Zielverkauf (2 Monate) für 100.000 EUR,

(5) Verkauf für 130.000 EUR: davon 30.000 EUR in bar, die restlichen 100.000 EUR mit 2 Monaten Ziel.

Systematisieren Sie diese Geschäftsvorfälle nach ihrer Finanzierungsform (Finanzierung durch Vermögensumschichtung – Selbstfinanzierung) und nach dem Zeitpunkt des Beginns der Finanzierungswirkung (01.02.01 oder 01.04.01)! Es wird unterstellt, dass erzielte Gewinne nicht ausgeschüttet werden.

Lösung:

Teilaufgabe a)

Im vorliegenden Fall bietet sich KRÄMER nur eine einzige Finanzierungsform an: Zur Rückzahlung des Kontokorrentkredits muss er einen Teil seines Warenlagers verflüssigen. Diese Art der Finanzierung bezeichnet man als **Finanzierung durch Vermögensumschichtung**, da sich das Unternehmen durch einen Aktivtausch (Kapitalfreisetzung durch den Verkauf (nicht) betriebsnotwendiger Vermögensgegenstände) finanzielle Mittel beschafft.

Teilaufgabe b)

KRÄMER hat keine andere Möglichkeit, als die Sorte B mit einem Verlust in Höhe von 10.000 EUR zu verkaufen. Würde er nämlich die Sorte A verkaufen, wäre sein derzeitiges Finanzierungsproblem nicht gelöst, sondern nur um wenige Tage verschoben: Da die Sorte A sofort wiederbeschafft (und bezahlt) werden müsste, befände sich KRÄMER im Falle des Verkaufs der Sorte A schon nach kurzer Zeit in neuen Finanzierungsnöten. Den mit einem Verlust verbundenen Verkauf der Sorte B kann er nur verhindern, wenn es ihm gelingt, im Falle eines Verkaufs der Sorte A bei deren Wiederbeschaffung einen längerfristigen Lieferantenkredit (Kauf auf Ziel) auszuhandeln.

Teilaufgabe c)

Richtig sind die Behauptungen (2) und (5).

Teilaufgabe d)

Die einzelnen Geschäftsvorfälle lassen sich hinsichtlich der Finanzierungsform und des Zeitpunkts des Beginns der Finanzierungswirkung folgendermaßen systematisieren:

Beginn der Finanzierungswirkung	01.02.01		01.04.01	
Finanzierungsform	Finanzierung durch Vermögensumschichtung [in EUR]	Selbstfinanzierung [in EUR]	Finanzierung durch Vermögensumschichtung [in EUR]	Selbstfinanzierung [in EUR]
(1) Barverkauf 90.000 EUR	90.000	–	–	–
(2) Barverkauf 120.000 EUR	90.000	30.000	–	–
(3) Barverkauf 70.000 EUR	70.000	–	–	–
(4) Zielverkauf 100.000 EUR	–	–	90.000	10.000
(5) Zielverkauf 100.000 EUR sowie 30.000 EUR Anzahlung	(a) 30.000 –	– (b) 30.000	60.000 90.000	40.000 10.000

Beim Geschäftsvorfall (5) entsteht ein Zurechnungsproblem: Die Zurechnung zu den beiden Finanzierungsformen hängt davon ab, ob man die Anzahlung in Höhe von 30.000 EUR erfolgsneutral – wie im Fall (a) – oder als Gewinnbestandteil – wie im Fall (b) – betrachtet.

Aufgabe 11.23: Kapitalfreisetzung durch Verkürzung der Kapitalbindungsdauer [63]

Die Geschäftsleitung der Jupiter GmbH steht vor der Notwendigkeit, die Höhe der Fremdfinanzierung zurückzuführen.

Das Unternehmen verkauft jährlich 55.000 Stück hochwertige Lautsprecherboxen zu einem Stückpreis von 500 EUR, die in China hergestellt werden. Bislang betrug die durchschnittliche Lagerdauer der Lautsprecherboxen 40 Tage. Durch eine Optimierung der Logistik könnte die durchschnittliche Lagerdauer auf 30 Tage reduziert werden.

In welchem Umfang könnte aufgrund dieser Maßnahme Kapital zum Zweck der Rückführung von Fremdkapital freigesetzt werden?

Lösung:

Die Jupiter GmbH erwirtschaftet durch den Verkauf der Lautsprecherboxen einen Jahresumsatz von 55.000 Stück · 500 EUR/Stück = 27.500.000 EUR.

---

[63] Modifiziert entnommen aus *Bestmann, Uwe; Preißler, Peter:* Übungsbuch zum Kompendium der Betriebswirtschaftslehre, 3. Aufl., München/Wien 2002, S. 182.

Situation vor der Maßnahme:

Lagerumschlag:	9 (= 360 Tage ÷ 40 Tage)
Lagerdauer:	40 Tage
durchschnittlicher Lagerbestand (zu Verkaufspreisen):	3.055.555,56 EUR (= 27.500.000 EUR ÷ 9)

Situation nach der Maßnahme:

Lagerumschlag:	12 (= 360 Tage ÷ 30 Tage)
Lagerdauer:	30 Tage
durchschnittlicher Lagerbestand (zu Verkaufspreisen):	2.291.666,67 EUR (= 27.500.000 EUR ÷ 12)

Somit ergibt sich die folgende Reduzierung der Kapitalbindung:

	3.055.555,56 EUR
–	2.291.666,67 EUR
=	**763.888,89 EUR**

Die Jupiter GmbH könnte durch die angesprochene Optimierungsmaßnahme im Bereich der Logistik eine Kapitalfreisetzung in Höhe von 763.888,89 EUR erreichen.

Aufgabe 11.24: Maßnahmen der Umfinanzierung

Welche der folgenden Fälle bezeichnet man als Umfinanzierung:

a) Aufnahme eines stillen Gesellschafters,

b) Selbstfinanzierung aus Gewinnen,

c) Ersatz eines kurzfristigen durch einen langfristigen Kredit,

d) Bildung stiller Rücklagen durch überhöhte Abschreibungen,

e) Kapitalerhöhung aus Gesellschaftsmitteln?

Lösung:

Die Vorgänge c) und e) bezeichnet man als Umfinanzierung.

12 Liquidität und Finanzplanung

Aufgabe 12.1: Unterschied zwischen einem Finanzplan und einem Finanzbudget

Erläutern Sie den Unterschied zwischen einem Finanzplan und einem Finanzbudget!

Lösung:

Der **Finanzplan** ist eine tabellarische, zeitlich gegliederte Gegenüberstellung von erwarteten Ein- und Auszahlungen. Er stellt das zentrale Steuerungsinstrument der Finanzplanung dar, bei der es um eine aktive, zukunftsgerichtete Gestaltung der finanziellen Sphäre eines Unternehmens geht.

Ein **Finanzbudget** ist im Unterschied zu einem Finanzplan ein Vorgabeplan einer übergeordneten Instanz. Er gibt dem Verantwortungsbereich in Form von Soll-Größen vor, in welchem Umfang Zahlungsströme innerhalb einer Planperiode zu realisieren sind. Hierbei ist es dem Verantwortungsbereich freigestellt, wie diese Soll-Vorgaben erreicht werden. Die Leistungskontrolle erfolgt durch Ermittlung der Planabweichung.

Aufgabe 12.2: Finanzbedarfsermittlung im System der betrieblichen Gesamtplanung

Ein Unternehmen will im nächsten Jahr die Produkte A, B und C herstellen. Für die Produktion dieser Produkte werden die drei Rohstoffe 1, 2 und 3 eingesetzt, die 6 EUR/ME_1, 5 EUR/ME_2 bzw. 3 EUR/ME_3 kosten.

Aus der nachfolgenden Tabelle sind die Verbräuche (in ME) von Rohstoff 1, 2 und/oder 3 für Produkt A, B oder C ersichtlich (**Einsatzkoeffizienten**):

	Rohstoff		
Produkt	1	2	3
A	3 ME	2 ME	–
B	1 ME	–	4 ME
C	2 ME	1 ME	2 ME

Die Produkte werden in vier Kostenstellen I, II, III und IV bearbeitet:

	Kostenstelle			
	I	II	III	IV
Kapazitäten im Planungszeitraum (in Min.)	340.000	65.000	194.000	100.000
variable Kosten (in EUR/Min.)	0,50	3,00	1,00	4,00

Die Inanspruchnahme der Kostenstellen I, II, III und IV durch die Produkte A, B oder C (in Minuten) **(Maschinenbelastungskoeffizienten)** stellt sich wie folgt dar:

	Kostenstelle			
Produkt	I	II	III	IV
A	6 Min.	–	2 Min.	–
B	–	1 Min.	3 Min.	2 Min.
C	2 Min.	1 Min.	3 Min.	1 Min.

Es werden neben Preis- und Kostendaten folgende maximale Absatzzahlen geschätzt:

Produkt	Menge (in ME)	Verkaufspreis (in EUR/ME)	Vertriebskosten (in EUR/ME)	Werbung und Kundendienst (in EUR/Jahr)
A	30.000	50,00	2,00	80.000,00
B	20.000	50,00	1,50	70.000,00
C	29.000	52,00	2,00	75.000,00

Es wird weiter geschätzt, dass in den Verwaltungsstellen Kosten von 220.000 EUR/Jahr anfallen. Für Forschung und Entwicklung plant das Unternehmen ungefähr 100.000 EUR/Jahr ein. Das Unternehmen hat für früher aufgenommene Kredite für das nächste Jahr Tilgungen von 60.000 EUR und Zinszahlungen von 30.000 EUR zu leisten.

Es wird geplant, Anfang des Jahres eine Anlage für 1 Mio. EUR zu erwerben, die über 10 Jahre linear abgeschrieben werden soll.

Stellen Sie für das nächste Jahr im Rahmen einer Sukzessivplanung die Planung der einzelnen Unternehmensbereiche sowie die Ergebnis- und die Finanzplanung auf! Identifizieren Sie dabei zunächst den Engpassbereich des Unternehmens!

Annahme: Kosten = Aufwendungen; Leistungen = Erträge

Lösung:

1. Schritt: Bestimmung des Engpasses (hier: Produktionsprogrammplanung bei einem Engpass)

Inanspruchnahme der Kostenstellen I, II, III und IV durch Produkt A, B oder C (in Minuten):

	Kostenstelle			
Produkt	I	II	III	IV
A (30.000 ME)	180.000 Min.	–	60.000 Min.	–
B (20.000 ME)	–	20.000 Min.	60.000 Min.	40.000 Min.
C (29.000 ME)	58.000 Min.	29.000 Min.	87.000 Min.	29.000 Min.
beanspruchte Kapazität im Planungszeitraum	238.000 Min.	49.000 Min.	**207.000 Min.**	69.000 Min.
vorhandene Kapazität im Planungszeitraum	340.000 Min.	65.000 Min.	**194.000 Min. (Engpass)**	100.000 Min.

Der **Engpass** liegt bei der **Kostenstelle III**, da 207.000 Min. für die Produktion benötigt werden, allerdings nur 194.000 Min. zur Verfügung stehen.

⇒ Planung des Produktionsprogramms entsprechend dem spezifischen Deckungsbeitrag

Deckungsbeitrag db = Verkaufspreis – variable Kosten

Variable Kosten = variable Vertriebskosten + variable Rohstoffkosten
+ variable Maschinenkosten

Variable Kosten:

	Produkt		
	A	B	C
Vertriebskosten (in EUR/ME)	2,00	1,50	2,00
Beschaffungskosten der Rohstoffe (in EUR/ME)	$3 \cdot 6{,}00 + 2 \cdot 5{,}00 = 28{,}00$	$1 \cdot 6{,}00 + 4 \cdot 3{,}00 = 18{,}00$	$2 \cdot 6{,}00 + 1 \cdot 5{,}00 + 2 \cdot 3{,}00 = 23{,}00$
Maschinenkosten (in EUR/ME)	$6 \cdot 0{,}50 + 2 \cdot 1{,}00 = 5{,}00$	$1 \cdot 3{,}00 + 3 \cdot 1{,}00 + 2 \cdot 4{,}00 = 14{,}00$	$2 \cdot 0{,}50 + 1 \cdot 3{,}00 + 3 \cdot 1{,}00 + 1 \cdot 4{,}00 = 11{,}00$
variable Kosten (in EUR/ME)	35,00	33,50	36,00

Deckungsbeitragsberechnung:

	Produkt		
	A	B	C
Verkaufspreis	50,00 EUR/ME	50,00 EUR/ME	52,00 EUR/ME
variable Kosten	35,00 EUR/ME	33,50 EUR/ME	36,00 EUR/ME
absoluter Deckungsbeitrag	15,00 EUR/ME	16,50 EUR/ME	16,00 EUR/ME
absoluter Deckungsbeitrag ÷ Engpassbelastung in Kostenstelle III = spezifischer Deckungsbeitrag	15,00 EUR/ME ÷ 2 Min./ME = 7,50 EUR/Min.	16,50 EUR/ME ÷ 3 Min./ME = 5,50 EUR/Min.	16,00 EUR/ME ÷ 3 Min./ME = 5,33 EUR/Min.

Nach dem **Kriterium des spezifischen Deckungsbeitrags** ergeben sich **folgende Prioritäten** bei der Produktionsprogrammplanung (entscheidungsrelevant ist der höchste spezifische Deckungsbeitrag):

Produkt A: Platz 1

Produkt B: Platz 2

Produkt C: Platz 3

Daraus ergibt sich:

- volle Produktion von Produkt A = **30.000 ME** · 2 Min./ME = 60.000 Min.
- volle Produktion von Produkt B = **20.000 ME** · 3 Min./ME = 60.000 Min.
- lediglich eine Teil-Produktion von Produkt C = (194.000 Min. – 2 · 60.000 Min.) ÷ 3 Min./ME = 24.666,67 ME, d. h. **24.666 ME**, da nur ganze Mengeneinheiten produziert werden können.

2. Schritt: Absatzplanung

Vorgehensweise: Multiplikation der tatsächlich zu produzierenden Menge der einzelnen Produkte mit den einzelnen relevanten Kriterien; z. B. 30.000 ME (Produkt A) · 50,00 EUR/ ME (Verkaufspreis Produkt A) = 1.500.000 EUR Umsatz.

Kriterium	Produkt A (30.000 ME)	B (20.000 ME)	C (24.666 ME)	Σ
Umsatz	1.500.000 EUR	1.000.000 EUR	1.282.632 EUR	3.782.632 EUR
Vertriebs-kosten	60.000 EUR	30.000 EUR	49.332 EUR	139.332 EUR
Werbung und Kundendienst	80.000 EUR	70.000 EUR	75.000 EUR	225.000 EUR
			Nettoumsatz	**3.418.300 EUR**

3. Schritt: Beschaffungsplanung

Vorgehensweise: Multiplikation der tatsächlich zu produzierenden Menge der einzelnen Produkte mit den jeweils relevanten Einsatzkoeffizienten, z. B. 30.000 ME (Produkt A) · 3 ME Rohstoff 1/Produkt A = 90.000 ME Rohstoff 1.

Roh-stoff	Produkt A (30.000 ME)	B (20.000 ME)	C (24.666 ME)	Σ	Kosten
1	90.000 ME	20.000 ME	49.332 ME	159.332 ME	955.992 EUR
2	60.000 ME	–	24.666 ME	84.666 ME	423.330 EUR
3	–	80.000 ME	49.332 ME	129.332 ME	387.996 EUR
				Material-kosten	**1.767.318 EUR**

4. Schritt: Produktionsplanung

Vorgehensweise:

- Zunächst erfolgt die Multiplikation der tatsächlich zu produzierenden Menge der einzelnen Produkte mit den jeweils relevanten Maschinenbelastungskoeffizienten; z. B. 30.000 ME (Produkt A) · 6 Min. Inanspruchnahme Kostenstelle I/1 ME Produkt A = 180.000 Minuten.
- Die sich für die einzelne Kostenstelle ergebende Summe der verbrauchten Maschinenminuten wird sodann mit dem variablen Kostensatz pro Minute multipliziert; z. B. 229.332 Min. Inanspruchnahme Kostenstelle I durch Produkt A und Produkt C · 0,50 EUR/Min. = 114.666 EUR.

Kosten-stelle	Produkt A (30.000 ME)	B (20.000 ME)	C (24.666 ME)	Σ	Kosten
I	180.000 Min.	–	49.332 Min.	229.332 Min.	114.666 EUR
II	–	20.000 Min.	24.666 Min.	44.666 Min.	133.998 EUR
III	60.000 Min.	60.000 Min.	73.998 Min.	193.998 Min.	193.998 EUR
IV	–	40.000 Min.	24.666 Min.	64.666 Min.	258.664 EUR
				Fertigungs-kosten	**701.326 EUR**

5. Schritt: Ergebnisplanung

	Nettoumsatz (Absatzplanung)	3.418.300 EUR
–	Materialkosten (Beschaffungsplanung)	1.767.318 EUR
–	Fertigungskosten (Produktionsplanung)	701.326 EUR
–	Verwaltungskosten (Verwaltungsplanung)	220.000 EUR
–	Forschungs- und Entwicklungskosten (FuE-Planung)	100.000 EUR
–	Zinskosten (Zinsplanung)	30.000 EUR
–	Abschreibungen (Abschreibungsplanung)	100.000 EUR
=	Planergebnis für das nächste Jahr	**499.656 EUR**

6. Schritt: Finanzplanung

	Planergebnis für das nächste Jahr	499.656 EUR
+	Abschreibungen (Abschreibungsplanung)	100.000 EUR
–	Tilgungen (Tilgungsplanung)	60.000 EUR
–	Anlagen (Anschaffungsauszahlung)	1.000.000 EUR
=	geplanter Finanzbedarf für das nächste Jahr	**– 460.344 EUR**

Das Unternehmen hat somit einen **Finanzierungsbedarf** für das nächste Jahr in Höhe von **460.344 EUR**.

Aufgabe 12.3: Kurzfristiger Finanzplan[64]

Ein neu zu gründender Betrieb rechnet mit folgenden monatlichen Ein- und Auszahlungen aus seiner betrieblichen Tätigkeit ohne Berücksichtigung des Bereichs der Außenfinanzierung (in Tausend EUR):

Anfang des Monats	t_1	t_2	t_3	t_4	t_5	t_6	t_7	t_8	t_9
Einzahlungen	0	20	40	60	60	60	60	60	60
Auszahlungen	80	40	40	40	40	40	40	40	40

Der Einfachheit halber wird angenommen, dass der Unternehmer nicht in der Lage ist, dem Betrieb Eigenkapital von außen zuzuführen. Es besteht lediglich die Möglichkeit der Aufnahme eines Kontokorrentkredits.

a) Wie viel Kredit muss der Betrieb in den einzelnen Monaten bei seiner Hausbank aufnehmen?

b) In welchem Monat ist der Betrieb erstmals in der Lage, mit der Kredittilgung zu beginnen?

c) Wie hoch ist der Betrieb in den einzelnen Monaten verschuldet, wenn davon ausgegangen wird, dass die Einzahlungsüberschüsse zur Tilgung des Kredits verwandt werden?

d) Zu welchem Zeitpunkt hat der Betrieb seinen Kredit bei der Hausbank vollständig getilgt?

Lösung:

Vorbemerkungen:

Die sich aus den Ein- und Auszahlungen des Betriebes in den einzelnen Monaten ergebenden Ein- und Auszahlungsüberschüsse lassen sich wie folgt berechnen (in Tausend EUR):

Anfang des Monats	t_1	t_2	t_3	t_4	t_5	t_6	t_7	t_8	t_9
Einzahlungen	0	20	40	60	60	60	60	60	60
Auszahlungen	80	40	40	40	40	40	40	40	40
Einzahlungsüberschüsse	–	–	0	20	20	20	20	20	20
Auszahlungsüberschüsse	80	20	0	–	–	–	–	–	–

[64] Modifiziert entnommen aus *Wöhe, Günter; Kaiser, Hans; Döring, Ulrich:* Übungsbuch zur Einführung in die Allgemeine Betriebswirtschaftslehre, 17. Aufl., München 2023, S. 340–342.

Auszahlungsüberschüsse (t_1 und t_2) führen grundsätzlich zu einer Kreditaufnahme, Einzahlungsüberschüsse (t_4 bis t_9) dagegen können grundsätzlich zur Kredittilgung verwendet werden (in Tausend EUR):

Anfang des Monats	t_1	t_2	t_3	t_4	t_5	t_6	t_7	t_8	t_9
Kreditaufnahme	80	20	0	–	–	–	–	–	–
Kredittilgung	–	–	0	20	20	20	20	20	20

Jede Kreditaufnahme (= Auszahlungsüberschuss) führt zur Erhöhung der Schulden, jede Kredittilgung (= Einzahlungsüberschuss) führt zur Reduzierung der Schulden. In t_9 sind die (kumulierten) Einzahlungsüberschüsse erstmals so hoch, dass auf dem Kontokorrentkonto ein Guthaben in Höhe von 20.000 EUR verzeichnet werden kann (Berechnungen in Tausend EUR).

Anfang des Monats	t_1	t_2	t_3	t_4	t_5	t_6	t_7	t_8	t_9
Kreditaufnahme	80	20	0	–	–	–	–	–	–
Kredittilgung	–	–	0	20	20	20	20	20	20
Schulden	80	100	100	80	60	40	20	0	–
Guthaben	–	–	–	–	–	–	–	0	20

Teilaufgabe a)

Der Betrieb muss zu Beginn des ersten Monats (t_1) 80.000 EUR und Anfang des zweiten Monats (t_2) weitere 20.000 EUR Kredit aufnehmen.

Teilaufgabe b)

Der Betrieb kann Anfang des vierten Monats (t_4) mit der Kredittilgung beginnen, da zu diesem Zeitpunkt erstmals ein Einzahlungsüberschuss auftritt.

Teilaufgabe c)

Zu Beginn (t_1) ist der Betrieb mit 80.000 EUR verschuldet. Die Verschuldung steigt sodann auf 100.000 EUR zu Beginn des zweiten Monats (t_2) an, verbleibt einen weiteren Monat (t_3) unverändert bei 100.000 EUR und fällt dann monatlich um 20.000 EUR.

Teilaufgabe d)

Zu Beginn des achten Monats (t_8) ist der Kredit vollständig getilgt.

Aufgabe 12.4: Aufstellung eines Finanzplans[65]

Am 1. Juni wird ein Unternehmen gegründet, für das Sie anhand der folgenden Daten einen Finanzplan für die ersten sechs Monate aufstellen sollen:

- Die Gewerberäume werden für 1.800 EUR je Monat gemietet. Die Miete ist stets im Voraus zu entrichten.
- Die Produktion findet auf einer Anlage statt, die beschafft werden muss. Der Preis der Anlage einschließlich aller Nebenkosten beläuft sich auf 180.000 EUR. Davon sind 60.000 EUR sofort in bar fällig. Der Rest ist in den folgenden drei Monaten in gleichen Raten zu bezahlen.
- Außerdem werden noch ein gebrauchter Pkw sowie eine gebrauchte Betriebsausstattung für insgesamt 25.000 EUR erworben, die ebenfalls sofort in bar bezahlt werden müssen.
- Für die Produktion werden in jedem Monat Roh-, Hilfs- und Betriebsstoffe für 20.000 EUR benötigt. Die Bezahlung soll immer sofort vorgenommen werden. Zu Beginn werden noch zusätzliche Roh-, Hilfs- und Betriebsstoffe im Wert von 8.000 EUR in bar bezogen, die als Reserve dienen sollen.
- Die auszahlungswirksamen Personalkosten belaufen sich auf 22.000 EUR im Monat und werden jeweils zum Monatsanfang fällig.
- Außerdem werden jeden Monat Handelswaren für 12.000 EUR gekauft und sofort in bar bezahlt.
- 50 % der Handelswaren werden im Anschaffungsmonat, 50 % im Folgemonat veräußert. Der Verkauf erfolgt jeweils gegen bar mit einem Aufschlag von 50 %.
- Der Verkauf von selbst hergestellten Erzeugnissen beginnt im zweiten Monat und wird mit 84.000 EUR je Monat veranschlagt. Man rechnet damit, dass je ein Drittel der Kunden sofort, nach einem Monat bzw. nach zwei Monaten zahlen werden.
- Die Eigentümer finanzieren das Unternehmen mit 120.000 EUR. Die Fremdfinanzierung erfolgt über eine Bank, die einen zweijährigen Kredit in Höhe von 20.000 EUR zu 10 % Zins p. a. (nachschüssig zu zahlen) sowie einen Kontokorrentkredit in Höhe von 80.000 EUR zu 1,17 % Zins je Monat bei monatlicher Zinsverrechnung (Zahlung der Zinsen auf die Inanspruchnahme des Vormonats im Folgemonat) anbietet. Der langfristige Kredit soll im Falle eines Kreditbedarfs zuerst in Anspruch genommen werden. Sofern Zinsen zu zahlen sind, runden Sie bitte die jeweils zu leistenden Beträge auf volle Euro auf oder ab.

---

[65] Modifiziert entnommen aus *Kruschwitz, Lutz; Decker, Rolf O. A.; Röhrs, Michael:* Übungsbuch zur Betrieblichen Finanzwirtschaft, 7. Aufl., München/Wien 2007, S. 75–76 und S. 323–324.

Lösung:

Monat	Juni	Juli	August	September	Oktober	November
Zahlungsmittelanfangsbestand (Kassenbestand)	–	200 EUR	–	–	–	–
Eigenkapital	120.000 EUR	–	–	–	–	–
Verkauf Handelswaren	9.000 EUR	18.000 EUR	18.000 EUR	18.000 EUR	18.000 EUR	18.000 EUR
Verkauf selbst hergestellter Erzeugnisse	–	28.000 EUR	56.000 EUR	84.000 EUR	84.000 EUR	84.000 EUR
Summe der Plan-Einzahlungen	129.000 EUR	46.000 EUR	74.000 EUR	102.000 EUR	102.000 EUR	102.000 EUR
Zinsaufwand	–	–	580 EUR	842 EUR	779 EUR	248 EUR
Miete	1.800 EUR	1.800 EUR	1.800 EUR	1.800 EUR	1.800 EUR	1.800 EUR
Maschine	60.000 EUR	40.000 EUR	40.000 EUR	40.000 EUR	–	–
Pkw/Betriebsausstattung	25.000 EUR	–	–	–	–	–
Roh-, Hilfs- und Betriebsstoffe	28.000 EUR	20.000 EUR	20.000 EUR	20.000 EUR	20.000 EUR	20.000 EUR
Personalkosten	22.000 EUR	22.000 EUR	22.000 EUR	22.000 EUR	22.000 EUR	22.000 EUR
Kauf Handelswaren	12.000 EUR	12.000 EUR	12.000 EUR	12.000 EUR	12.000 EUR	12.000 EUR
Summe der Plan-Auszahlungen	148.800 EUR	95.800 EUR	96.380 EUR	96.642 EUR	56.579 EUR	56.048 EUR
(+) Überdeckung / (–) Unterdeckung	– 19.800 EUR	– 49.600 EUR	– 22.380 EUR	5.358 EUR	45.421 EUR	45.952 EUR
langfristiger Kredit (Inanspruchnahme)	20.000 EUR	–	–	–	–	–
kurzfristiger Kredit (Inanspruchnahme)	–	49.600 EUR	71.980 EUR	66.622 EUR	21.201 EUR	–
Zahlungsmittelendbestand (Kassenbestand)	200 EUR	–	–	–	–	24.751 EUR

Aufgabe 12.5: Externe Bestimmungsfaktoren des Kapitalbedarfs

Erläutern Sie die folgenden externen Bestimmungsfaktoren des Kapitalbedarfs eines Unternehmens:

- Struktur der Beschaffungsmärkte,
- Beschaffenheit der Absatzmärkte,
- Preisniveau auf den Beschaffungs- und Absatzmärkten,
- staatliche Beschränkungen,
- Veränderungen der Produktionstechnologien!

Lösung:

- **Struktur der Beschaffungsmärkte**

  Die Struktur der Beschaffungsmärkte hat insofern Einfluss auf den Kapitalbedarf eines Unternehmens, als sie die Lieferungs- und Leistungsbedingungen festlegt, d. h., sie bestimmt, inwiefern es aufgrund langer Lieferzeiten für das Unternehmen eventuell sinnvoll sein kann, Rohstoffe auf Lager zu nehmen, wie lang die Zahlungsfristen sind bzw. inwiefern durch den gemeinsamen Einkauf mehrerer Unternehmen Einfluss auf die Zahlungsmodalitäten genommen werden kann.

- **Beschaffenheit der Absatzmärkte**

  Die Beschaffenheit der Absatzmärkte bestimmt nicht nur über die Möglichkeit des Verkaufs und seinen zeitlichen Ablauf, sondern insbesondere auch über die Höhe und den Zeitpunkt des Zahlungseingangs.

- **Preisniveau auf den Beschaffungs- und Absatzmärkten**

  Die Anzahl der Konkurrenten und Mitanbieter beeinflusst das Preisniveau sowohl auf den Beschaffungsmärkten als auch auf den Absatzmärkten entscheidend. Dieses wiederum hat Einfluss auf die benötigten bzw. erzielbaren finanziellen Mittel.

- **Staatliche Beschränkungen**

  Bei der Herstellung muss beispielsweise beachtet werden, inwiefern die Produktion mit staatlichen Auflagen belegt ist (z. B. Umweltschutzauflagen).

- **Veränderungen der Produktionstechnologien**

  Verbessern sich aufgrund des technischen Fortschritts die Produktionstechnologien, so sind andere Unternehmen bei der Herstellung der gleichen oder vergleichbarer Produkte u. U. in der Lage, diese Produkte günstiger als das Unternehmen selbst anzubieten, so dass extern ein Zwang zur Teilnahme am technischen Fortschritt mit den damit verbundenen notwendigen Investitionen auf das Unternehmen ausgeübt wird.

Aufgabe 12.6: Statische Ermittlung des Umlaufkapitalbedarfs

Ermitteln Sie den Umlaufkapitalbedarf für ein Unternehmen nach der kumulativen und der differenzierten Methode! Gehen Sie dabei von folgenden Ausgangsdaten aus:

• Kreditorenziel (= Lieferantenziel) (LZ_t)	14 Tage
• Lagerdauer Fertigungsmaterial (LFM_t)	20 Tage
• Produktionszeit (P_t)	8 Tage
• Lagerdauer Fertigprodukte (LFP_t)	25 Tage
• Debitorenziel (= Kundenziel) (DZ_t)	30 Tage
• Fertigungslöhne (FL)	4.300 EUR/Arbeitstag
• Fertigungsgemeinkosten (FGK)	3.800 EUR/Arbeitstag
• Materialkosten (MK)	2.700 EUR/Arbeitstag
• Materialgemeinkosten (MGK)	2.100 EUR/Arbeitstag
• Verwaltungsgemeinkosten (VGK)	500 EUR/Arbeitstag
• Vertriebsgemeinkosten (VtGK)	150 EUR/Arbeitstag

Es wird angenommen, dass es sich ausschließlich um pagatorische Kosten handelt. Die Verwaltungs- und Vertriebsgemeinkosten fallen bereits ab dem Zeitpunkt der Materialbeschaffung an. Nehmen Sie zu den Vorgehensweisen der beiden Methoden kritisch Stellung!

Lösung:

Die Grundstruktur der statischen Ermittlung des Umlaufkapitalbedarfs umfasst sowohl bei der kumulativen als auch bei der differenzierten Methode folgende drei Schritte:

1. Ermittlung der **durchschnittlichen Kapitalbindungsfristen**:
   - Kreditorenziel (= Lieferantenziel) (LZ_t)
   - Lagerdauer der Fertigungsmaterialien (LFM_t)
   - Produktionszeit (P_t)
   - Lagerdauer der Fertigprodukte (LFP_t)
   - Debitorenziel (= Kundenziel) (DZ_t)
2. Ermittlung der **durchschnittlichen auszahlungswirksamen Kosten pro Arbeitstag** für:
   - Fertigungslöhne (FL)
   - Fertigungsgemeinkosten (FGK)
   - Materialkosten (MK)
   - Materialgemeinkosten (MGK)
   - Verwaltungsgemeinkosten (VGK)
   - Vertriebsgemeinkosten (VtGK)

3. Bestimmung des **Umlaufkapitalbedarfs** durch Multiplikation der durchschnittlichen auszahlungswirksamen Kosten pro Arbeitstag mit den (jeweiligen) durchschnittlichen Kapitalbindungsfristen (BF).

Der Umlaufkapitalbedarf entsprechend den einzelnen Kostenarten und die Kapitalbindungsfristen können grafisch wie in *Abbildung 33* dargestellt werden.

Dem im Folgenden nach der kumulativen und der differenzierten Methode berechneten Beispiel liegen folgende Ausgangsdaten zugrunde:

LZ_t	=	14 Tage	FL	=	4.300 EUR/Arbeitstag
LFM_t	=	20 Tage	FGK	=	3.800 EUR/Arbeitstag
P_t	=	8 Tage	MK	=	2.700 EUR/Arbeitstag
LFP_t	=	25 Tage	MGK	=	2.100 EUR/Arbeitstag
DZ_t	=	30 Tage	VGK	=	500 EUR/Arbeitstag
			VtGK	=	150 EUR/Arbeitstag

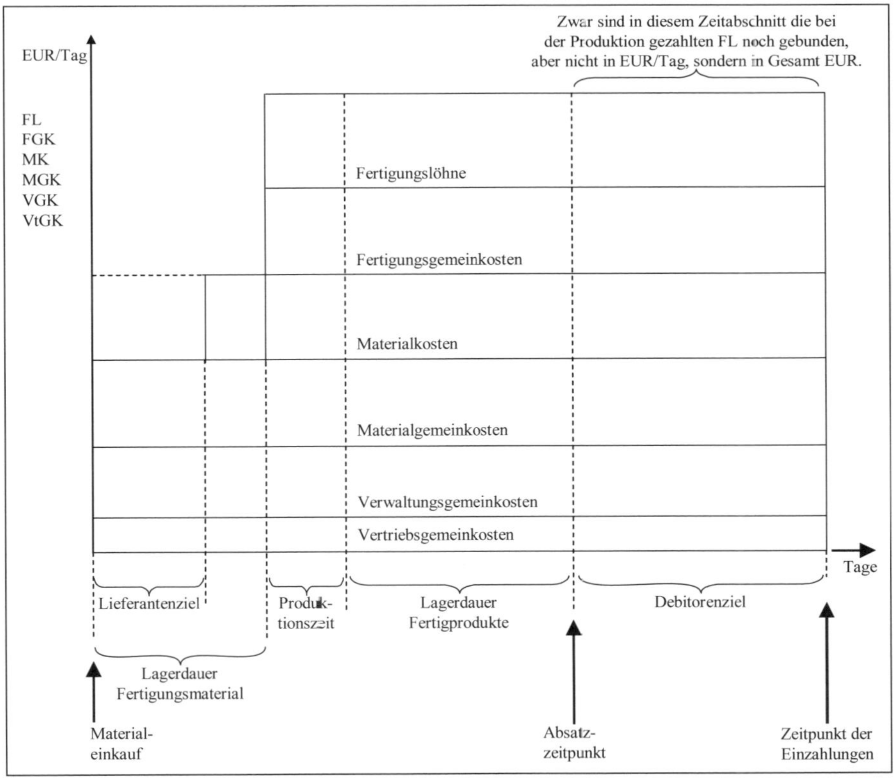

Abbildung 33: Darstellung des Umlaufkapitalbedarfs entsprechend den einzelnen Kostenarten und den Kapitalbindungsfristen

Ermittlung des Umlaufkapitalbedarfs mit Hilfe der kumulativen Methode:

Nach der (pagatorisch-)kumulativen Methode ermittelt man den Umlaufkapitalbedarf durch Multiplikation der durchschnittlichen Auszahlungen je Arbeitstag mit der durchschnittlichen Kapitalbindungsfrist, d. h. der Anzahl der Tage zwischen dem Zeitpunkt der Materialbeschaffung bis zum Eingang der Umsatzerlöse, gekürzt um ein eventuell bestehendes Kreditorenziel (Lieferantenziel), sofern dieses in Anspruch genommen wird.

KB = durchschnittliche Kapitalbindungsfrist · durchschnittliche Auszahlungen eines Produktionstages

$$KB = (LFM_t + P_t + LFP_t + DZ_t - LZ_t)\,[\text{Tage}] \cdot (FL + FGK + MK + MGK + VGK + VtGK)\,[\text{EUR/Tag}]$$

$$= (20 + 8 + 25 + 30 - 14)\,[\text{Tage}] \cdot (4.300 + 3.800 + 2.700 + 2.100 + 500 + 150)\,[\text{EUR/Tag}]$$

$$= 69 \text{ Tage} \cdot 13.550 \text{ EUR/Tag}$$

$$= \mathbf{934.950\ EUR}$$

Bestimmt man den Umlaufkapitalbedarf ohne Berücksichtigung eines Kreditorenziels (Lieferantenziels), so ergibt sich als Kapitalbedarf:

$$KB = (69 \text{ Tage} + 14 \text{ Tage}) \cdot 13.550 \text{ EUR/Tag}$$

$$= 83 \text{ Tage} \cdot 13.550 \text{ EUR/Tag}$$

$$= \mathbf{1.124.650\ EUR}$$

Kritik an der kumulativen Methode:

1. Gegen die kumulative Methode kann zum einen eingewandt werden, dass sie alle Auszahlungen auf den Zeitpunkt der Materialbeschaffung, d. h. den Beginn des Leistungsprozesses bezieht. Die Auszahlungen fallen aber in den einzelnen Bereichen der Leistungserstellung erst nach und nach und in unterschiedlicher Höhe an. Damit führt diese Vorgehensweise zu einem überhöhten Umlaufkapitalbedarf.

2. Zum anderen ist zu kritisieren, dass die undifferenzierte Kürzung der durchschnittlichen Kapitalbindungsfrist um ein in Anspruch genommenes Kreditorenziel (Lieferantenziel) zu einem zu niedrig berechneten Umlaufkapitalbedarf führt. Während das Lieferantenziel nur die Auszahlungen für Materialbeschaffung betrifft, werden durch die Berechnung auf Durchschnittsbasis auch die Auszahlungen der anderen Bereiche mit einer um das Lieferantenziel gekürzten Bindungsfrist multipliziert.

Wie stark das Ergebnis der kumulativen Methode vom tatsächlichen Kapitalbedarf abweicht, hängt von der Struktur der einzelnen Bindungsfristen sowie der Höhe der einzelnen Auszahlungsbeträge ab. Nur in den seltensten Fällen dürften sich der negative und der positive Effekt gerade ausgleichen. In der Mehrzahl der Fälle kommt es zu einer ungenauen Bestimmung des Umlaufkapitalbedarfs.

Ermittlung des Umlaufkapitalbedarfs mit Hilfe der differenzierten Methode:

Die differenzierte Methode versucht, die aufgezeigten Mängel der kumulativen Methode dadurch zu vermeiden, dass die Auszahlungen der einzelnen Betriebsbereiche mit den individuellen Kapitalbindungsfristen multipliziert werden, d. h., der gesamte Umlaufkapitalbedarf ergibt sich aus der Summe der isoliert ermittelten Kapitalbedürfnisse einzelner Betriebsbereiche:

$$KB = \sum_{i=1}^{n} A_i \cdot BF_i$$

Dabei gilt:

A_i : durchschnittliche tägliche Auszahlungen im Bereich i;

BF_i : durchschnittliche Bindungsfrist im Bereich i.

Nach der differenzierten Methode ergibt sich für das dargestellte Beispiel folgender Umlaufkapitalbedarf:

1) **Fertigungsmaterial = Material(einzel)kosten**

$BF_1 = (LFM_t + P_t + LFP_t + DZ_t - LZ_t)$ [Tage]

$= (20 + 8 + 25 + 30 - 14)$ [Tage]

$= 69$ Tage

$A_1 = MK$

$= 2.700$ EUR/Tag

$KB_{MK} = 69$ Tage $\cdot$ 2.700 EUR/Tag

$=$ **186.300 EUR**

2) **Materialgemeinkosten** (z. B. Kosten für Lagerverwaltung, Kosten für Materialprüfung, Kosten für innerbetriebliche Transporte)

$BF_2 = (LFM_t + P_t + LFP_t + DZ_t)$ [Tage]

$= (20 + 8 + 25 + 30)$ [Tage]

$= 83$ Tage

$A_2 = MGK$

$= 2.100$ EUR/Tag

$KB_{MGK} = 83$ Tage $\cdot$ 2.100 EUR/Tag

$=$ **174.300 EUR**

Hinweis: Das Lieferantenziel wird hier nicht abgezogen, weil es sich nicht um gelieferte und später bezahlte Waren handelt, wie z. B. beim Fertigungsmaterial.

3) **Fertigungslöhne/Fertigungsgemeinkosten** (Letztere umfassen bspw. Kosten der Arbeitsvorbereitung, Kosten für Konstruktion und Entwicklung)

Da diese beiden Auszahlungskategorien alle innerhalb des Produktionsbereichs anfallen und im vorliegenden Beispiel schon bestimmt sind, kann eine Zusammenfassung erfolgen.

$$BF_3 = (P_t + LFP_t + DZ_t)\ [\text{Tage}]$$
$$= (8 + 25 + 30)\ [\text{Tage}]$$
$$= 63\ \text{Tage}$$

$$A_3 = FL + FGK$$
$$= 4.300\ \text{EUR/Tag} + 3.800\ \text{EUR/Tag}$$
$$= 8.100\ \text{EUR/Tag}$$

$$KB_{FL,FGK} = 63\ \text{Tage} \cdot 8.100\ \text{EUR/Tag}$$
$$= \mathbf{510.300\ EUR}$$

Hinweis: Hier erfolgt ebenfalls kein Abzug des Lieferantenziels.

4) **Kapitalbedarf für Verwaltungskosten (Verwaltungsgemeinkosten)**

Hinsichtlich der Auszahlungen für den Verwaltungsbereich soll davon ausgegangen werden, dass sie über den gesamten betrachteten Zeitraum hinweg anfallen.

$$BF_4 = (LFM_t + P_t + LFP_t + DZ_t)\ [\text{Tage}]$$
$$= (20 + 8 + 25 + 30)\ [\text{Tage}]$$
$$= 83\ \text{Tage}$$

$$A_4 = VGK$$
$$= 500\ \text{EUR/Tag}$$

$$KB_{VGK} = 83\ \text{Tage} \cdot 500\ \text{EUR/Tag}$$
$$= \mathbf{41.500\ EUR}$$

5) **Kapitalbedarf für den Vertrieb (Vertriebsgemeinkosten)**

Vertriebskosten können sowohl über die gesamte Prozessdauer verteilt anfallen als auch zu einem bestimmten Zeitpunkt, z. B. Auszahlung für Vertreterprovision. Hier soll davon ausgegangen werden, dass die Vertriebskosten permanent, d. h. während des ganzen Prozesses anfallen.

$$BF_5 = (LFM_t + P_t + LFP_t + DZ_t)\ [\text{Tage}]$$
$$= (20 + 8 + 25 + 30)\ [\text{Tage}]$$
$$= 83\ \text{Tage}$$

$$A_5 = VtGK$$
$$= 150\ \text{EUR/Tag}$$

KB_{VtGK} = 83 Tage · 150 EUR/Tag
= **12.450 EUR**

Als Gesamtkapitalbedarf für das Umlaufvermögen ergibt sich somit nach der differenzierten Methode:

KB_{MK}	=	186.300 EUR
KB_{MGK}	=	174.300 EUR
$KB_{FL, FGK}$	=	510.300 EUR
KB_{VGK}	=	41.500 EUR
KB_{VtGK}	=	12.450 EUR
Gesamtkapitalbedarf	=	**924.850 EUR**

Das Ergebnis zeigt, dass der nach der differenzierten Methode ermittelte Kapitalbedarf von dem nach der kumulativen Methode ermittelten Kapitalbedarf abweicht. Die Höhe der Abweichung hängt von der Dauer der einzelnen Bindungsfristen (BF_i) sowie der Struktur der einzelnen Auszahlungsströme (A_i) ab. Wie groß die Abweichung ist und welche Richtung sie hat, ist vom Einzelfall abhängig. Das Beispiel hat gezeigt, dass insbesondere die kumulative Kapitalbedarfsermittlung nicht brauchbar ist, auch wenn sie als Faustformel in der Praxis Anwendung findet.

Zusammenfassende Kritik an der statischen Ermittlung des Kapitalbedarfs:

1. Selbst geringfügige Modellvariationen (z. B. Änderung der Produktionszeit) erfordern umfassende Neuberechnungen.
2. Die funktionalen Zusammenhänge zwischen dem Leistungsbereich und dem Finanzbereich werden nicht hinreichend berücksichtigt.
3. Zahlungszeitpunkte werden nicht beachtet; es wird unterstellt, der gesamte Kapitalbedarf bestehe bereits zu Beginn und während der gesamten Dauer des Planungszeitraums.
4. Bindungsfristen und Beträge werden nur mit Durchschnittswerten berücksichtigt und führen so zu ungenauen Ergebnissen.
5. Keine Berücksichtigung von Liquiditätsreserven und Lagermindestbeständen.

Aufgabe 12.7: Statische Ermittlung des Bruttokapitalbedarfs für das Anlage- und Umlaufvermögen [66]

Ein Computerhersteller will für ein neu zu gründendes Tochterunternehmen den betriebsnotwendigen Kapitalbedarf für das Anlage- und das Umlaufvermögen für den Zeitraum bis zum erstmaligen Rückfluss der Finanzmittel durch Umsatzerlöse (Bruttokapitalbedarf) berechnen. Folgende Daten sind bekannt:

[66] Modifiziert entnommen aus *Busse, Franz-Joseph*: Grundlagen der betrieblichen Finanzwirtschaft, 5. Aufl., München/Wien 2003, S. 48–51.

- Das Tochterunternehmen benötigt für den Erwerb eines geeigneten Grundstücks 340.000 EUR; für eine Produktionshalle mit Büroräumen hat der Architekt einen Gesamtpreis von 360.000 EUR errechnet; für maschinelle Anlagen werden 1.200.000 EUR benötigt; für neue Patente und Lizenzen werden 620.000 EUR veranschlagt.
- Die Kapazität des Tochterunternehmens ist zunächst so ausgelegt, dass für die Produktion eines Hochleistungsrechners durchschnittlich 8 Kalendertage benötigt werden. Die durchschnittliche Lagerdauer der Fertigungsmaterialien beträgt 20 Kalendertage, das Zahlungsziel der Lieferanten 30 Kalendertage. Die durchschnittliche Lagerdauer der fertigen Hochleistungsrechner beläuft sich auf 25 Kalendertage. Die Zahlungsbedingungen des Computerherstellers enthalten folgenden Passus: Rechnung zahlbar mit 2 % Skonto innerhalb von 10 Kalendertagen, sonst 30 Kalendertage netto gegen Kasse.
- Die täglich anfallenden Fertigungslöhne betragen 4.500 EUR, die Fertigungsgemeinkosten 200 % der Fertigungslöhne (davon sind 65 % auszahlungswirksam). Die täglichen Kosten für Fertigungsmaterial belaufen sich auf 6.000 EUR, die Materialgemeinkosten auf 25 % der Materialeinzelkosten (täglich komplett auszahlungswirksam). Ferner sind den auszahlungswirksamen Herstellkosten täglich 10 % für Verwaltungsgemeinkosten und Vertriebsgemeinkosten zuzurechnen (alle auszahlungswirksam).
- Der Einfachheit halber wird unterstellt, dass sowohl das Tochterunternehmen als auch alle Kunden ihre Zahlungsziele ausnutzen. Ebenso wird vereinfachend unterstellt, dass die Produktionszeit erst nach Ablauf der durchschnittlichen Fertigungsmateriallagerdauer einsetzt. Die Verwaltungs- und Vertriebsgemeinkosten fallen zudem bereits ab dem Zeitpunkt der Materialbeschaffung an.

Ermitteln Sie für das Tochterunternehmen nach der statischen Vorgehensweise den Kapitalbedarf für das Anlagevermögen sowie für das Umlaufvermögen (Letzteren nach der sogenannten differenzierten Methode)!

Lösung:

Ermittlung des Kapitalbedarfs für das Anlagevermögen:

	Grundstück	340.000 EUR
+	Produktionshalle mit Büroräumen	360.000 EUR
+	maschinelle Anlagen	1.200.000 EUR
+	Patente und Lizenzen	620.000 EUR
		2.520.000 EUR

Ermittlung des Kapitalbedarfs für das Umlaufvermögen:

Fertigungsmaterial

Berechnung der Bindungsfrist:

	durchschnittliche Lagerdauer der Fertigungsmaterialien	20 Tage
+	durchschnittliche Produktionsdauer	8 Tage
+	durchschnittliche Lagerdauer der fertigen Produkte	25 Tage
+	Kundenzahlungsziel	30 Tage
−	Lieferantenzahlungsziel	30 Tage
=	Bindungsfrist	53 Tage

tägliche Fertigungsmaterialkosten = 6.000 EUR

⇒ **Kapitalbedarf Fertigungsmaterial**: 53 Tage · 6.000 EUR/Tag
= **318.000 EUR**

Materialgemeinkosten

Berechnung der Bindungsfrist:

	durchschnittliche Lagerdauer der Fertigungsmaterialien	20 Tage
+	durchschnittliche Produktionsdauer	8 Tage
+	durchschnittliche Lagerdauer der fertigen Produkte	25 Tage
+	Kundenzahlungsziel	30 Tage
=	Bindungsfrist	83 Tage

Die täglichen auszahlungswirksamen Materialgemeinkosten betragen 25 % der Materialeinzelkosten, d. h. 6.000 EUR · 25 % = 1.500 EUR.

Hinweis: Das Lieferantenziel wird hier nicht abgezogen, weil es sich nicht um gelieferte und später bezahlte Waren handelt, wie z. B. beim Fertigungsmaterial.

⇒ **Kapitalbedarf Materialgemeinkosten:** 83 Tage · 1.500 EUR/Tag
= **124.500 EUR**

Fertigungslöhne

Berechnung der Bindungsfrist:

	durchschnittliche Produktionsdauer	8 Tage
+	durchschnittliche Lagerdauer der fertigen Produkte	25 Tage
+	Kundenzahlungsziel	30 Tage
=	Bindungsfrist	63 Tage

tägliche Fertigungslöhne = 4.500 EUR

⇒ **Kapitalbedarf Fertigungslöhne:** 63 Tage · 4.500 EUR/Tag
= **283.500 EUR**

Fertigungsgemeinkosten

Bei der Berechnung der Gemeinkostenzuschlagsätze werden die Fertigungsgemeinkosten ins Verhältnis zu den Fertigungslöhnen gesetzt; daher ist eine gleiche Bindungsfrist von 63 Tagen anzusetzen.

Die täglichen auszahlungswirksamen Fertigungsgemeinkosten betragen 200 % der Fertigungslöhne (davon sind 65 % auszahlungswirksam), d. h. 4.500 EUR · (200 % · 65 %) = 5.850 EUR

⇒ **Kapitalbedarf Fertigungsgemeinkosten:** 63 Tage · 5.850 EUR/Tag
= **368.550 EUR**

Verwaltungs- und Vertriebsgemeinkosten

Diese beiden Kostenkategorien machen 10 % der auszahlungswirksamen Herstellkosten aus.

Auszahlungswirksame Herstellkosten = Summe aller bisher berechneten auszahlungswirksamen Kostengrößen (davon 10 % als Zuschlag)

Auszahlungswirksame Herstellkosten:

	Fertigungsmaterial	318.000 EUR
+	Materialgemeinkosten	124.500 EUR
+	Fertigungslöhne	283.500 EUR
+	Fertigungsgemeinkosten	368.550 EUR
=	Kapitalbedarf für auszahlungswirksame Herstellkosten	1.094.550 EUR

10 % davon als Zuschlag für die täglichen auszahlungswirksamen Verwaltungs- und Vertriebsgemeinkosten: 109.455 EUR

Kapitalbedarf für das Umlaufvermögen insgesamt:

1.094.550 EUR + 109.455 EUR = **1.204.005 EUR**

Gesamter Kapitalbedarf:

	Kapitalbedarf Anlagevermögen	2.520.000 EUR
+	Kapitalbedarf Umlaufvermögen	1.204.005 EUR
=	**Kapitalbedarf Gesamtunternehmen**	**3.724.005 EUR**

Aufgabe 12.8: Dynamische Ermittlung der Umsatzeinzahlungen

Ein Unternehmen erwartet für die kommenden fünf Perioden folgende Umsatzerlöse:

Periode 1 : 100 EUR,

Periode 2 : 150 EUR,

Periode 3 : 120 EUR,

Periode 4 : 180 EUR,

Periode 5 : 140 EUR.

Der Unternehmensleitung ist aus Beobachtungen der Vergangenheit bekannt, dass

- 40 % der Umsätze als Barumsätze getätigt,
- 30 % der Umsätze in der der Absatzperiode folgenden Periode bezahlt,
- 20 % der Umsätze erst zwei Perioden und
- 10 % der Umsätze erst drei Perioden nach der jeweiligen Absatzperiode bezahlt werden.

Berechnen Sie mit Hilfe des Langen'schen Matrizenkalküls die Umsatzeinzahlungen für die kommenden fünf Perioden!

Lösung:

Die in der Aufgabenstellung angeführte **Verweilzeitverteilung zwischen den Umsätzen und den Einzahlungen** (Liquidationsspektrum) lässt sich in dem folgenden **Spektralvektor** darstellen:

$$\begin{pmatrix} 0{,}4 \\ 0{,}3 \\ 0{,}2 \\ 0{,}1 \end{pmatrix}$$

Dieser Vektor besagt, dass dem Unternehmen 40 % der Umsätze im Zeitraum t, 30 % im Zeitraum t+1, 20 % im Zeitraum t+2 und 10 % im Zeitraum t+3 als Einzahlungen zufließen. Die Zeiträume t bis t+3 werden in Abhängigkeit vom jeweiligen Anfangsereignis (erster Umsatzzeitraum) bestimmt, wobei der Zeitraum t die erste Umsatzperiode darstellt. Wenn – wie in diesem Beispiel – die Summe des Vektors 1 beträgt, so kommt darin zum Ausdruck, dass alle Umsätze zu Einzahlungen führen werden, d. h., es kommt weder zu Forderungsausfällen noch zu Skontoabzügen. Für mehrere aufeinander folgende Umsatzperioden kann folgende Matrizengleichung (mit U_t = Umsatz in der Periode t und E_t = Einzahlung in der Periode t) aufgestellt werden:

$$\begin{pmatrix} U_t & U_{t-1} & U_{t-2} & U_{t-3} \\ U_{t+1} & U_t & U_{t-1} & U_{t-2} \\ U_{t+2} & U_{t+1} & U_t & U_{t-1} \\ U_{t+3} & U_{t+2} & U_{t+1} & U_t \\ U_{t+4} & U_{t+3} & U_{t+2} & U_{t+1} \end{pmatrix} \cdot \begin{pmatrix} 0,4 \\ 0,3 \\ 0,2 \\ 0,1 \end{pmatrix} = \begin{pmatrix} E_t \\ E_{t+1} \\ E_{t+2} \\ E_{t+3} \\ E_{t+4} \end{pmatrix}$$

Die Einzahlungen für die Periode E_{t+2} werden beispielsweise wie folgt berechnet:

$$\begin{pmatrix} U_t & U_{t-1} & U_{t-2} & U_{t-3} \\ U_{t+1} & U_t & U_{t-1} & U_{t-2} \\ U_{t+2} & U_{t+1} & U_t & U_{t-1} \\ U_{t+3} & U_{t+2} & U_{t+1} & U_t \\ U_{t+4} & U_{t+3} & U_{t+2} & U_{t+1} \end{pmatrix} \cdot \begin{pmatrix} 0,4 \\ 0,3 \\ 0,2 \\ 0,1 \end{pmatrix} = \begin{pmatrix} E_t \\ E_{t+1} \\ E_{t+2} \\ E_{t+3} \\ E_{t+4} \end{pmatrix}$$

$$E_{t+2} = 0,4\,U_{t+2} + 0,3\,U_{t+1} + 0,2\,U_t + 0,1\,U_{t-1}$$

Betragen – wie in der Aufgabenstellung vorgegeben – die Umsätze in fünf aufeinander folgenden Perioden (t bis t + 4) 100 EUR, 150 EUR, 120 EUR, 180 EUR und 140 EUR, insgesamt also 690 EUR, so können die Zahlungseingänge in den folgenden Perioden mit Hilfe des Langen'schen Matrizenkalküls bestimmt werden.

$$\begin{pmatrix} 100 & 0 & 0 & 0 \\ 150 & 100 & 0 & 0 \\ 120 & 150 & 100 & 0 \\ 180 & 120 & 150 & 100 \\ 140 & 180 & 120 & 150 \end{pmatrix} \cdot \begin{pmatrix} 0,4 \\ 0,3 \\ 0,2 \\ 0,1 \end{pmatrix} = \begin{pmatrix} 40 \\ 60+30 \\ 48+45+20 \\ 72+36+30+10 \\ 56+54+24+15 \end{pmatrix} = \begin{pmatrix} 40 \\ 90 \\ 113 \\ 148 \\ 149 \end{pmatrix}$$

Die Zahlungseingänge in den ersten fünf Perioden betragen:

E_t	=	40 EUR		U_t	=	100 EUR
E_{t+1}	=	90 EUR		U_{t+1}	=	150 EUR
E_{t+2}	=	113 EUR		U_{t+2}	=	120 EUR
E_{t+3}	=	148 EUR		U_{t+3}	=	180 EUR
E_{t+4}	=	149 EUR		U_{t+4}	=	140 EUR
		540 EUR →	$\Delta =$ 150 EUR (ausstehende Forderungen)	← 690 EUR		

Die Gesamteinzahlungen belaufen sich auf 540 EUR. Die ausstehenden Forderungen betragen somit 690 EUR – 540 EUR = 150 EUR. Man erkennt, dass die für die einzelnen Perioden angenommenen Zahlungseingänge zum Teil erheblich von den erwarteten Umsätzen dieser Perioden abweichen. Mit zunehmender Periodenanzahl tritt in diesem Beispiel eine Glättung der Zahlungseingänge ein. Dies darf jedoch nicht zu der Annahme verleiten, dass der Mittelzufluss aus der Umsatztätigkeit stets als eine konstante Größe angenommen werden kann. Insbesondere bei saisonalen Umsatzschwankungen kommt es zu mehr oder weniger starken Schwankungen der Einzahlungsströme, wobei deren Volatilität unter Umständen etwas geringer als die der Umsätze ist.

Dieser allgemeine Lösungsansatz muss modifiziert werden, wenn Spezialfälle wie Kundenanzahlungen, Skonti, Forderungsausfälle usw. berücksichtigt werden sollen. In diesem Fall ist die Summe des Vektors kleiner 1. Erhielten die Kunden z. B. bei Zahlung in der ersten Periode einen Skontoabzug in Höhe von 2 %, so würde sich das erste Element des Spektralvektors von 0,4 auf $0{,}4 \cdot (1 - 0{,}02) = 0{,}392$ ermäßigen. Das Matrizenkalkül ist somit ein geeignetes Hilfsinstrument, um geplante Umsatzgrößen einzelner Perioden in Zahlungsgrößen zu transformieren und diese einzelnen Perioden zuzuordnen.

Aufgabe 12.9: Dynamische Ermittlung der Umsatzeinzahlungen

Im Rahmen der dynamischen Finanzplanung sollen Sie für Ihr Unternehmen die erwarteten Umsatzeinzahlungen U_t (in TEUR) ermitteln. Vom Vertriebsbereich erhalten Sie folgende Daten:

Monat	Umsatz	Monat	Umsatz	Monat	Umsatz
April	370	Juli	210	Oktober	420
Mai	280	August	260	November	520
Juni	250	September	320	Dezember	480

Aufgrund der beobachteten Zahlungsgewohnheiten Ihrer Kunden wissen Sie, dass

- 25 % der Umsätze eines Monats bereits im selben Monat unter Abzug von 2 % Skonto bezahlt werden (= X_1),
- 40 % der Umsätze jeweils einen Monat nach dem Umsatzzeitpunkt bezahlt werden (= X_2),
- 10 % der Umsätze jeweils im zweiten Monat nach dem Umsatzzeitpunkt bezahlt werden (= X_3),
- die Restforderungen aufgrund von Forderungsausfällen nur zu 80 % drei Monate nach der Umsatzperiode eingehen (= X_4).

a) Ermitteln Sie die erwarteten Umsatzeinzahlungen für die Monate Juli bis November (einschließlich) mit Hilfe des Langen'schen Matrizenkalküls!

b) Was kann das Unternehmen tun, damit ihm die Umsatzerlöse schneller in Form liquider Mittel zur Verfügung stehen?

Lösung:

Teilaufgabe a)

$$\begin{pmatrix} U_t & U_{t-1} & U_{t-2} & U_{t-3} \\ U_{t+1} & U_t & U_{t-1} & U_{t-2} \\ U_{t+2} & U_{t+1} & U_t & U_{t-1} \\ U_{t+3} & U_{t+2} & U_{t+1} & U_t \\ U_{t+4} & U_{t+3} & U_{t+2} & U_{t+1} \end{pmatrix} \cdot \begin{pmatrix} X_1 \\ X_2 \\ X_3 \\ X_4 \end{pmatrix} = \begin{pmatrix} E_t \\ E_{t+1} \\ E_{t+2} \\ E_{t+3} \\ E_{t+4} \end{pmatrix}$$

$$\begin{pmatrix} 210 & 250 & 280 & 370 \\ 260 & 210 & 250 & 280 \\ 320 & 260 & 210 & 250 \\ 420 & 320 & 260 & 210 \\ 520 & 420 & 320 & 260 \end{pmatrix} \cdot \begin{pmatrix} 0{,}245^{1)} \\ 0{,}40 \\ 0{,}10 \\ 0{,}20^{2)} \end{pmatrix} = \begin{pmatrix} 51{,}45+100+28+74 \\ 63{,}70+84+25+56 \\ 78{,}40+104+21+50 \\ 102{,}90+128+26+42 \\ 127{,}40+168+32+52 \end{pmatrix} = \begin{pmatrix} 253{,}45 \\ 228{,}70 \\ 253{,}40 \\ 298{,}90 \\ 379{,}40 \end{pmatrix}$$

1) $0{,}25 \cdot (1 - 0{,}02) = 0{,}245$ 2) $0{,}25 \cdot 0{,}80 = 0{,}20$

Die Zahlungseingänge und die erwarteten Umsätze in den Monaten Juli bis November (in Tausend EUR) betragen:

Juli	=	253,45 TEUR		210 TEUR
August	=	228,70 TEUR		260 TEUR
September	=	253,40 TEUR		320 TEUR
Oktober	=	298,90 TEUR		420 TEUR
November	=	379,40 TEUR		520 TEUR
		1.413,85 TEUR	→ Δ = 316,15 TEUR ←	1.730 TEUR

ausstehende Forderungen

Teilaufgabe b)

Ein Unternehmen kann folgende Maßnahmen ergreifen, damit ihm die Umsatzerlöse schneller in Form liquider Mittel zur Verfügung stehen:

- Zahlungsziele kürzen (eventuell Akzeptanzprobleme),
- Skonto erhöhen (Anreize schaffen; damit aber geringere Einzahlungen),
- besseres Mahnwesen (Sanktionen),
- Wechselziehungen (Einsatz bestimmter Finanzierungsformen),
- Factoring (Einsatz bestimmter Finanzierungsformen),
- Umsätze auf Unternehmen mit einer guten Zahlungsmoral konzentrieren (Selektion der Abnehmer).

13 Theorien bezüglich der Gestaltung der Kapitalstruktur eines Unternehmens

13.1 Gestaltung der Kapitalstruktur nach den Finanzierungsregeln

Aufgabe 13.1: Finanzierungsregeln

Aus der Bilanz eines Unternehmens können Sie nachfolgende Daten entnehmen:

Anlagevermögen	=	300.000 EUR
Umlaufvermögen („eiserne Bestände")	=	262.500 EUR
sonstiges Umlaufvermögen	=	187.500 EUR
Eigenkapital	=	225.000 EUR
langfristiges Fremdkapital	=	337.500 EUR
kurzfristiges Fremdkapital	=	187.500 EUR

a) Prüfen Sie, ob die vertikale Kapitalstrukturregel in Form der Gleichheitsregel erfüllt ist!

b) Für die goldene Bilanzregel existieren verschiedene Fassungen. Prüfen Sie, inwieweit die verschiedenen Ausprägungen dieser Regel erfüllt sind!

Lösung:

Teilaufgabe a)

Die **vertikale Kapitalstrukturregel** in Form der – nicht unumstrittenen – Gleichheitsregel lautet wie folgt:

bilanziertes Fremdkapital $\leq$ bilanziertes Eigenkapital

Auf Basis der vorliegenden Daten ergibt sich folgende Berechnung:

337.500 EUR + 187.500 EUR = 525.000 EUR > 225.000 EUR

$\Rightarrow$ Die vertikale Kapitalstrukturregel ist nicht erfüllt.

Teilaufgabe b)

Auf Basis der vorliegenden Daten ergeben sich für die **goldene Bilanzregel** in ihren verschiedenen Fassungen folgende Berechnungen:

- engste Fassung der goldenen Bilanzregel (das Anlagevermögen ist mit Eigenkapital zu finanzieren, also AV $\leq$ EK):

300.000 EUR > 225.000 EUR

⇒ Es liegt eine Unterdeckung vor, d. h., die Regel ist nicht erfüllt.

- weitere Fassung der goldenen Bilanzregel (das Anlagevermögen ist mit Eigenkapital und langfristigem Fremdkapital zu finanzieren, also AV ≤ EK + lfr. FK):

  300.000 EUR < 225.000 EUR + 337.500 EUR

  300.000 EUR < 562.500 EUR

  ⇒ Es liegt eine Überdeckung vor, d. h., die Regel ist erfüllt.

- weiteste Fassung der goldenen Bilanzregel (das Anlagevermögen sowie die sogenannten „eisernen Bestände" des Umlaufvermögens sind mit Eigenkapital und langfristigem Fremdkapital zu finanzieren, also AV + UV („eiserne Bestände") ≤ EK + lfr. FK):

  300.000 EUR + 262.500 EUR = 225.000 EUR + 337.500 EUR

  562.500 EUR = 562.500 EUR

  ⇒ Es liegt weder eine Unter- noch eine Überdeckung vor. Die Regel ist exakt erfüllt.

Aufgabe 13.2: Liquiditätsgrade[67]

Die Firma „Solvenz" hat zum 31.12.00 folgende Bilanz erstellt:

Aktiva	(in TEUR)		Passiva
Grundstücke	180	Eigenkapital	90
Betriebs- und Geschäftsausstattung	30	Rückstellungen	60
lfr. Darlehensforderungen	70	lfr. Darlehensverbindlichkeiten	150
Warenvorräte	50	kfr. Darlehensverbindlichkeiten	70
Forderungen aus Lieferungen und Leistungen	40	Lieferantenverbindlichkeiten	30
Zahlungsmittel	30		
	400		400

a) Wie hoch ist die Liquidität 1., 2. und 3. Grades?

b) Was besagt eine Liquidität 3. Grades in Höhe von 120 %?

c) Die Firma „Solvenz" muss gleich zu Beginn des Jahres 01 damit rechnen, dass

- Löhne in Höhe von 25.000 EUR zu zahlen sind und
- 20 % der langfristigen Darlehensverbindlichkeiten zur Rückzahlung fällig werden.

67 Modifiziert entnommen aus *Wöhe, Günter; Kaiser, Hans; Döring, Ulrich:* Übungsbuch zur Einführung in die Allgemeine Betriebswirtschaftslehre, 17. Aufl., München 2023, S. 337–338.

Sichert unter diesen Bedingungen eine Liquidität 3. Grades in Höhe von 120 % die Zahlungsfähigkeit der Firma „Solvenz“ im Jahr 01?

Lösung:

Teilaufgabe a)

Liquidität 1. Grades (Barliquidität)

$$= \frac{\text{Zahlungsmittel}}{\text{kurzfrisitge Verbindlichkeiten}}$$

$$= \frac{30.000 \text{ EUR}}{100.000 \text{ EUR}}$$

$$= \mathbf{30\ \%}$$

Dabei gilt:

kurzfristige Verbindlichkeiten

= kurzfristige Darlehensverbindlichkeiten + Lieferantenverbindlichkeiten

= 70.000 EUR + 30.000 EUR

= 100.000 EUR

Liquidität 2. Grades (Liquidität auf kurze Sicht)

$$= \frac{\text{Zahlungsmittel + kurzfristige Forderungen}}{\text{kurzfristige Verbindlichkeiten}}$$

$$= \frac{30.000 \text{ EUR} + 40.000 \text{ EUR}}{100.000 \text{ EUR}}$$

$$= \mathbf{70\ \%}$$

Dabei gilt:

kurzfristige Forderungen = Forderungen aus Lieferungen und Leistungen.

Liquidität 3. Grades (Liquidität auf mittlere Sicht)

$$= \frac{\text{Zahlungsmittel + kurzfristige Forderungen + Warenvorräte}}{\text{kurzfristige Verbindlichkeiten}}$$

$$= \frac{30.000 \text{ EUR} + 40.000 \text{ EUR} + 50.000 \text{ EUR}}{100.000 \text{ EUR}}$$

$$= \mathbf{120\ \%}$$

Teilaufgabe b)

Eine **Liquidität 3. Grades** in Höhe von 120 % sagt aus, dass die kurzfristigen Verbindlichkeiten (kurzfristige Darlehensverbindlichkeiten sowie Lieferantenverbindlichkeiten) zu 120 % durch Zahlungsmittel und kurzfristig liquidisierbare Vermögensgegenstände (kurzfristige Forderungen aus Lieferungen und Leistungen sowie Warenvorräte) gedeckt sind. Aus der zeitpunktbezogenen Liquiditätsanalyse (zum 31.12.00) lassen sich aber keine tragfähigen Rückschlüsse auf die (zeitraumbezogene) zukünftige Zahlungsfähigkeit der Firma „Solvenz" ziehen.

Teilaufgabe c)

Im vorliegenden Fall sind zwar die zum 31.12.00 ausgewiesenen kurzfristigen Verbindlichkeiten zu 120 % durch Liquidität (3. Grades) gedeckt. Berücksichtigt man aber, dass neben den kurzfristigen Verbindlichkeiten in Höhe von 100.000 EUR schon in naher Zukunft weitere Auszahlungen in Höhe von 25.000 EUR (Löhne) sowie 30.000 EUR (Kredittilgung) fällig werden, steht dem kurzfristigen Liquiditätspotenzial in Höhe von 120.000 EUR ein Auszahlungsvolumen in Höhe von 155.000 EUR gegenüber. Damit ist die zukünftige Zahlungsfähigkeit der Firma „Solvenz" – gemessen an der Kennzahl Liquidität 3. Grades – gefährdet.

13.2 Gestaltung der Kapitalstruktur nach dem Leverage-Effekt

Aufgabe 13.3: Leverage-Effekt[68]

a) Der Finanzchef Ihres Unternehmens stolpert in der Fachliteratur über das Phänomen des „Leverage-Effekts" und stellt Ihnen gegenüber daraufhin die Behauptung auf, durch eine Kapitalumstrukturierung, genauer durch die Ablösung von Eigenkapital durch billiges Fremdkapital, ließe sich bei ansonsten konstantem Gesamtkapital auf jeden Fall die Eigenkapitalrentabilität des Unternehmens erhöhen.

   In Erinnerung an Ihre Ausbildungszeit wissen Sie jedoch, dass der „Leverage-Effekt" differenzierter zu betrachten ist. Um die Behauptung des Finanzchefs zu prüfen, entwickeln Sie erst einmal aus folgenden alternativen Berechnungsmöglichkeiten des Gesamtkapitalertrags eines Unternehmens die Formel für die Beurteilung des „Leverage-Effekts":

   (1) Gesamtkapitalertrag = $r_{GK} \cdot (EK + FK)$

   (2) Gesamtkapitalertrag = $r_{EK} \cdot EK + r_{FK} \cdot FK$

---

68 Modifiziert entnommen aus *Waschbusch, Gerd:* Die Gestaltung der Kapitalstruktur nach dem Leverage-Effekt, in: AKADEMIE – Zeitschrift für Führungskräfte in Verwaltung und Wirtschaft 1993, S. 57–58.

Interpretieren Sie anhand des Aussagegehalts dieser Formel die Rolle des „Leverage-Effekts" bei der Optimierung der Kapitalstruktur eines Unternehmens im Allgemeinen! Gehen Sie daraufhin im Speziellen auf die Situation Ihres Unternehmens ein, wobei Ihnen folgende Unternehmensdaten zur Verfügung stehen:

- konstant zu haltendes Gesamtkapital: 5 Mio. EUR
- konstanter Fremdkapitalzinssatz:
  (Fall 1) 6 % p. a.
  (Fall 2) 17 % p. a.
- angenommene alternative Verschuldungsgrade:
  a) 10 %
  b) 25 %
  c) 70 %
- erwarteter Gesamtkapitalertrag (Jahresüberschuss + Fremdkapitalzinsen): 750.000 EUR

Zu welchem Ergebnis kommen Sie?

b) Ab welcher **Höhe des Gesamtkapitalertrags** schlägt der mit dem Leverage-Effekt verbundene Vorteil unter sonst gleichen Bedingungen in einen Nachteil um, kommt also das Leverage-Risiko zum Tragen? Legen Sie Ihrer Berechnung die Datensituation der Teilaufgabe a) Fall 1 zugrunde!

c) Ab welcher **Höhe des Jahresüberschusses** schlägt der mit dem Leverage-Effekt verbundene Vorteil in einen Nachteil um, kommt also das Leverage-Risiko zum Tragen? Gehen Sie bei Ihrer Berechnung von einem Verschuldungsgrad von 60 % aus! Legen Sie ansonsten die Daten von Teilaufgabe a) Fall 1 und Teilaufgabe b) zugrunde!

Lösung:

Teilaufgabe a)

Entwicklung der Formel zur Beurteilung des „Leverage-Effekts":

$$r_{GK} \cdot (EK + FK) = r_{EK} \cdot EK + r_{FK} \cdot FK$$

$$\Leftrightarrow \quad r_{EK} \cdot EK = r_{GK} \cdot (EK + FK) - r_{FK} \cdot FK$$

$$\Leftrightarrow \quad r_{EK} = \frac{r_{GK} \cdot EK}{EK} + \frac{r_{GK} \cdot FK}{EK} - r_{FK} \cdot \frac{FK}{EK}$$

$$\Leftrightarrow \quad r_{EK} = r_{GK} + (r_{GK} - r_{FK}) \cdot \frac{FK}{EK}$$

Dabei gilt:

EK: Eigenkapital;

FK: Fremdkapital;

GK: Gesamtkapital (= Eigenkapital + Fremdkapital);

JÜ: Jahresüberschuss;

FKZ: Fremdkapitalzinsen.

Für die einzelnen Rentabilitätskennziffern gelten folgende Definitionen:

$$r_{EK} = \text{Eigenkapitalrentabilität} = \frac{\text{Jahresüberschuss (JÜ)}}{\text{Eigenkapital (EK)}}$$

$$r_{FK} = \text{Fremdkapitalrentabilität} = \frac{\text{Fremdkapitalzinsen (FKZ)}}{\text{Fremdkapital (FK)}} = \text{Fremdkapitalzinssatz}$$

$$r_{GK} = \text{Gesamtkapitalrentabilität} = \frac{\text{Gesamtkapitalertrag (JÜ + FKZ)}}{\text{Gesamtkapital (EK + FK)}}$$

Allgemeine Interpretation des Leverage-Effekts:

Durch die Berücksichtigung des Leverage-Effekts wird unter Beachtung von Rentabilitätsgesichtspunkten versucht, das optimale Verhältnis von Eigenkapital und Fremdkapital, also den optimalen Verschuldungsgrad zu bestimmen, wobei unter der Zielsetzung der langfristigen Gewinnmaximierung die Maximierung der Eigenkapitalrentabilität in den Vordergrund der Betrachtung rückt. Dementsprechend wird die Erhöhung der Eigenkapitalrentabilität durch Einsatz von Fremdkapital bei Investitionen, deren Gesamtkapitalrentabilität über dem Fremdkapitalzins liegt, als Leverage-Effekt bezeichnet, d. h. als Hebelwirkung zunehmender Verschuldung auf die Eigenkapitalrentabilität.

Zusammenfassend lässt sich feststellen:

- solange $r_{GK} > r_{FK}$, steigt r_{EK} mit wachsender Verschuldung (Leverage-Chance);
- falls $r_{GK} = r_{FK}$, ist unabhängig vom Verschuldungsgrad $r_{EK} = r_{GK} = r_{FK}$;
- solange $r_{GK} < r_{FK}$, sinkt r_{EK} mit wachsender Verschuldung (Leverage-Risiko).

Spezifische Untersuchung des Leverage-Effekts:

$$r_{GK} = \frac{\text{JÜ + FKZ}}{\text{Gesamtkapital}} = \frac{750.000 \text{ EUR}}{5.000.000 \text{ EUR}} = 15\ \%\ \text{p. a.}$$

Fall 1: $r_{FK} = 6\ \%$ p. a.

a) Verschuldungsgrad $= \frac{FK}{EK} = 10\ \%$

$$r_{EK} = 0{,}15 + (0{,}15 - 0{,}06) \cdot 0{,}10 = 0{,}159 = \mathbf{15{,}9\ \%\ p.\ a.}$$

b) $\text{Verschuldungsgrad} = \frac{FK}{EK} = 25\ \%$

$$r_{EK} = 0{,}15 + (0{,}15 - 0{,}06) \cdot 0{,}25$$
$$= 0{,}17255 = \mathbf{17{,}255\ p.\ a.}$$

c) $\text{Verschuldungsgrad} = \frac{FK}{EK} = 70\ \%$

$$r_{EK} = 0{,}15 + (0{,}15 - 0{,}06) \cdot 0{,}70$$
$$= 0{,}213 = \mathbf{21{,}3\ p.\ a.}$$

$\frac{FK}{EK}$	10 %	25 %	70 %
r_{EK}	15,9 % p. a.	17,255 % p. a.	21,3 % p. a.

Fall 2: r_{FK} = 17 % p. a.

a) $\text{Verschuldungsgrad} = \frac{FK}{EK} = 10\ \%$

$$r_{EK} = 0{,}15 + (0{,}15 - 0{,}17) \cdot 0{,}10$$
$$= 0{,}148 = \mathbf{14{,}8\ \%\ p.\ a.}$$

b) $\text{Verschuldungsgrad} = \frac{FK}{EK} = 25\ \%$

$$r_{EK} = 0{,}15 + (0{,}15 - 0{,}17) \cdot 0{,}25$$
$$= 0{,}145 = \mathbf{14{,}5\ \%\ p.\ a.}$$

c) $\text{Verschuldungsgrad} = \frac{FK}{EK} = 70\ \%$

$$r_{EK} = 0{,}15 + (0{,}15 - 0{,}17) \cdot 0{,}70$$
$$= 0{,}136 = \mathbf{13{,}6\ \%\ p.\ a.}$$

$\frac{FK}{EK}$	10 %	25 %	70 %
r_{EK}	14,8 % p. a.	14,5 % p. a.	13,6 % p. a.

Die spezifischen Unternehmensdaten verdeutlichen, dass die vom Finanzchef aufgestellte Behauptung solange zutreffend ist, wie die Rentabilität des Gesamtkapitals (hier 15 % p. a.) größer ist als die des Fremdkapitals (hier 6 % p. a.), also $r_{GK} > r_{FK}$ ist. Bei dieser Konstellation steigt – wie in Fall 1 aufgezeigt – die Eigenkapitalrentabilität mit wachsender Unternehmensverschuldung. Liegt dagegen die Rentabilität des Gesamtkapitals (hier 15 % p. a.) unter dem zu zahlenden Fremdkapitalzinssatz (hier 17 % p. a.), so fällt – wie in Fall 2 aufgezeigt – die Eigenkapitalrentabilität mit wachsender Unternehmensverschuldung.

Teilaufgabe b)

Leverage-Chance = Leverage-Risiko, wenn $r_{GK} = r_{FK}$ (6 % p. a.)

$$\Rightarrow \quad r_{GK} = \frac{JÜ + FKZ}{5.000.000\,EUR}$$

$$= 0{,}06 = 6\,\%$$

$$\Leftrightarrow \quad JÜ + FKZ$$

$$= 0{,}06 \cdot 5.000.000\,EUR$$

$$= \mathbf{300.000\,EUR}$$

Bei einem Gesamtkapitalertrag von kleiner als 300.000 EUR wandelt sich der Leverage-Vorteil ceteris paribus in einen Nachteil um.

Teilaufgabe c)

Leverage-Chance = Leverage-Risiko, wenn $r_{GK} = r_{FK}$ (6 % p. a.)

$$\Rightarrow \quad r_{GK} = \frac{JÜ + FKZ}{5.000.000\,EUR}$$

$$= 0{,}06 = 6\,\%$$

Berechnung der Höhe des Eigen- und Fremdkapitals bei einem Verschuldungsgrad (V) von 60 % und einem Gesamtkapital von 5.000.000 EUR, um Jahresüberschuss und Fremdkapitalzinsen getrennt ermitteln zu können:

$$V = \frac{FK}{EK} = 0{,}60 = 60\,\%$$

$$GK = EK + FK$$

$$\Leftrightarrow \quad FK = GK - EK$$

$$\Rightarrow \quad V = \frac{FK}{EK} = \frac{GK - EK}{EK} = 0{,}60$$

$$\Leftrightarrow \quad \frac{GK}{EK} - 1 = 0{,}60$$

$$\Leftrightarrow \quad \frac{GK}{EK} = 1{,}60$$

$$\Leftrightarrow \quad EK = \frac{GK}{1{,}60}$$

$$\Rightarrow \quad EK = \frac{5.000.000\,EUR}{1{,}60} = 3.125.000\,EUR$$

$$\Rightarrow \quad FK = GK - EK = 5.000.000\,EUR - 3.125.000\,EUR = 1.875.000\,EUR$$

$$\Rightarrow \quad FKZ = 1.875.000\,EUR \cdot 0{,}06 = \mathbf{112.500\,EUR}$$

$$\Rightarrow \frac{\text{JÜ} + 112.500 \text{ EUR}}{5.000.000 \text{ EUR}} = 0{,}06$$

$$\Leftrightarrow \text{JÜ} + 112.500 \text{ EUR} = 300.000 \text{ EUR}$$

$$\Leftrightarrow \text{JÜ} = \mathbf{187.500 \text{ EUR}}$$

Bei einem Jahresüberschuss von kleiner als 187.500 EUR wandelt sich der Leverage-Vorteil ceteris paribus in einen Nachteil um.

Aufgabe 13.4: Leverage-Effekt[69]

Wie verändert sich die Eigenkapitalrentabilität, wenn bei einem Fremdkapitalzins von 9 % p. a. und einer bisher erwirtschafteten und weiter zu erwartenden Gesamtkapitalrentabilität von 14 % p. a. der Anteil des Fremdkapitals am Gesamtkapital von bisher 50 % auf 75 % erhöht wird?

Lösung:

Formel zur Beurteilung des „Leverage-Effekts“:

$$r_{EK} = r_{GK} + (r_{GK} - r_{FK}) \cdot \frac{FK}{EK}$$

Dabei gilt:

EK: Eigenkapital;

FK: Fremdkapital;

GK: Gesamtkapital (= Eigenkapital + Fremdkapital);

r_{EK}: Eigenkapitalrentabilität;

r_{FK}: Fremdkapitalrentabilität;

r_{GK}: Gesamtkapitalrentabilität.

Ausgangssituation:

FK-Quote = 50 %

$$\Rightarrow \text{Verschuldungsgrad} = \frac{FK}{EK} = \frac{50}{50} = 100\ \%$$

$$r_{EK} = 14\ \% + (14\ \% - 9\ \%) \cdot 1 = \mathbf{19\ \%\ p.\,a.}$$

[69] Modifiziert entnommen aus *Bestmann, Uwe; Preißler, Peter:* Übungsbuch zum Kompendium der Betriebswirtschaftslehre, 3. Aufl., München/Wien 2002, S. 181.

veränderte Situation:

FK-Quote = 75 %

$$\Rightarrow \text{Verschuldungsgrad} = \frac{FK}{EK} = \frac{75}{25} = 300\ \%$$

r_{EK} = 14 % + (14 % – 9 %) · 3 = **29 % p. a.**

Fazit: Die Eigenkapitalrentabilität erhöht sich um 10 Prozentpunkte.

Aufgabe 13.5: Optimaler Verschuldungsgrad nach dem traditionellen Modell [70]

Der Gesamtkapitalbedarf der Taurus AG beläuft sich auf 5 Mio. EUR. Das Unternehmen rechnet mit einem jährlichen Erwartungswert des Bruttogewinns von 450.000 EUR. Die alternativen Finanzierungsmöglichkeiten des Gesamtkapitalbedarfs sowie die von der Kapitalstruktur abhängigen Mindestverzinsungsanforderungen der Eigen- und Fremdkapitalgeber sind in der folgenden Tabelle aufgeführt:

Gesamtkapitalbedarf (in Tausend EUR)	5.000	5.000	5.000	5.000	5.000
Eigenkapital EK	5.000	4.000	3.000	2.000	1.000
Fremdkapital FK	–	1.000	2.000	3.000	4.000
Eigenkapitalkosten k_{EK}	9 %	9 %	9,5 %	10,5 %	12,5 %
Fremdkapitalkosten k_{FK}	7 %	7 %	7 %	7,5 %	8 %

Ermitteln Sie nach dem traditionellen Modell den optimalen Verschuldungsgrad V_{opt} der Taurus AG! Wie hoch sind die minimalen durchschnittlichen Gesamtkapitalkosten k_{GK} und der maximale Gesamtkapitalmarktwert GK_{MW} der Taurus AG?

Hinweis: Beachten Sie, dass in dem traditionellen Modell der Bestimmung des optimalen Verschuldungsgrades eines Unternehmens die von den Eigentümern geforderte Rendite des Eigenkapitals (Eigenkapitalkosten k_{EK}) nicht der tatsächlichen Rendite des Eigenkapitals entsprechen muss! Dagegen stimmen die tatsächliche und die geforderte Verzinsung des Fremdkapitals (Fremdkapitalkosten k_{FK}) überein.

---

70 Modifiziert entnommen aus *Wöhe, Günter; Kaiser, Hans; Döring, Ulrich:* Übungsbuch zur Einführung in die Allgemeine Betriebswirtschaftslehre, 17. Aufl., München 2023, S. 374–376.

Lösung:

Der optimale Verschuldungsgrad V_{opt} und der maximale Gesamtkapitalmarktwert GK_{MW} der Taurus AG liegen nach dem traditionellen Modell dort, wo die minimalen durchschnittlichen Gesamtkapitalkosten k_{GK} der Taurus AG erreicht werden. Der Verschuldungsgrad V, die durchschnittlichen Gesamtkapitalkosten k_{GK} und der Gesamtkapitalmarktwert GK_{MW} der Taurus AG berechnet man wie folgt:

Gesamtkapitalbedarf (in Tausend EUR)	5.000	5.000	5.000	5.000	5.000
Eigenkapital EK (in Tausend EUR)	5.000	4.000	3.000	2.000	1.000
Fremdkapital FK (in Tausend EUR)	–	1.000	2.000	3.000	4.000
Verschuldungsgrad V [1]	0	25 %	66,67 %	150 %	400 %
Bruttogewinn (in Tausend EUR)	450	450	450	450	450
Fremdkapitalkosten k_{FK}	7 %	7 %	7 %	7,5 %	8 %
FK-Zinsen = FK · k_{FK} (in Tausend EUR)	0	70	140	225	320
Reingewinn = Bruttogewinn – FK-Zinsen (in Tausend EUR)	450	380	310	225	130
Eigenkapitalkosten k_{EK}	9 %	9 %	9,5 %	10,5 %	12,5 %
Eigenkapital zum Marktwert EK_{MW} [2] (in Tausend EUR)	5.000,00	4.222,22	3.263,16	2.142,86	1.040,00
Gesamtkapital zum Marktwert GK_{MW} [3] (in Tausend EUR)	5.000,00	5.222,22	**5.263,16**	5.142,86	5.040,00
Gesamtkapitalkosten k_{GK} [4]	9 %	8,62 %	**8,55 %**	8,75 %	8,93 %

1) $V = \frac{FK}{EK}$

2) $EK_{MW} = \frac{\text{Bruttogewinn} - \text{Fremdkapitalzinsen}}{k_{EK}} = \frac{\text{Reingewinn}}{k_{EK}}$

3) $GK_{MW} = EK_{MW} + FK$

4) $k_{GK} = \frac{\text{Bruttogewinn}}{GK_{MW}}$

Die Taurus AG erreicht bei einem Verschuldungsgrad V in Höhe von 66,67 % (Finanzierung des Gesamtkapitalbedarfs mit 3 Mio. EUR Eigenkapital und 2 Mio. EUR Fremdkapital) minimale durchschnittliche Gesamtkapitalkosten k_{GK} von 8,55 %. Der maximale Gesamtkapitalmarktwert GK_{MW} der Taurus AG beläuft sich auf 5.263.160 EUR.

Aufgabe 13.6: Arbitrageprozess nach dem Modigliani/Miller-Theorem [71]

Auf einem vollkommenen Kapitalmarkt werden die Aktien von zwei Unternehmen gehandelt, die der gleichen Risikoklasse angehören und sich lediglich in ihrer Kapitalstruktur unterscheiden. Während die A-AG vollständig eigenfinanziert ist, hat die B-AG Fremdkapital in Höhe von 750.000 EUR zu 10 % p. a. aufgenommen. Weiterhin gelten die folgenden Angaben:

	A-AG	B-AG
jährlicher Bruttogewinn BG	225.000 EUR	225.000 EUR
Fremdkapital FK	0 EUR	750.000 EUR
Fremdkapitalzinsen FKZ	0 EUR	75.000 EUR
jährlicher Nettogewinn (BG – FKZ)	225.000 EUR	150.000 EUR
aktueller Marktwert des Gesamtunternehmens GU_{MW}	1.500.000 EUR	1.650.000 EUR

Vergleicht man die aktuellen Marktwerte der Gesamtunternehmen A und B, so stellt man fest, dass das verschuldete Unternehmen B am Markt höher bewertet wird als das unverschuldete Unternehmen A.

Zur Vereinfachung wird im Folgenden angenommen, dass

- keine Steuern erhoben werden,
- die Bruttogewinne ewig in gleicher Höhe realisiert werden können und
- die Nettogewinne vollständig an die Anteilseigner ausgeschüttet werden.

a) Aktionär „Margenspanner“ hält 10 % des Eigenkapitals der B-AG. Zeigen Sie, dass Aktionär „Margenspanner“ sich besser stellen kann, wenn er sein Kapital statt in die B-AG in die A-AG investiert!

b) Wie ist die in Teilaufgabe a) beschriebene Situation vor dem Hintergrund vollkommener Märkte zu beurteilen? Wann ist der Arbitrageprozess beendet?

---

[71] Modifiziert entnommen aus *Wöhe, Günter; Kaiser, Hans; Döring, Ulrich:* Übungsbuch zur Einführung in die Allgemeine Betriebswirtschaftslehre, 17. Aufl., München 2023, S. 380–383.

Lösung:

Teilaufgabe a)

Der Marktwert des Eigenkapitals der B-AG ($EK_{MW\ von\ B}$) ergibt sich aus der Differenz zwischen dem aktuellen Marktwert des Gesamtunternehmens B-AG ($GU_{MW\ von\ B}$) und dem Marktwert des Fremdkapitals der B-AG ($FK_{MW\ von\ B}$):

$$GU_{MW\ von\ B} - FK_{MW\ von\ B} = EK_{MW\ von\ B}$$

$$\Leftrightarrow \quad 1.650.000\ EUR - 750.000\ EUR = 900.000\ EUR.$$

Aus dem Verkauf seiner gesamten B-Aktien (10 % des Eigenkapitals der B-AG) würde Aktionär „Margenspanner" einen Verkaufserlös in Höhe von 900.000 EUR · 10 % = 90.000 EUR erhalten. Würde „Margenspanner" diesen Verkaufserlös in A-Aktien investieren, wäre er mit 6 % (Einlage ÷ $GU_{MW\ von\ A}$ = 90.000 EUR ÷ 1.500.000 EUR) am Eigenkapital der A-AG ($GU_{MW\ von\ A} = EK_{MW\ von\ A}$) beteiligt. Vergleicht man für beide Situationen die jährlichen Dividendenzahlungen an Aktionär „Margenspanner", so ergibt sich:

	jährliche Dividende
Beteiligung an der B-AG (10 % des EK)	150.000 EUR · 0,10 = 15.000 EUR
Beteiligung an der A-AG (6 % des EK)	225.000 EUR · 0,06 = 13.500 EUR

Auf den ersten Blick scheint „Margenspanner" sich durch den Tausch der Beteiligungen schlechter zu stellen. Bezieht man allerdings das Kapitalstrukturrisiko mit in die Betrachtung ein, ist eine eindeutige Aussage nicht möglich. Die A-AG verspricht zwar eine geringere Dividende, ihre Aktionäre tragen aber auch – da die A-AG unverschuldet ist – ein geringeres Kapitalstrukturrisiko als die Aktionäre der B-AG.

Um eine eindeutige Aussage bezüglich der Vorteilhaftigkeit treffen zu können, müssen daher die beiden Positionen zunächst vergleichbar gemacht werden. Als Aktionär der B-AG war „Margenspanner" am Kapitalstrukturrisiko der B-AG beteiligt; als Aktionär der unverschuldeten A-AG trägt er dagegen kein Kapitalstrukturrisiko. Um die Vergleichbarkeit herzustellen, muss „Margenspanner" einen privaten Kredit aufnehmen und dadurch die Kapitalstruktur der B-AG in seine Privatsphäre übertragen. Mit der privaten Kreditaufnahme trägt „Margenspanner" dann das gleiche Kapitalstrukturrisiko, das er auch als Aktionär der B-AG getragen hat.

Das Verhältnis von Fremdkapital zu Eigenkapital beträgt bei der B-AG:

$$FK_{MW\ von\ B} : EK_{MW\ von\ B} = 750.000\ EUR : 900.000\ EUR = 5 : 6.$$

Beteiligt sich „Margenspanner" an der A-AG, muss er somit bei einem Eigenkapitaleinsatz in Höhe von 90.000 EUR einen privaten Kredit in Höhe von 75.000 EUR zu 10 % p. a. aufnehmen, um eine der B-AG entsprechende Kapitalstruktur zu realisieren. Werden diese Kreditmittel zusätzlich in A-Aktien investiert, kann „Margenspanner" insgesamt 90.000 EUR +

75.000 EUR = 165.000 EUR zum Kauf der A-Aktien einsetzen und sich mit insgesamt 11 % am Eigenkapital der A-AG beteiligen. Die Vergleichsrechnung verändert sich folgendermaßen:

	Beteiligung an A-AG	Beteiligung an B-AG
Kapitaleinsatz:		
Eigenmittel	90.000 EUR	90.000 EUR
Fremdmittel	75.000 EUR	0 EUR
Zahlungen:		
+ Dividenden	24.750 EUR	15.000 EUR
− Zinsen für den privaten Kredit (10 % p. a.)	7.500 EUR	0 EUR
= Nettozufluss	**17.250 EUR**	**15.000 EUR**

Die Gegenüberstellung verdeutlicht, dass „Margenspanner" sich durch einen Tausch der Beteiligungen besser stellen kann, ohne ein zusätzliches Risiko eingehen zu müssen. Bei einer Beteiligung an der A-AG steigt der jährliche Nettozufluss um 2.250 EUR auf 17.250 EUR.

Verglichen mit der A-AG war das Eigenkapital der B-AG überbewertet. Solange solche Bewertungsunterschiede bestehen, können die Aktionäre ihre Position dadurch verbessern, dass sie die überbewertete Aktie verkaufen und sich an der unterbewerteten Gesellschaft beteiligen. Gewinne, die ein Aktionär – ohne zusätzlichen Kapitaleinsatz und ohne zusätzliches Risiko – aus der Ausnutzung solcher Bewertungsunterschiede realisieren kann, werden als Arbitragegewinne bezeichnet.

Teilaufgabe b)

Solange unterschiedliche Preise für gleiche Güter gezahlt werden, herrscht kein Marktgleichgewicht. Alle Aktionäre der B-AG werden versuchen, Arbitragegewinne zu realisieren und ihre Beteiligungen an der B-AG gegen A-Aktien zu tauschen. Hierdurch erhöht sich – bei tendenziell sinkender Nachfrage – das Angebot an B-Aktien, so dass die Kurse der B-Aktien fallen werden. Andererseits wird die Nachfrage bei tendenziell sinkendem Angebot nach A-Aktien steigen, so dass deren Kurse steigen werden. Diese Prozesse werden so lange stattfinden, bis der Markt im Gleichgewicht ist und sich die Marktwerte der beiden Unternehmen angeglichen haben. Im Gleichgewicht gilt:

$$GU_{MW\text{ von }A} = GU_{MW\text{ von }B} = EK_{MW\text{ von }B} + FK_{MW\text{ von }B}$$

Auf vollkommenen Kapitalmärkten werden somit die Marktwerte von zwei Unternehmen, die sich nur hinsichtlich der Kapitalstruktur unterscheiden, stets gleich sein. Ist die Gleichheitsbedingung – aus welchen Gründen auch immer – nicht erfüllt, werden Arbitrageprozesse beginnen, die für eine entsprechende Angleichung der Kurse sorgen. Ist das Marktgleichgewicht erreicht, können keine Arbitragegewinne mehr erzielt werden. Die folgende Proberechnung soll dies verdeutlichen.

Wird unterstellt, dass die A-Aktie richtig bewertet war und dass sich durch die Arbitrageprozesse der Marktwert der B-AG an den Marktwert der A-AG in Höhe von 1.500.000 EUR angleicht, gilt:

$$GU_{MW\ von\ B} - FK_{MW\ von\ B} = EK_{MW\ von\ B}$$

$$\Leftrightarrow\ 1.500.000\ EUR - 750.000\ EUR = 750.000\ EUR.$$

„Margenspanner" würde nun aus dem Verkauf seiner Aktien (10 % am Eigenkapital der B-AG) einen Erlös von 75.000 EUR erzielen. Da die B-AG im Marktgleichgewicht einen Verschuldungsgrad in Höhe von 100 % hat, müsste „Margenspanner" zusätzlich einen Kredit von 75.000 EUR aufnehmen, um eine mit der B-AG vergleichbare Kapitalstruktur zu erlangen. Würden daraufhin die gesamten 150.000 EUR für den Kauf von A-Aktien eingesetzt („Margenspanner" wäre in diesem Fall mit 10 % an der A-AG beteiligt), zeigt sich, dass „Margenspanner" keinen Vorteil mehr aus der Transaktion ziehen könnte:

	Beteiligung an A-AG	Beteiligung an B-AG
Kapitaleinsatz:		
Eigenmittel	75.000 EUR	75.000 EUR
Fremdmittel	75.000 EUR	0 EUR
Zahlungen:		
+ Dividenden	22.500 EUR	15.000 EUR
− Zinsen für den privaten Kredit (10 % p. a.)	7.500 EUR	0 EUR
= Nettozufluss	**15.000 EUR**	**15.000 EUR**

Die Nettozuflüsse wären bei beiden Positionen gleich. Ein Arbitragegewinn wäre also nicht mehr zu erzielen.

Literaturverzeichnis

Adrian, Reinhold; Heidorn, Thomas: Der Bankbetrieb – Das praxisorientierte Lehrbuch für Schule, Studium und Beruf, 15. Aufl., Wiesbaden 2000.

Anstett, Christof Werner: Financial Futures im Jahresabschluss deutscher Kreditinstitute, Wiesbaden 1997.

Bestmann, Uwe; Preißler, Peter: Übungsbuch zum Kompendium der Betriebswirtschaftslehre, 3. Aufl., München/Wien 2002.

Bieg, Hartmut: Bankbetriebslehre in Übungen, München 1992.

Bieg, Hartmut: Leasing als Sonderform der Außenfinanzierung, in: Der Steuerberater 1997, S. 425–435.

Bieg, Hartmut: Finanzmanagement mit Optionen, in: Der Steuerberater 1998, S. 18–25.

Bieg, Hartmut: Finanzmanagement mit Swaps, in: Der Steuerberater 1998, S. 65–70.

Bieg, Hartmut: Finanzmanagement mit Forward Rate Agreements, in: Der Steuerberater 1998, S. 140–147.

Bieg, Hartmut: Die Selbstfinanzierung – zugleich ein Überblick über die Innenfinanzierung, in: Der Steuerberater 1998, S. 186–195.

Bieg, Hartmut; Kußmaul, Heinz; Waschbusch, Gerd: Investition, 3. Aufl., München 2016.

Bieg, Hartmut; Kußmaul, Heinz; Waschbusch, Gerd: Finanzierung, 4. Aufl., München 2023.

Bieg, Hartmut; Waschbusch, Gerd: Bankbilanzierung nach HGB und IFRS, 3. Aufl., München 2017.

Binkowski, Peter; Beeck, Helmut: Finanzinnovationen, 3. Aufl., Bonn 1995.

Bitz, Michael; Ewert, Jürgen: Übungen in Betriebswirtschaftslehre, 8. Aufl., München 2014.

Bohnert Group of Partners: Mittelstand und Börse – die Unternehmerperspektive – empirische Analyse von Börsensegmenten für den Mittelstand, Düsseldorf o. J., http://www.bgpartner.de/uploads/pdf/BGP-Mittelstandsfinanzierung.pdf (Stand: 01.11.2023).

Busse, Franz-Joseph: Grundlagen der betrieblichen Finanzwirtschaft, 5. Aufl., München/Wien 2003.

Däumler, Klaus-Dieter; Grabe Jürgen: Betriebliche Finanzwirtschaft, 10. Aufl., Herne 2013.

Deutsche Börse AG: Allgemeine Geschäftsbedingungen der Deutsche Börse AG für den Freiverkehr an der Frankfurter Wertpapierbörse, www.deutsche-boerse-cash-market.com (Stand: 01.11.2023), Rubrik: Regelwerke der FWB.

Deutsche Börse AG: Unsere Märkte, www.deutsche-boerse-cash-market.com (Stand: 01.11.2023), Rubrik: Primary Market → Going Public / Wachstumsfinanzierung → Unsere Märkte.

Deutsche Börse AG: Stichwort „Börse“, www.deutsche-boerse.de (Stand: 01.11.2023), Rubrik: Unternehmen → Wissen und Prüfungen → Börsenlexikon.

Gräfer, Horst; Schiller, Bettina; Rösner, Sabrina: Finanzierung – Grundlagen, Institutionen, Instrumente und Kapitalmarkttheorie, 8. Aufl., Berlin 2014.

Hastenteufel, Jessica: Gründungsfinanzierung im Wandel – Eine Betrachtung unterschiedlicher Finanzierungsmöglichkeiten für Existenzgründer unter besonderer Berücksichtigung von Mikrofinanzierung und Crowdfunding, Baden-Baden 2016.

Havenstein, Moritz; Bastian, Jonas: Risikomanagement im Außenhandel: Instrumente der Kurssicherung, in: Fallstudien zum Internationalen Management, Grundlagen – Praxiserfahrungen – Perspektiven, hrsg. von *Joachim Zentes, Bernhard Swoboda* und *Dirk Morschett*, 4. Aufl., Wiesbaden 2011, S. 43–53.

Kruschwitz, Lutz; Decker, Rolf O. A.; Röhrs, Michael: Übungsbuch zur betrieblichen Finanzwirtschaft, 7. Aufl., München/Wien 2007.

Kußmaul, Heinz: Finanzierung über Zero-Bonds und Stripped Bonds, in: Betriebs-Berater 1998, S. 1868–1871.

Kußmaul, Heinz: Betriebswirtschaftliche Steuerlehre, 7. Aufl., München 2014.

Mühlbauer, Klaus: Betriebswirtschaft – Übungsheft 3./4. Semester, Frankfurt am Main 2001.

Olfert, Klaus: Finanzierung, 17. Aufl., Herne 2017.

Rüsberg, Lars: Allgemeine Betriebswirtschaftslehre – Übungsheft 3./4. Semester, Frankfurt am Main 1991.

Waschbusch, Gerd: Die handelsrechtliche Jahresabschlusspolitik der Universalaktienbanken, Ziele – Daten – Instrumente, Stuttgart 1992.

Waschbusch, Gerd: Kapitalherabsetzung und Kapitalerhöhung, in: FORTBILDUNG – Zeitschrift für Führungskräfte in Verwaltung und Wirtschaft 1992, S. 89–90.

Waschbusch, Gerd: Die Gestaltung der Kapitalstruktur nach dem Leverage-Effekt, in: AKADEMIE – Zeitschrift für Führungskräfte in Verwaltung und Wirtschaft 1993, S. 57–58.

Waschbusch, Gerd: Finanzierungs-Leasing-Verträge mit Vollamortisation über bewegliche Wirtschaftsgüter – Steuerrechtliche Zurechnungskriterien und Bilanzierungstechnik, in: AKADEMIE – Zeitschrift für Führungskräfte in Verwaltung und Wirtschaft 1996, S. 85–87.

Waschbusch, Gerd: Asset Backed Securities – eine moderne Form der Unternehmungsfinanzierung, in: Zeitschrift für Bankrecht und Bankwirtschaft 1998, S. 408–419.

Waschbusch, Gerd: Kurzfristige Außenhandelsfinanzierung, in: Fallstudien zum Internationalen Management, Grundlagen – Praxiserfahrungen – Perspektiven, hrsg. von *Joachim Zentes*, *Bernhard Swoboda* und *Dirk Morschett*, 4. Aufl., Wiesbaden 2011, S. 55–67.

Waschbusch, Gerd; Blaß, Robin: Scale – gelingt der mittelständischen Anleihefinanzierung an der Frankfurter Wertpapierbörse die Auferstehung?, in: Der Steuerberater 2017, S. 385–389.

Waschbusch, Gerd; Knoll, Jessica: Gründungsfinanzierung – Welche Möglichkeiten es gibt und worauf Sie achten sollten, Saarbrücken 2015 (E-Book).

Waschbusch, Gerd; Staub, Nadine; Horváth, Thomas: Mittelstandsfinanzierung: Der Entry Standard – Das Börseneinstiegssegment für mittelständische Unternehmen, in: Der Steuerberater 2009, S. 226–233.

Waschbusch, Gerd; Staub, Nadine; Karmann, Oliver: Die Zukunftsfähigkeit der kapitalmarktorientierten Mittelstandsfinanzierung über die Börse, in: FINANZ BETRIEB 2009, S. 689–697.

Werner, Horst S.: Mezzanine-Kapital – mit Mezzanine-Finanzierung die Eigenkapitalquote erhöhen, 2. Aufl., Köln 2007.

Wöhe, Günter u. a.: Grundzüge der Unternehmensfinanzierung, 11. Aufl., München 2013.

Wöhe, Günter; Kaiser, Hans; Döring, Ulrich: Übungsbuch zur Einführung in die Allgemeine Betriebswirtschaftslehre, 11. Aufl., München 2005.

Wöhe, Günter; Kaiser, Hans; Döring, Ulrich: Übungsbuch zur Einführung in die Allgemeine Betriebswirtschaftslehre, 17. Aufl., München 2023.

Stichwortverzeichnis

F

G

H

I

J

K

T

U

V

W

Z